污染防治与环境监测

主编　李龙才　冒学勇　陈　琳

北京工业大学出版社

图书在版编目（CIP）数据

污染防治与环境监测 / 李龙才，冒学勇，陈琳主编. — 北京 ：北京工业大学出版社，2021.9（2022.10 重印）
ISBN 978-7-5639-8124-3

Ⅰ. ①污… Ⅱ. ①李… ②冒… ③陈… Ⅲ. ①污染防治②环境监测 Ⅳ. ① X5 ② X83

中国版本图书馆 CIP 数据核字（2021）第 205536 号

污染防治与环境监测

WURAN FANGZHI YU HUANJING JIANCE

主　　编：李龙才　冒学勇　陈　琳
责任编辑：张　娇
封面设计：知更壹点
出版发行：北京工业大学出版社
（北京市朝阳区平乐园 100 号　邮编：100124）
010-67391722（传真）　bgdcbs@sina.com
经销单位：全国各地新华书店
承印单位：三河市元兴印务有限公司
开　　本：710 毫米 ×1000 毫米　1/16
印　　张：17.25
字　　数：340 千字
版　　次：2021 年 9 月第 1 版
印　　次：2022 年 10 月第 2 次印刷
标准书号：ISBN 978-7-5639-8124-3
定　　价：89.00 元

主编简介

第一主编

李龙才，生于1981年12月。本科学历，高级职称，毕业于南华大学，现任职于苏州市昆山生态环境局。主要研究方向为：生态环境损害赔偿，辐射污染防治、环境监测。

第二主编

冒学勇，生于1981年7月。研究生学历，中级职称。本科毕业于南华大学，硕士研究生毕业于中南大学，现任职于苏州高新区生态环境局。主要研究方向为：环境保护，土壤、固废、辐射污染防治。

第三主编

陈琳，生于1982年8月。研究生学历，中级职称。毕业于同济大学，现任职于苏州市昆山生态环境局。主要研究方向为：环境保护，水、大气、土壤污染防治。

前　言

随着现代社会的快速发展，我国的工业化、城镇化持续推进，人们的生活水平也不断提升。但随之也衍生了一系列问题，如汽车尾气，工业废气等大量污染物的产生，导致雾霾、酸雨、温室效应、臭氧空洞等环境问题日益加剧。基于此，研究污染防治与环境监测尤为重要，整治环境污染迫在眉睫。

本书共八章。第一章为绪论，主要阐述了环境及其分类、污染的变迁、环境污染的特点、环境污染的现状、环境监测的特点与进展等内容；第二章为水污染防治与监测，主要阐述了水污染及其危害、水污染防治措施、水污染治理技术、水环境监测技术等内容；第三章为大气污染防治与监测，主要阐述了大气污染及其危害、大气污染防治措施、大气污染治理技术、大气环境监测技术等内容；第四章为噪声污染防治与监测，主要阐述了噪声污染及其危害、噪声污染防治措施、噪声污染治理技术、噪声环境监测技术等内容；第五章为土壤污染防治与监测，主要阐述了土壤污染及其危害、土壤污染防治措施、土壤污染治理技术、土壤环境监测技术等内容；第六章为固体废物污染防治与监测，主要阐述了固体废物污染及其危害、固体废物防治措施、固体废物污染治理技术、固体废物监测技术等内容；第七章为生态环境破坏与生态保护，主要阐述了环境保护的生态学基础、植被破坏的危害与恢复、水土流失的危害与防治、荒漠化的危害与治理等内容；第八章为现代环境监测新技术的发展，主要阐述了自动监测系统、遥感环境监测技术、现场和在线仪器监测等内容。

全书由李龙才（苏州市昆山生态环境局）统稿，担任第一主编，并负责编写第一章、第五章、第六章，共计 18 万字；冒学勇（苏州高新区生态环境局）担任第二主编，并负责编写第三章、第四章、第七章，共计 16 万字；陈琳（苏州市昆山生态环境局）担任第三主编，并负责编写第二章、第八章。

为了确保研究内容的丰富性和多样性，在写作过程中参考了大量理论与研究文献，在此向涉及的专家学者们表示衷心的感谢。

最后，由于作者水平有限，本书难免存在一些不足之处，在此，恳请同行专家和读者朋友批评指正！

目　录

第一章 绪 论

我国经济经历三十多年持续的快速增长，经济腾飞的同时环境问题也日趋恶化，由于各种自然的或人为的因素使环境构成或状态发生了变化，使环境质量下降。伴随着国民环保思想的树立，环境保护得到人们越来越多的关注。本章分为环境及其分类、污染的变迁、环境污染的特点、环境污染的现状、环境监测的特点与进展五个部分，主要包括环境污染的现状、环境保护以及环境监测等方面的内容。

第一节 环境及其分类

一、环境的概念

在环境科学领域里，环境的含义是：以人类社会为主体的、外部世界的综合体，即以人类为中心事物，其他生物和非生命物质被视为环境要素，构成人类的生存环境。按照这一定义，环境包括已经为人类所认识的、直接或间接影响人类生存和发展的、物质世界的所有事物。它既包括未经人类改造过的众多自然要素，如阳光、空气、陆地、天然水体、天然森林和草原、野生生物等，也包括经过人类改造过和创造出的事物，如水库、农田、园林、村落、城市、工厂、港口、公路、铁路等。它既包括这些物理要素，也包括由这些要素构成的系统及其所呈现的状态和相互关系。

环境是人类赖以生存和繁衍的重要物质基础和物理空间，环境中的各种因素的变化与人体健康、疾病甚至生命都有着密切的联系。

我们所说的环境是指以人类为中心的外部事物的总和。它包括大气、水、土地、草原、生物以及风景名胜、城市和乡村等。环境具有整体性、差异性和动态性等基本特征。环境的整体性是指环境的各个组成部分是相互联系的、是牵一发而动全身的。比如，大气环境受到了污染，污染物质就会随着降水进入河流与土壤，进而通过动物、植物进入人体，从而对人类产生危害。

因此，环境中的各因素构成了一个有机的整体。环境的差异性是指在同一时间，不同空间的环境不同。表现最明显的有两点：一是由纬度不同引起的太阳辐射能量不同；二是由经度不同而造成的湿度不同，由此导致不同的纬度与经度上的植物分布不同。环境的动态性是指在同一地方，不同时间的环境不同。一年四季的轮回使自然环境呈现出不同的景观：春天百花争艳，夏天绿色满园，秋天红黄遍野，冬天白雪皑皑。另外，任何环境都处在不断变化的过程中，昔日的高山可能会变为大海，现在的大海也可能变为桑田。

二、环境的分类

（一）按环境要素分

按环境要素可分为自然环境和人为环境。

1. 自然环境

自然环境是环绕人们周围的各种自然因素的总和，如空气、水、植物、动物、土壤、岩石矿物、太阳辐射等，这些自然因素是人类赖以生存的物质基础，通常把这些自然因素划分为空气圈、水圈、生物圈、土壤圈和岩石圈这五个自然圈。

自然环境是人类赖以生存的空间，人类的一举一动都影响着自然环境的变迁，包括我们生存所必需的空气、阳光，这些都来自自然环境，但也都深受人类活动的影响。

2. 人为环境

由于人类的活动而形成的各种事物，它包括人为形成的物质、能量和精神产品以及人类活动中所形成的人与人之间的关系（或称“上层建筑”）。人为环境由综合生产力（包括人）、技术进步、人工建筑物、人工产品和能量、政治体制、社会行为、宗教信仰、文化与地方因素等组成。

在自然环境的基础上，人类进行有意识的社会活动与生产创造，对自然物质加以改造，积累物质文化，由物质文化所形成的这种环境体系，就是与自然环境相对应的人为环境，也称为“社会环境”。

社会环境包括人们生活、工作、娱乐等涉及的所有宏观因素，如社会的经济政治环境、科技文化的发展水平等，社会环境对人的发展起着至关重要的作用，人们需要不断适应这个社会环境，但人的发展也在不断改变着这个社会环境，二者相辅相成，息息相关。

（二）按照环境范围分

1. 村落环境

村落环境不仅包括村民们居住的村庄，还包括除村庄以外更为广阔的地域，如村落的自然环境、村民的聚居地、村民进行生产的环境，这些都是村落环境。

2. 城市环境

城市环境包括城市的自然环境和城市的社会及其环境，既包括城市的地质地貌、绿化程度、空气质量、气候特征，也包括城市的经济政治政策、文化发展水平、人口数量、历史发展情况等。

3. 地理环境

地理环境包括空气、土壤、水等因素，这些因素都与人类的生活息息相关。地理环境为人类提供了大量可再生资源，如光照太阳能、风力、水力等，应用于人类的生产与生活中。

4. 地质环境

地质环境是指在地表之下的岩石圈层。地质环境为人类的生产与生活提供了丰富的矿产资源，但是随着工业的发展，越来越多的矿产资源被开采，引入地理环境中，这对地理环境和地质环境都产生了极大的负面影响。

（三）按人类活动场所分

1. 室内环境

室内环境不仅包括人们居住的房间，也包括人们日常工作的室内办公场所，以及休闲所涉及的电影院、歌厅等，还包括学生平时上课的教室，人们出行时乘坐的飞机、高铁的内部环境，这些统称为“室内环境”。

2. 室外环境

居住在建筑外的环境对应着居住环境中的“社区”这一层次，指整个居住区内部除了居住建筑与办公建筑以外的室外空间环境，其中也包括在这一空间环境下的人工构造的环境与自然存在的环境。

第二节　污染的变迁

一、污染的变迁特点

（一）环境污染产生期

产业革命的初期是环境污染的产生时期，在这一时间段内，机器刚刚开始取代手工业发展，工业的发展还处于缓慢阶段，无论是工业的经济规模还是范围都非常有限，由工业产生的污染数量也较少，因此环境污染不算严重，还处于产生时期。

（二）环境污染加剧期

19世纪中叶以后，蒸汽机的广泛使用以及电磁现象的成功研制与应用在很大程度上推进了工业的发展，人类逐步迈入以电力开发和利用为中心的第二次产业革命时期，蒸汽和电力的应用极大地促进了工业的发展进程，工业进入高速发展时期。但是在这一时期，人们只关注工业发展带来的客观收益，并没有注意到工业对环境的污染，致使大量的燃煤烟尘、二氧化硫等污染物毫无节制地排放，大量矿山的开采也导致了生态环境的破坏，由此环境污染即进入加剧时期。

（三）环境污染泛滥期

19世纪末，化学得到了相当的发展，大量化工产业发展起来，化工产业在工业行业所占的比重大幅增加，而由此带来的污染也在大幅增加。化工产业由最初的以草木、矿石为原料，逐步转向以煤与电石为原料，同时添加了石油、天然气等添加剂，造成的污染也越来越严重，污染物的种类也大幅增加，还有许多有毒的污染物蔓延开来，环境污染进入泛滥时期。

二、我国工业发展与污染的变迁

（一）工业的发展

自改革开放以来，一系列利好工业发展的政策相继颁布，我国建立了社会主义市场经济体制，同时深入调整产业结构，工农业水平得到很好的发展。与此同时，农业现代化水平逐步提高，工业体系也更加齐全，我国实现了从传统农业社会向现代工业社会的转变，并向着工业强国稳步迈进。

“十三五”规划期间，我国海洋经济总量持续稳步增长。自党的十八大以来，“建设海洋强国”“一带一路”等成为国家重要发展战略，在国家宏观战略的支持下，有利于形成全面开放的新格局，推动海洋经济创新发展，加强区域网络化合作，优化产业结构，促进沿海经济发展。

“十四五”开局之年，我国在科学规划引领下、优质项目支撑下、利好政策推动下，一幅经济高质量发展的蓝图正徐徐展开。

目前，全球制造业格局正面临着重大改变，以智能制造为核心的智能化产业变革正悄然进行。为此，党中央、国务院先后提出了“中国制造 2025”等计划，将智能制造放在优先发展的位置，力图抓住新一轮产业革命的机遇期，助力我国迅速跻身于世界制造强国之列。

（二）污染的变迁

1. 污染结构的变化

最初，我国的经济发展水平并不是非常均衡，东部城市凭借水资源丰富、水环境自净能力强等自然优越条件，经济才得以迅速发展，但东部城市毕竟空间有限，水资源自净能力也有限，加之人口相当密集，工业和生活用水大增。长期以来，由于港口规划设计不够合理，港口管理人员的水环境保护意识不足等原因，使得我国沿海城市的环境污染加剧。

在目前的东部沿海城市港口的规划设计中，已经加强了水污染治理。但我国仍然还存在着港口规划设计不够合理等问题。一些港口在建设规划中，过多地破坏了港口周围的生态环境，导致港口周围的水土流失和水环境污染问题更加严重，港口水环境和周围生态环境的自我调节能力遭到比较大的破坏。这种以牺牲港口周围生态环境为代价的规划建设方案已经无法适应我国新时期沿海城市港口的发展需求。在港口的建设中不能再走以破坏生态环境为代价的老路。

在我国沿海城市中，港口是城市整体经济主要的支撑点，这就导致一部分港口管理人员只看重经济收益，对于港口附近的水环境保护意识不足，使沿海城市港口的水环境污染问题比较严重。港口管理者普遍对港口的货运吞吐量和港口的直接经济收益比较关心，很少有人将水环境的综合管理工作放在主要位置，这就容易导致港口管理工作出现整体偏向经济发展而忽略保护水环境的情形，从而使我国沿海城市港口的水环境污染问题日趋严峻。加上一部分港口城市将未处理的生活污水和工业废水排放在港口水域中，废水中的强污染物质也会导致港口的水体出现比较严重的污染。

在港口的生产和货运装卸工作中，绝大多数的机械设备在工作中会出现比较多的生产废水和废料以及燃料泄漏等问题，虽然港口对这类问题有比较好的处理措施，但是从整体来看还未达到实际的水环境保护要求。进出港的船只也会产生一些废油和废水等物质，一些货轮还会将一些生活垃圾和废物排放在港口水域中，同时一些船只还存在因为设备老化而出现油料泄漏等问题，这也会导致港口的水环境出现污染。另外，一些船只在港口水域内会出现触礁、油轮碰撞等问题，也会导致船只的油料出现泄漏，导致港口的水环境中的油污染问题也比较严重。

2. 污染物排放量大

改革开放以来，高耗能、高排放模式的工业迅速发展，虽然对我国经济增长的贡献巨大，却造成了严重的环境污染。

据中国生态环境状况公报显示，2019 年，全国开展了水污染防治法执法检查，这体现出近年来我国对环境治理和防范的重视，但目前仍有约 1/4 的水体处于微污染及重污染状态，这就需要国家继续坚持水污染治理和水源保护，继续打好“碧水保卫战”。

2017 年，我国一般工业固体废物产生量、生活垃圾清运量较 2016 年分别上升 7.2% 和 5.7%，2018 年、2019 年生活垃圾清运量分别较上年同期上升 5.95% 和 6.16%；噪声污染整体上升明显，环境噪声、道路交通噪声分别上升 0.1% 和 0.5%。我国整体污染基数大，部分污染堆存量大，如从 2009 年至 2019 年这 11 年间已堆积未处理的垃圾累积量接近 2 亿吨。

随着政策的支持，工农业都得到了良好的发展，但无论是工业中废水、废气与工业废渣的排放，还是农业中化学肥料的污染以及畜牧业中动物粪便带来的污染，都在大量增长。

3. 污染种类多

我国的环境污染事故频繁发生，不仅会造成巨大的经济损失，也会严重影响人们的基本生活活动，污染事故主要包含社会中的各类企业发生的各类导致居民财产受到损失、人身安全受到威胁等污染事件，如突发水污染、大气污染、土壤污染、辐射污染等。

20 世纪以来，我国突发性的水污染事件频发，如 2004 年四川省沱江发生的“3.02”特大水污染事故，由于化工厂违规排污，导致大量未经处理的工业废水排入河，致使四川省沱江沿岸近百万居民出现缺水状况，严重威胁着社会的经济安全。

空气对人类而言是必不可少的，一旦出现大气污染，人们避无可避，会极大危害人们的身体健康。除了人为产生和排放的污染物，自然界中的火山爆发等地质灾害也会产生大量的一氧化碳等有毒物质，导致大气污染，从而影响整个生态环境。当前，我国大气污染联防联控跨部门协作仍存在“碎片化治理”“信息孤岛”“部门相互推诿”等问题。本书选取移动源治理作为典型案例，并基于对环保系统工作人员的问卷调查，分析大气污染联防联控跨部门协作的有效性并识别其关键影响因素。当前，在移动源治理中跨部门协作的有效性并不理想，其中环保与公安、市场监管以及交通部门的协作有效性相对较高，但与工信、商务部门的协作有效性较低；前期协作经验是影响跨部门协作有效性的核心因素，公众关注也是跨部门协作有效性的重要影响因素，其他因素如信任程度、信息沟通的影响在不同部门及不同污染治理环节之间存在差异。

如今，土壤安全问题也已成为全民关注的热点问题。研究表明，我国许多蔬菜产地的土壤中已出现了重金属不同程度的富集。例如，宿州市矿区蔬菜的镉含量已达到当地土壤背景值的 7.83 倍，而天津市东丽区菜田土壤中的镉元素含量比当地菜田土壤的背景值高 8 倍。重金属元素具有不被降解的特性，被蔬菜吸收后易积累在植株体内，危害人类健康。部分重金属如镉、铅、铜、锌还会增加人类的患癌风险。因此，土壤的安全对于蔬菜食用安全至关重要。

我国自 20 世纪 80 年代以来，很多能够产生电磁辐射的设备和设施在城市和农村之中遍地开花，此外，随着我国农村经济不断发展，村民家用电器等设备迅速增加，相关污染也开始在农村蔓延。常见的电磁辐射纠纷主要有：居民区的辐射设施和设备导致的纠纷；辐射污染所导致的人身伤害纠纷；商品房辐射污染纠纷等诸如此类问题。

第三节　环境污染的特点

一、废水污染的特点

在水资源的污染现状下，化学废水是一类比较重要的污染源。在生产过程中排出的对环境具有较大危害的废水，其成分由生产过程中的原材料和生产工艺所决定。化学废水分为生产污水和生产废水两种，前者指的是含有污染物较多、污染较为严重的化工废水，这类化工废水需要经过特殊处理之后才能排放到环境中；而后者指的是含有污染物较少、比较清洁的化工废水，这类化工废水不需要经过特殊的处理便可以向环境中排放，比如在生产过程中产生的冷凝水等。农业和生活等产生的废水也会对水资源污染产生较大的影响，如在农业生产中所使用的化学肥料，人类进行日常生活也会产生废水污染。废水污染往往具有以下特点。

（一）有毒性和刺激性

在化工废水中所包含的污染物质大多数都是具有强烈毒性的物质，如镉、汞、铅等重金属物质，当这些污染物质达到一定的浓度后，便会对环境当中的生物与微生物造成危害；还有一些物质是不能够经过环境中的微生物降解的污染物质，在经过长期的积累之后会造成生物中毒，如双对氯苯基三氯乙烷等有机氯化物；还有一些物质是具有致癌作用的污染物，如芳香族氨与含氮杂环化合物等。化工废水还具有生物需氧量和化学需氧量较高、酸碱性不稳定、营养化物质较多、温度较高、恢复比较困难等特点。

这些特点带来的危害是：生物需氧量和化学需氧量较高会大量消耗水中溶解的氧气，从而对水环境中的生物造成一定影响；酸碱性不稳定会对水生生物、建筑物和农作物造成危害；营养化物质较多会使水中的藻类微生物大量繁殖，这会造成部分鱼类的死亡；温度较高也会影响水环境中的生物的生存环境；恢复比较困难是因为排放的污水当中含有容易被生物富集的重金属污染物质，停止排放后也会在很长时间内积累在自然环境中，难以消除。

（二）其他类特点

水是具有流动性的，因此废水污染具有较强的流动性和扩散性，废水会随着水流扩散，侵蚀流经地的植物和土壤，对污染水域内的动物造成不同程度的伤害。不同物质在水中的扩散性不同，如铬在水中的扩散性会比汞在水中的扩散性更强，扩散范围也会更大。

二、废气污染的特点

空气是人类正常生存必不可少的条件之一，但是当空气中所包含的污染物质达到一定程度时，人类的健康将会面临着严重的威胁。在化工生产过程中所排放的废气大多数都包含了容易燃烧、爆炸并且具有强烈的腐蚀性物质。废气最主要的有害物质包括硫氧化物、氮氧化物、碳氢化合物、氟化物等有害物质。另外，城市中汽车尾气所产生的废气也会形成废气污染。

（一）易燃易爆

在化工生产过程中所排出的废气大多含有易燃、易爆、沸点较低的气体物质，如铜、醛、不饱和烃等。特别是在石油化工企业的生产过程中，或多或少的都会向大气中排放易燃、易爆污染物，当这些污染物在空气中的浓度达到一定程度时，便会容易引起火灾、爆炸等危险性十分高的生产事故，在通常情况下，企业对于这些气体污染物都会设置专门的火炬系统来进行处理。

在化工生产过程中向生态环境中排放的气体大多数都是含有刺激性和腐蚀性的污染物质，比如二氧化硫、氧化物等，其中二氧化硫和氮氧化物的排放是最为常见、也是排放最多的物质。造成这些污染物数量太多是因为在生产过程中不可避免地会涉及燃烧、加热等工作，而现如今的能源与废气处理技术有限，所以空气当中的二氧化硫与氮氧化物的含量在急剧增多。

（二）其他类特点

废气污染的扩散性更强。废气会弥漫在空气中，并随着空气流动对空间内的物体造成不同程度的损害，气体污染物能够直接对人类的呼吸道系统产生危害。除此之外，气体污染物还可以转化为其他形态，比如和雨水结合生成含有酸性物质的雨水对建筑物、土壤、植被等造成腐蚀和污染。

三、噪声污染的特点

与大气、水、固体废弃物等其他类型的污染相比，社会生活中的噪声污染具有其特殊性，具体如下。

（一）来源的复杂性

社会生活中的噪声污染的来源非常复杂，具体体现在污染源的多样性与污染源时空分布的广泛性，难以集中治理，具体体现在以下几个方面。

首先，社会生活中的噪声污染的来源主要有两类：一类来自日常生活所需的设备设施；另一类来自人为制造的噪声。其中，室内（外）商业宣传、活动所使用的扩音设备、货物装卸设备、装修设备、家用电器、乐器、供水供电设施、中央空调等均属于设备设施的噪声污染源；商超内（外）的高声招揽与售卖、小摊小贩通过敲打或高声地叫卖、婴儿的高声啼哭等均属于人为制造的噪声污染源。这些噪声产生的环境各不相同，发生的时间也不尽相同，声音的响度与频率都具有较大差异。

其次，社会生活中的噪声污染源分布广泛。从空间看，可以分为室内噪声与室外噪声。室内噪声污染问题主要集中于将住宅楼改为门市进行商业经营以及装修所产生的噪声。室外噪声污染的排放量随着城市内人口密集程度的不断提高而增加，人越多的地方噪声越大。有些室外噪声是在固定区域呈中心辐射状的，如近年来备受争议的“广场舞”主要依靠一个固定的音响设备播放节奏感强的音乐，周围的舞者列队在广场上进行舞蹈；而有些室外噪声是呈线状辐射的，如方兴未艾的“健步走”，这些队伍少则数十人多则数百人，往往沿着固定的路线行进，随身携带便携功放设备，而且在一定间隔会大声喊口号。从时间上看，随着社会的发展，人们的工作与活动不再仅仅局限于白天。例如，从黎明到午夜都有许多场所持续营业，这些场所产生的噪声一直在持续，未有间断。

（二）类型的特殊性

首先，社会生活中的噪声污染的特殊性在于它具有无形性与暂时性。理论上，噪声污染属于典型的能量型污染。噪声的产生源于物体振动，当振动停止，噪声便会立刻停止，不会在环境中产生累积，声波所携带的能量最终会因耗散殆尽而消失。例如，有些偶发的社会生活中的噪声在一瞬间产生，也在一瞬间消失，难以追溯其源头和污染行为。

其次，社会生活中的噪声污染的特殊性还在于其具有隐蔽性。例如，安装在地下的变压器、水泵，或在楼顶的中央空调，再或者是楼内的电梯井，声波在固体中的传播速度更快、能量损失相对更小，如果没有充分的隔音措施，这些噪声会沿着楼体的钢筋混凝土结构进行传播，形成低压（频）型噪声。虽然该种噪声比较少见且不易被察觉，但同样会影响居民的正常休息与学习。

（三）损害的感觉性

噪声是一种感觉性污染，每个受体的感受性不同，干扰程度也不同。例如，老人、病人等敏感群体对噪声的承受能力较差，面对同样频率、响度的噪声所产生的反应可能会更加明显。再如，不同的环境也决定了噪声的认定，室外热闹的音乐在健身的人耳中是悦耳的节奏，在室内学习的人耳中无疑是恼人的噪声。这意味着，社会生活中的噪声污染不易评估，且具有相对性。这给社会生活中的噪声污染的治理，特别是社会生活中的噪声污染侵权的认定和责任追究带来了困难。

（四）后果的多样性

首先，社会生活中的噪声污染会对人的心理造成危害。噪声不仅会使人感到厌烦，如果一个人长期暴露在噪声中，还会诱发不良情绪，具体表现为过度紧张、莫名忧郁、无故疲惫、易怒等状态。因此，这种危害会影响人的生理健康。

研究表明，人处于噪声环境中会引发神经衰弱综合征，如果长期暴露于噪声中，神经衰弱综合征的患病率将会有显著升高。内脏的神经调节功能会因长期接触噪声而发生改变，引发血管运动中枢调节功能出现障碍，从而导致脂代谢的紊乱。因此，高血压、心脏病等疾病易因长期处于噪声中而诱导发病。

其次，噪声的干扰还极易引起邻里关系不和、紧张甚至发生冲突，导致大量民事纠纷，进而转为严重的社会问题。

四、固体废弃物污染的特点

固体废弃物的形态与前两者不同，它所呈现的状态是固态，如生活中的固体垃圾等。固体废弃物堆放会占用较大的空间，难以处置。固体废弃物污染还很容易造成二次污染，如焚烧可能会引起废气污染，进行土壤填埋在短时间内也很难降解，遇到雨雪天气，暴露在外的固体废弃物还可能引起废水污染。

第四节　环境污染的现状

改革开放以来，我国经济突飞猛进，但其背后却是以高耗能、高污染、低产能为代价，这种经济增长被认为是环境退化的原因。环境污染问题一直是社会关注的焦点。“十三五”期间，在“打赢污染防治攻坚战”目标的推动下，我国取得了生态环境质量改善成效最大、生态环境保护事业发展最好的成绩，人民群众的良好生态环境获得感、幸福感和安全感不断得以增强，然而生态文明建设并未取得根本性转变，生态环保任务任重而道远。

一、污染物来源

（一）农业源污染物质

农业发展是我国经济发展中不可或缺的部分。当然，在农业自身发展中产生污染物也是不可避免的，比如长期使用化肥、其他农业化学物质、残留在土壤中的包装袋等。农业生产是一个广范围的生产，因此，农业污染属于范围广、但污染量较小的污染。

我国作为农业大国，农村地区经济发展对我国社会经济发展十分重要。而畜禽养殖可以在一定程度上优化农业生产形式，提升人民群众的生活质量，确保肉类膳食的良好供应。因此，应当运用科学、合理的治理对策，解决畜禽养殖在实际生产过程中所造成的环境污染，进一步提高我国人民的身体素质，为我们国家社会经济的可持续发展奠定良好的基础。

家禽与牲畜的排泄物和垫料等诸多废弃物，其中包含大量的磷、氮、有机污染物等。过去，畜禽粪便通常通过有机肥腐熟之后进行还田处理。但现阶段，在农村地区生产形式持续革新的背景下，以往种植行业广泛使用的有机肥已逐渐被化肥替代，对畜禽粪便的需求大幅降低，进而造成畜禽粪便的大量堆积。待堆积量较大时，粪便则被堆弃到道路两旁、河湖沟渠，并和雨水一同流入地下水中，给我国农村地区的环境带来极大的污染。

畜禽养殖在进行污水与粪尿冲刷时，会对水体带来一定程度的污染。因为畜禽养殖场无法将粪便等废弃物全部归到田地中，再加上畜禽养殖人员并未形成强烈的环境保护意识，而将畜禽养殖场所产生的污水进行随意的排放。污水中包含大量的有机污染物，将其排入河水中，会让水质持续恶化，水生动植物因缺氧而死亡。与此同时，水质变臭、发黑，也会给周围人民群众的日常生活及生产带来极为严重的影响。另外，污水若是出现下渗的情况，则会让河水中的微生物、硝态氮等含量严重超标。水质污染不仅是诸多疾病潜在的发病源，同时也给农村地区集中饮用水源地带来严重危害，给人民群众的身体健康带来严重危害。

兽药与饲料添加剂是畜牧业生产运营中必不可少的材料，这些饲料的使用，对动物的生产能力的提高以及疾病的预防都起到了很好的作用，为养殖行业增加了经济效益，但也存在饲料使用不当引发的环境污染问题。部分养殖人员为了高收益，在养殖过程中滥用防腐剂等激素产品，对动物进行催生、催长等。喂养动物的饲料配比不当，药物使用超标，导致动物产品中残留大量的有毒物质，进食此类产品会对人体健康造成危害。另外，此类动物还会通过粪便污染水和土壤环境，并对动物的健康造成不良影响。

现阶段，我国农村地区的畜禽养殖仍以家庭养殖户为主，养殖人员自身认知水平有限，资金投入不足，缺少对畜禽粪便进行无害化处理的设备，无法真正实现雨水分流、粪便储存及处理。在实际养殖过程中，出现随意丢弃畜禽粪便的情况，没有最大限度地利用并转化畜禽粪便所包含的附加值，大大降低了资源的应用效率。

（二）工业源污染物质

改革开放以来，中国工业化进程突飞猛进，同时伴随着工业经济增长方式过于粗放，造成了能源资源约束趋紧、环境污染等一系列问题。

工业污染的空间特征主要集中于两个方面：①在对反映工业污染情况的主要指标进行综合评价的基础上，用聚类分析等方法对工业污染的空间分布进行实证研究；②考虑空间的相关性，从空间互动视角探索各地区工业污染的空间关联性和空间集聚性特征。

在很多的工厂企业发展中，通常会产生工业垃圾，如废水、废气以及生产之后的残渣。当这些污染物残留下来，便形成了工业污染物。这些污染会直接或者间接地影响环境，此外，有些污染还可能造成二次或者三次污染。工业污染是很难去除的，所以在发展经济的同时，应该注重保护环境。

工业污染源因行业种类繁多、产排污环节复杂、污染物排放量集中、环境危害大等特点，一直是我国环境管理和污染防治的重点对象，其污染物的产生和排放量也是环境管理的重要衡量依据和控制指标。在2017年第二次全国污染源普查工作中，全国共普查工业污染源企业247.74万个，涉及42个大类、659个小类行业。

（三）生活源污染物质

生活中也会产生一些生活污染物。如人们在生活中所产生的生活垃圾，没有经过合理的垃圾分类，对垃圾的处理不当导致的污染。其中，电子垃圾的处理极为重要。其有害物质含量极高，如果进入土壤或者水资源，就会对人体健康造成影响。还有家禽牲畜的排泄物处理不当，因为其中可能含有寄生虫和病菌，如果人类感染上了其中的病菌，可能会引发一系列的疾病。这些都体现出了垃圾分类的重要性。

生活污染物一般以无毒的无机盐类居多，主要以氮、磷、硫以及致病细菌为主，污染源主要来自洗涤剂、生活污水、垃圾以及粪便等污染物质。随着农村地区的城镇化发展，农村居民的居住模式逐渐由分散转向集中，各种小型城镇以及农村聚居点所产生的生活污染物严重危害了周边水环境。并且由于社会环境所造成的农村陋习（如生活垃圾的随处堆放、生活污水的随处排放），也进一步促使农村水污染问题的不断恶化。而在很大程度上，这些陋习所引起的环境问题对我国农村居民的生活品质造成了严重影响。

（四）交通源污染物质

随着人们生活质量的不断提高以及科学技术的发展和进步，汽车已经成为人们出行最常用也是最不可或缺的交通工具。汽车数量和汽车尾气排放量持续增加的过程中，汽车尾气中含有的大量一氧化碳和二氧化碳，不但对环境造成了严重的污染，而且对人们的身体健康造成了严重危害。所以，相关部门如果无法彻底解决汽车尾气排放问题的话，那么必然会因为大气污染程度的日益严重，威胁到生态环境的平衡与我国经济的可持续发展。机动车尾气排放对大气环境造成的污染是目前除了工业生产引发的大气环境污染以外，最主要的大气环境污染源。汽车尾气是城市雾霾形成的重要原因，而雾霾则是人们日常生活中最容易接触到的危害身体健康的空气污染物。

交通污染产生的空气污染物质主要以汽车尾气排放出来的一氧化氮、铅尘、氢氮化合物等物质为主，这些物质对人的身体健康危害巨大。目前，我国汽车数量逐渐增多，总数近3亿辆，可见，交通污染所产生的污染物质含量非常庞大，即使分散到我国各个区域仍然不可小觑。

道路交通污染源是能够移动的，总数上也远大于固定源，又因为流动性来往频繁，尽管单一移动源的排放量很小，但数量的叠加造成排放总量巨大，很难计算出一定区域内车辆与排放量的具体数量，防治难度巨大。

二、污染物质的性质

（一）自然性

由于人类长期生活在自然环境中，所以对自然物质的适应能力比较强。有人分析了人体中60多种常见元素的分布规律，发现其中绝大多数元素在人体血液中的百分含量与它们在地壳中的百分含量极为相似。但是，人类对人工合成的化学物质的耐受力则要小得多。

（二）扩散性

污染物具有扩散性，因此对环境的污染也不仅限于固定的区域，如汞在常温下是银白色的液体，虽然作为液体的状态不会轻易渗透到身体中，但是它会在空气中挥发，长期吸入这种有毒气体会对身体造成危害，而铬、镉、砷等的扩散距离比汞的扩散距离还要大。

（三）毒性

市政污水中的有机污染物种类复杂，包括如药品和个人护理产品、多环芳烃、磷阻燃剂、增塑剂和农药等。其中许多污染物一旦释放到环境中，可能会对水生生物造成不利影响。

在污水处理过程中，大多数影响已显著降低或完全消除，而在废水中仍可检测到胚胎毒性和雌激素活性，这表明其经处理后仍含有一些有害物质。

市政污水处理厂从总体去除性能到各种处理过程的研究，越来越受到人们的关注。其中，一级处理工艺主要通过过滤、沉淀等物理方法去除污水中的大颗粒物，为后续处理工艺减轻负荷；二级污水处理主要以生物处理为主，如Phoredox工艺、氧化沟工艺、CASS工艺等；三级处理工主要通过紫外辐射、加氯等方式对污水进行深度处理。根据住房和城乡建设部“全国城市污水处理信息管理系统”的最新统计，截至2019年底，我国建立并运营了2 471座城市污水处理厂。大多数污水处理厂都采用具有环保、处理成本低、操作简单、维护方便等优点的主流活性污泥法及其改良工艺，尤其是市政和中大型工业污水处理厂。市政污水处理厂是将预处理后的工业废水与生活污水同时集中处理，即便在进水中，一般生活污水所占比例较大，经预处理的工业污水所占比例较小，但考虑到预处理后工业废水中残留的难降解毒物，对位于工业园区的市政污水处理厂中添加预处理工业废水的生物处理方法的处理效率和毒性降低进行评价也是非常重要的。因此，从其普遍存在的代表性、实用性和必要性的角度出发，结合典型市政污水处理厂处理工艺，针对市政污水生物毒性的处理效率和毒性评估，将支持管理实践以减少对环境的有毒有机污染物的排放。

有些污染物质具有剧毒性，即使有痕量存在也会危及人类和生物的生存。环境污染物质中，氰化物、砷及其化合物汞、铍、铊、有机磷、有机氯等物质的毒性都是很强的。污染物质是否有毒不仅取决于其数量多少，也取决于其存在的形态。污染物质的毒性还包括它们的致癌、致畸、致突变性质。

（四）活性和持久性

活性指污染物质在环境中的稳定程度。活性越高的物质，越无法在环境中久存，但是这种活性高的物质所产生的反应物，很有可能会对环境造成二次污染。同时，解决环境污染问题，不是一时半刻就能够完成的，这是一个循序渐进的过程。例如，某些污染严重的地方可能需要几十年或者几百年的时间来恢复，这便是污染物对环境造成的持久污染。

三、我国存在的主要环境污染问题

（一）水资源短缺污染严重

水资源是人类赖以生存的重要资源，因此我国在对水资源的处理上必须要有更加严格的标准与有效的技术。城市环境工程建设与经济发展、人民生活息息相关，并随着城市建设进程的加快而受到人们广泛的关注。在实施城市环境工程建设的过程中，只有认真贯彻科学发展观的根本要求，以建设节约型社会为主要目标，更好地协调城市居民和环境之间的关系，才能实现城市建设和环境保护的相互融合。

随着我国城市经济水平的不断发展，城市污水年处理量逐年增加，我国污水处理效率与城市污水排放比例严重失衡，部分城市的污水处理主要依赖小型污水处理厂，它们的处理能力较低，一天只能处理30万吨左右，不利于污水治理工作的顺利开展。此外，我国的污水处理能力与发达国家相比还有很大差距。并且，对污水处理厂的投资也存在明显的空白。尽管我国早在1998年就在不断加大污水处理资金投入，但始终无法满足污水处理厂的实际需要，投资渠道单一，严重影响了污水处理的运行效率。

当前，我国在实际污水处理工作中面临的最大问题是污水排放系统的单一化和滞后。我国的城市污水处理技术在“七五”国家科技攻关计划的基础上不断发展；随着“八五”国家科技攻关计划的实施，我国更多地关注高负荷活性泥、一体化氧化沟等相关技术的研究；而在“九五”国家科技攻关计划的基础上，才对城市污水处理效率进行了深入研究。从各个阶段的发展过程了解到我国在污水排放技术的研究中，只针对某一方面进行了研究，并未综合考虑。特别是在城市污水处理过程中，总会忽视雨水的二次利用，把雨水直接排出，这样容易使雨水对城市环境造成污染。对城市污水处理可行性研究的具体内容包括环境工程项目的投资规模、实施步骤及后期运行情况等。污水处理的可行性研究对今后城市污水处理工程的顺利进行具有重要意义。目前，部分城市在开展污水处理工作时，只注重污水处理取得的成绩。

因此，这类城市环境工程项目的负责人为了提高污水处理效率，会编写虚假的资料来完成城市污水处理的可行性报告，这将使城市污水处理规划缺乏科学性，从而造成大量的城市环境问题，使实际的治理效果与预期有较大差距。

（二）大气污染严重

大气污染近年来已经初步得到治理，相比过去来说，空气质量已经逐步得到改善，工业废气的肆意排放已经得到有效遏制。我国大力发展工业取得了一定的进步，但在加快城市化进程的过程中采用了多种对空气质量有害的材料，导致空气质量严重下降，空气中PM2.5浓度逐渐升高。尤其是以重工业为中心的城市，这些城市的空气质量特别差，甚至在凌晨时空气中的灰霾颗粒散发出呛人的气味，对人们的生活造成了严重的影响。

因此，我国意识到大气污染治理的重要性后，开始采取各项大气污染治理措施，经过治理我国各个城市以及乡村地区的空气质量得到有效好转，城市地区的重工业区域还在逐渐向人烟稀少的地区转移，乡村地区也不再是企业排放超标废气的法外之地。

工业污染是导致大气污染的主要原因，我国发展工业化是必然之举也是必需之举，工业化是国家发展和进步的基础，只有不断提高国家工业化水平，才能促进国民经济的增长。我国发展初期是以牺牲环境为代价加速工业化进程的，但是在工业化进程发展到一定程度之后，大气污染已经成为一项必须治理的问题。从此，我国工业发展政策开始由从不遗余力发展工业向不以牺牲环境为代价提高工业化水平的方向转变。此时，导致大气污染的工厂已经从大部分工厂转为少部分煤、油、电厂，这些是保障国民生产生活的必需企业，目前没有办法杜绝这些工厂造成的大气污染，只能通过尾气处理方法尽量避免增加污染程度。因为受到技术水平缺失等因素的影响，我国工业生产主要是以煤炭能源为主，而煤炭燃烧过程中产生的大量二氧化碳等有害气体则对空气造成了严重的污染和破坏。之所以出现这样的问题，主要是我国在发展工业产业时，过度追求经济利益，忽略了生态环境保护的重要性，导致我国工业生产过程中产生的大量废气在未经特殊处理的情况下直接排放，从而对大气环境质量造成了无法挽回的污染和破坏，而这种以牺牲环境利益为代价来谋取工业产业发展的做法，显然违背了可持续发展理念。

农业污染是导致大气污染的次要原因，我国是农业大国，农业土地面积比较广阔，在农业种植的过程中会采用各种农药对农业病虫害进行遏制，这样才能保证农业产品的产量和质量受到病虫害的影响最低。而农药喷洒之后会在雨水的作用下进入土地和附近的河流，在蒸腾作用下农药成品挥发出有害物质，从而造成大气污染。

禽畜粪尿在接触环境后，会产生化学反应且迅速腐败，产出一些恶臭气体，对环境造成污染。臭气的扩散导致禽畜生存环境受到污染，同时臭味弥漫，影响民众的日常生活与身体健康。此外，禽畜排泄物内包含大量的病菌以及饲料药物，这些物质极易与水、空气中的尘埃等结合而融于大气中，随着空气流动扩散到其他地方，引起动物呼吸道感染等。

同时，随着经济的发展和城市化的推进，汽车尾气排放量迅速增加，都导致了大气污染越来越严重。

（三）土壤污染加剧

在土壤中各种有害物质经常与土壤结合，然后有些有害物质被土壤生物分解或吸收，改变原有的性质和特点。土壤里面的有害物质可以输送到农作物中，再通过食物链，对人类和家畜的健康造成危害，让土壤本身可以继续保持其生产能力，以慢性危害、间接危害为主，对人类的健康造成危害。

土壤污染的积累性表现为土壤吸附性强，人类生活中产生的污染物通常吸附在土壤中，特别是像那些金属污染物以及难以去除的污染物。它们也常常吸附在植物的根茎上，土壤中的有机物还可能和某些放射性元素相结合，在土壤中长期存在，无论怎么转化都很难离开土壤，所以这成了我们解决污染问题的难题。

土壤污染的污染物不会像水或者气体容易蒸发消散，如果它在土壤中积累了很多，造成了很大污染，就更不容易除掉了。

长期积累在土壤中的污染物很难去除，普通的稀释和降解往往无法达到要求。例如，难降解的重金属污染等，基本上是一些不可逆转的污染形式。对这些污染物进行降解，是一个长期而又艰巨的历程。同样地，不能排除某些污染物降解后仍含有危害人类生活与环境的有机物。因为通过降解可能会产生有毒的中间产物，这也是到目前为止，很多污染物都不能够被降解的原因之一。只有采用新型的提取方法，才能够有效地解决土壤中存留的污染物。

近年来，随着社会经济的发展及不合理的人类活动，区域土壤重金属污染问题突出，土壤重金属污染主要是由于重金属不能被土壤微生物分解，而易于积累、转化为毒性更大的化合物，甚至有的通过食物链以有害浓度在人体内蓄积，严重危害人体健康。

在农业的发展过程中，禽畜类粪便排放也是导致土壤污染的重要原因，禽畜粪便本身含有氮、磷等有机物，是作物所需要的有机肥料。但部分地区的大量禽畜粪便没有被合理运用以及区分处理，造成排泄物在种植土壤中分配不均，导致有机肥料成分养分过大，抑制了农作物生长，影响了经济收入。

（四）固体废弃物污染严重

人类社会生产的各种固体废物，如城市居民的生活垃圾、建筑垃圾、清扫垃圾与危险垃圾（废旧电池、灯管等各种化学、生物危险品，含放射性废物）等已成为现实生活中非同小可的社会问题。如被称为“白色污染”的一次性快餐盒、塑料袋等废弃物，其降解周期要上百年，焚烧则会产生有毒气体。我国固体废弃物主要来源有三个方面：一是工业固体废弃物，主要是工业生产和加工过程中排入环境的各种废渣、污泥、粉尘等，其中以废渣为主。其数量大，种类多，成分复杂，处理困难。二是废旧物资。我国废旧物资回收利用率较低，大量可再生资源尚未得到回收利用，流失严重，造成污染。三是城市生活垃圾。

我国城市生活垃圾产生量增长快，每年以 8% ～ 10% 的速度增长，而目前城市生活垃圾处理率低，近一半的垃圾未经处理随意堆置，致使 2/3 的城市出现“垃圾围城”现象。

我国传统的垃圾销毁倾倒方式是一种“污染物转移”方式。而现有的垃圾处理场的数量和规模远远不能适应城市垃圾增长的要求，大部分垃圾呈露天集中堆放状态，对环境的即时和潜在危害很大，污染事故频出，问题日趋严重。堆放在城市郊区的垃圾侵占了大量农田。未经处理或未经严格处理的生活垃圾直接用于农田，或仅经农民简易处理后用于农田，后果严重。由于这种垃圾肥颗粒大，而且含有大量玻璃、金属、碎砖瓦等杂质，破坏了土壤的团粒结构和理化性质，致使土壤的保水、保肥能力降低。

第五节　环境监测的特点与进展

一、环境监测的作用及特点

环境监测作为环境改善业务中比较关键的构成模块，在实际环境监测业务实行进程中，必须运用科学的监测设备和方式来对部分领域环境中存有的标识性污染物进行精准测量，同时对污染浓度、变化趋势及分布情况进行全面掌握，在此基础上确定该区域的环境污染状况和进展趋势。

近年来，人们在生产生活中排放了大量的废弃物，致使环境承受力超载，环境自洁水平降低，在目前环境修护任务中，环境监测成为比较关键的一个内容，经过全方位测评环境污染情况，科学区分环境污染等，同时了解环境废弃物的转化规则等，进而为环境修护工作提供科学的理论支撑。在目前环境实际监测进程中，经过对大气、土壤和水等实行取样，探析采样的物理以及化学特性，并采用设备来对采样中成分和含量进行检测，检测出的废弃物的类别和数量能够更直接地展现出环境污染的现实情况，为环境修护工作的顺利展开树立了良好的根基。

环境监测指的是专业单位结合法律、法规要求实时监控和测量各地区环境情况，结合环境监测的数据结果，提出科学、系统的分析对策，客观准确地评价监控环境数据的基本情况的过程就是环境监测。在环境保护工作中开展环境监测工作，可以追踪调查和实时测量环境质量数据和环境污染数据等，提供真实的数据信息，支持环境保护工作的顺利开展，制定科学的保护规划，使环境保护工作的准确性不断提高，促使生态环境部更好地开展环保工作，保障我国的生态文明建设效果。

环境监测站通过落实环境监测工作，可以实时监控各类污染源，跟踪调查并分析污染物的变化，提出具有针对性的问题治理方案，有效控制环境污染问题。

科学有效的环境监测，可以帮助环境保护工作人员更加重视自身工作，顺利开展环境保护工作。在落实环境监测工作的过程中，需要全方位地解析环境监测工作重点，突出环境保护工作的重要性，环境监测站需要利用科学的工作方式，为环境保护工作提供数据基础，加强生态文明建设工作，促进我国社会经济稳定发展。

环境监测在环境保护工作中发挥着重要的作用，通过详细分析环境监测数据结果，可以优化环境保护工作对策，有效解决环境污染问题。我国需要加大力度建设环境监测工作，提高环境监测工作水平，协调环境保护工作和经济发展。

（一）环境监测的重要作用

1. 管控作用

为了保障环境监测的工作质量，需要长期、准确地监测环境中隐藏的污染源，实时关注监测这些污染源，预防可能会发生的环境问题。如果监测对象已经发生污染问题，可以结合监测数据提出具有针对性的补救措施。环境监测可以有效监测环境污染问题，管控环境污染问题，在实际工作中利用大数据统计和分析技术，对环境污染问题起到显著的预防和防护等作用。环境监测工作具有准确性和有效性，能够降低环境污染问题的负面影响，利用具有针对性的管控措施支持环境保护工作，加强建设我国的生态文明建设，促进经济可持续发展。

2. 导向作用

我国存在严重的环境污染问题，因此需要加强开展环境保护工作。环境监测可以将环境问题真实地反映出来，为环境监测站指明工作方向。如果工作人员通过环境监测发现空气和土壤数据存在异常情况，需要立即采取具有针对性的处理对策，尽快恢复正确的数据，保障环境监测的工作质量，结合土壤监测数据确定土壤质量，有序落实具有针对性的治理和预防等工作。此外，环境监测工作人员可以对比分析近年来的数据资料，科学分析当地环境的变化情况，以此为基础提出具有针对性的环保措施。

3. 应对环境保护突发问题

环境保护工作非常复杂，在落实环境保护工作的过程中存在较多的人为因素和自然隐患，这些因素可能会导致各类环境污染突发问题，增加了环境保护工作的难度。环境监测可以动态化监控突发事件的实际情况，及时确定问题的影响范围，准确、系统地确定环境污染源，有效应对各类突发问题。

4. 提供数据支持

在环境监测过程中，工作人员需要创新整体工作方法，在实际工作中融合新型工作理念，以获取更加精准的环境监测数据，保障环境保护工作质量。例如，通过环境监测，工作人员可以确定空气污染指数，如果空气污染指数超标，工作人员需要综合考察问题发生的原因，确定问题是因为工业废气排放量超标还是因为汽车尾气排放量超标引起的，搜集各方面的数据，通过数据整合分析，建立具有针对性的问题处理对策。通过对比环境监测数据，工作人员可以分析环境保护工作效果，确定今后环境保护工作的重点、难点，提高环境保护工作的针对性。

5. 促进环境规划实施

近年来，我国不断提高环境保护工作的要求，促进环境规划工作发展，环保部门需要坚持生态发展观念，根据部门实际工作情况，协调环境保护工作和经济发展之间的关系，完善环境保护工作体系，科学地推进环境保护工作。开展环境监测工作，可以为环境保护工作提供科学数据，制定具有针对性的环境规划，明确环境规划发展方向，协调环境规划工作中的各方关系，充分发挥环境规划的作用，协调环境保护工作和经济社会发展。

6. 减少环境治理投入成本

当前我国环境污染中存在很多不确定因素，导致无法准确查找到环境污染的源头，造成一些环境隐患问题，一旦这些隐患突然爆发，将会严重威胁到周边环境。为了能够及时处理这些环境隐患，必须要实时监测周边环境，这样才能在环境遭到污染时最快找出污染源，并制定有效的解决措施，从而在一定程度上减少环境治理投入的成本。另外，环境监测工作是一项长期性的工作，必须持续坚持，才能对比分析每天的监测数据，及时找出污染源，并制定解决方案，从而快速、有效地处理环境污染问题。这样不仅保障了环保工作效率的提升，也减少了环境治理需要投入的成本。

7. 增强环保工作的科学性

科技是社会发展的基础条件，社会的进步离不开科技的发展。当下高端科学技术迅猛发展，环境监测对于科学探究的有效开展有着重要意义。在实际开展环保工作时，环境监测通过其提供的丰富数据信息，极大提升了环保工作效率的同时，也增强了环保工作的科学性。例如，在实施生物资源监测时，利用环境监测为微生物研究室提供数据，可以促进生物资源监测工作的高效进行。因此，做好环境监测工作，不仅能够保障环保工作的科学发展，对社会的进步与发展也有一定的推动作用。

8. 促进城市规划合理开展

在社会日常生产生活过程中，环境与经济的发展息息相关。现阶段，我国社会主义经济发展过程中，要结合环境保护工作来发展经济，在保护环境的基础上进行经济发展。我国制定了环保与经济协调的方案，协同开展环境保护工作和经济发展。同时，在环境保护和经济发展的过程中必须要实行同步规划、实施和发展，另外还要保证同时设计、实施和投入。在制定城市规划工作时，必须要与城市发展内容相结合，确保城市规划能够促进城市发展，并助力经济建设。此外，城市规划必须要基于城市发展的实际情况，充分考量城市经济发展参数和环境保护的各项数据，建立城市环境监测数据库，进而促进城市规划的合理开展。

9. 提升环保工作效率

环保工作中涉及多方面的内容，且易受到多种因素的影响。所以，环保工作人员在实际开展环保工作时会遇到各种问题。例如，大气污染刚刚解决完，又出现了水资源污染，很多时候只能抑制表面问题，不能真正解决问题。这是一项复杂性较高的工作，因此环保工作人员应制定出具有针对性的解决措施，减少工作的盲目性，而应用环境监测的方法恰好可以有效应对这一情况。例如，我国华北地区频繁发生沙尘暴，不仅由于当地严重的大气污染，还因为当地对草地的过度开垦。通过运用环境监测，可以制定出有效的预防措施。

（二）环境监测的特点

环境监测具有以下几个特点。

第一，污染物质种类繁多、组成复杂、性质各异，其中大多数物质在环境中的含量（浓度）极低，属于微量级甚至痕量级、超痕量级，而且污染物质之间还有相互作用，分析测定时会有相互干扰，这就要求环境监测技术具有“三高”，即高灵敏度、高准确度和高分辨率。

第二，环境监测包括了对环境污染的追踪和预报、对环境质量的监督和鉴定，因此就需要有一定数量的有代表性的可比性数据，需要有准确及时的连续自动监测手段，这就要求环境监测具有“三化”，即自动化、标准化和信息化。

第三，环境监测涉及的知识面、专业面宽，它不仅需要有坚实的分析化学基础，而且还需要有足够的物理学、生物学、生态学、水文学、气象学、地学、工程学等多方面的知识。此外，环境监测还不能回避社会性问题，在做环境质量监测时，必须考虑一定的社会评价因素。因此，环境监测具有多学科性、边缘性、综合性和社会性等特征。

二、环境监测的发展历程、问题及举措

（一）环境监测的发展历程

党的十八大之前，生态环境监测一直是由政府主导的、相对封闭的行业体系。我国实行的是由政府部门所属环境监测机构为主开展监测活动的单一管理体制。2014 年，国务院提出推进“政府向社会购买环境监测”服务；2015 年，环境保护部出台“推进环境监测服务社会化”的指导意见；2017 年环境保护部购买服务通过采测分离方式上收国控点位监测事权。这一系列举措释放出强烈的监测市场化信号，促进了社会化生态环境监测机构的蓬勃发展。随着改革的深入推进，生态环境监测的机制发生重大变化，生态环境监测需求越来越多，生态环境监测的市场化程度越来越高，推进环境监测服务主体多元化和服务方式多样化，对加快政府环保职能转变、提高环境监测效能发挥了积极作用。目前，“政府主导、部门协同、社会参与、公众监督”的生态环境监测格局正在构建。

全国约有 8 000 家社会化生态环境监测服务机构，这些机构的技术能力参差不齐。一些社会化环境监测机构出现了数据失实、结果失真、编造监测数据和报告等弄虚作假行为，这些乱象严重扰乱了市场秩序。如何进一步规范环境监测市场，确保生态环境监测数据客观、准确、真实、全面，充分发挥监测数据作为生态环境保护“耳目”和“哨兵”的作用，让社会化生态环境监测机构出具的监测数据满足中共中央办公厅国务院办公厅印发《关于深化环境监测改革提高环境监测数据质量的意见》要求，使社会化生态监测机构能够更好地服务于环境管理工作，真正为打赢污染防治攻坚战贡献自己的力量，值得深思。

环境监测业务作为环境监测部门非常关键的一项工作内容，通过开展环境监测来为环境修护工作提供关键的数据支撑，所以对于环境监测部门来说，环境监测品质是其存续和发展的关键根基。在日常工作中，环境监测部门必须持

续改善自身的内部管控，建立一整套完备的环境监测管控系统，建立地区范围内的互联网环境监测，使得各环境监测分支可以将所监测到的情况尽快传递。这时也要设立完善国家级别的环境监测部门及省级环境监测部门的直接领导体制，持续完善环境监测管控体制，努力革新内部管控，全方位地提高内部监测品质。

在现代科学技术快速发展的新情况下，环境监测水平和仪器得到了迅速的发展，在目前环境工程建设中，更多的先进环境监测设备已经投入使用。在这个新情况下，环境监测部门应建议相关人员积极学习新技术和新仪器，同时也要关注日常业务中的学习工作，定期开展技能比赛，以推进环境监测业务人员专业技术水准的提高，更好地提高环境监测业务的品质，完成对大气、水以及土地等污染行为的全面整治，为生态环境决议提供合理、准确的数据支撑。

环境监测部门要根据环境实际的损害程度实行判别环境污染情况，即根据污染给环境造成的损伤大小和严重程度实行精准判断，同时进行危机报警工作。在实际工作进程中，环境监测部门必须以现实发生的情形为依据，并根据四周的区域情况迅速行动，积极制定实际可行的处置方案，积极处理环境污染问题。

近几年，各地均放开了服务性环境监测市场，社会化生态环境监测机构数量急剧增加，迅速崛起，社会化生态环境监测机构的业务范围涵盖环境质量监测、污染源监督性监测、企业自行监测、环评验收监测等领域。

环境监测作为环境科学的一个组成部分，可以为环境科学研究和环境保护工作提供各种必要的监视和检测数据，作为环境科学研究和环境保护工作的依据。在国内社会发展进程中，经济发展和生态环境间的对立持续被激发，在经济快速发展的新情况下，生态环境品质越来越无法达到人们的要求。

伴随着人们环保思想的持续提高，急切需要提升环境监测业务的品质和水准，让其可以为环境整治和环境保护决议提供可靠的信息支撑。通过完善环境监测业务，能够更好地确保监测数据的及时性、精准性、合理性和成效性，达到对生态环境的合理修护，为国内经济及社会的持续发展建立稳固的根基。

（二）环境监测工作存在的问题

1. 环境监测现场采样存在的问题

（1）采样前准备不充分

在现场采样工作中，普遍存在采样前准备不充分的问题，具体表现为：在选址之前没有制订科学可行的监测计划；监测因素与方法不明确；技术人员对监测设备与相关知识的掌握度较低；在采样之前没有创建完善的监督机构，极大地影响了质量体系管理作用发挥，部分监理单位虽然设立了质量监督岗位，但因实际工作忽视质量控制，导致质量体系管理的监督作用受到较大抑制。

（2）监测点定位不准确

监测点位设定是现场采样的关键所在，将对空气环境质量的监测结果产生直接影响。当前，现场采样的监测点定位普遍不够准确，相关工作缺乏合理性，使工作质量受到了较大影响，无法通过监测信息准确体现环境质量的变化趋势。在实际工作中，监测点定位一般没有对排污口位置、气象、四周基础设施等因素进行综合分析，导致测量数据受到影响，无法为后续的工作开展提供科学依据。

（3）人员综合素质不高

监测人员的综合素质对监测结果具有直接影响，但当前他们的综合素质普遍不高，且个别人员缺乏责任感，自身专业能力不足，对现场采样管理的概念知之甚少，未能充分意识到现场采样质量对整体工作的重要性，未能规范地使用监测仪器等。可见，采样质量很容易受到人员技术缺乏、道德素质低下的影响，可能进而阻碍后续工作效率的提升。

造成监测人员综合素质不高的原因主要有以下几点：①环境监测站属于政府部门的下属部门，因为环境监测站缺乏人事权，无法吸引专业的人才，导致人才队伍流动性比较大；②环境监测站忽视了对其工作人员的培训，无法有效提升环境监测质量。

2. 其他问题

（1）基层环境监测不足

我国的环境监测工作由行政部门主导，市场参与度比较低，需要利用财政支持环境监测工作。基层环境监测站负责落实环境监测工作，缺乏竞争性，不利于发展壮大基层环境监测部门。近年来，我国大力发展环境保护工作，提高了环境监测工作的要求，这也增加了基层环境监测站的工作量，根据当前的工作情况，基层环境工作站还无法达到预期发展目标。

（2）环境监测质量较低

一些环境监测站质量意识不足，在实际工作中不够严谨，忽视了对环境监测数据的收集和整理，虽然构建了环境监测体系，但是无法激发工作人员的劳动热情，影响了环境监测质量。我国环境监测技术不断高速发展，同时也在不断更新监测手段，但是环境监测质量管理存在滞后性，不利于提高环境监测的质量。

（3）资源投入不足

在环境监测中需要利用各种监测仪器，我国很多环境监测站安装了各种监测仪器，但是在实际工作中却很少使用，这严重降低了设备利用率。我国环境监测站仍旧缺乏常规仪器设备，部分仪器设备使用频率比较高，但是整体数量却比较少，这不利于开展环境监测工作，还会降低环境监测质量。

（三）加强环境监测作用的措施

1. 做好采前准备工作

在现场采样期间，应事先确定好负责人员，做好岗位安排与职责划分，要求从业者必须精通业务流程，保障采样点设置合理；管理者还应协调好各个级别的现场采样，使技术人员对采样点、采样方法有深刻理解，并在采样期间不断完善安全保障体系。在现场采样之前，还应检验设备运行情况是否与相关规定相符合，并检查采样点位置，确保点位设定在受污染的环境内；还应掌握生产流程、污染物排放情况，在采前准备完善的情况下才可正式开展采样工作。

此外，还应事先制定合理的现场采样方案，为现场采样提供依据。该项工作必须在主管部门允许的情况下开展，事先制定采样方案，包括采样目标、责任人、设备分配以及应急措施等内容。为使采样方案更加科学，采样标准还应与国内制定的采样标准相符。在采样方案中应注重对平行样本、空白样本实施质量管理，保障现场样本与总体规划相符，并具有实用价值。

2. 优化采样点与采样方法

（1）规范采样流程

在正式采样中，应严格遵循相关流程开展工作，利用视频设备对采样全过程进行记录。在采样之前，要对所用的监测仪器进行维护保养，尤其是在设备使用前后都要对其进行校对，对陈旧老化的设备进行维修或者替换，以免影响结果的准确性。在采样期间，要对不同样品分类管理，以免其存储时出现化学、物理质变等情况；在采样完毕后，根据样品特点加入固定剂，避免其在运输或者保存期间发生质变。

（2）优化采样方法

在空气环境采样中，为使样品客观、有效，应根据城市人口数量与分布特点设置采样点，还要结合城市布局选择采样点。在采集周围空气时，应根据污染物的不同选择相应的采样方法。如若四周空气内污染物浓度较高，一般采用立即采样法；如若空气内污染物浓度较低，可利用浓缩采样法，也可使用滤料阻流法等，保障所采样品有效。

3. 提高采样者综合素质

人为因素可以直接影响采样质量。针对当前采样团队普遍存在的专业技能低下、责任心短缺、质量意识淡薄等问题，应采取整改措施，使采样者的综合素质得到显著提升。在实际工作中，可从基本理论层面着手对其进行培训与评估，使其掌握更多采样技巧，明确采样技术标准，树立责任意识与质量意识，提高他们的整体理论水平。

此外，还应派遣经验丰富的采样专家到采样现场亲自讲解知识，针对常见问题共同探讨，并总结和传输从业经验。作为采样人员，自身应树立终身学习理念，摆脱惰性工作理念，深刻意识到样品质量管理的重要意义，严格遵循环境监测人员从业规范，在实际工作中不断积累经验，促进自身专业素养与技能水平的提升，最大限度减少人为因素对样品质量产生的不良影响。

4. 加大资金投入

改革开放以来，在国家经济取得快速发展、人们生活水平不断提升的同时，人们对环境的破坏和污染越发严重。为了及时、有效地解决环境污染问题，就要提高环境监测工作质量，加大对环境监测的资金投入。

一方面，大量的资金可以帮助环境监测站运用高新科技手段来完善环境监测设备，及时替换老旧的监测设备，提高监测水平和监测数据的真实性，促进环境监测工作的有效开展。同时要利用资金来不断创新环境监测技术，做好监测设备的后期维护和管理工作，保障监测设备能够长期稳定运行，避免资源浪费。

另一方面，国家要加大环境保护的宣传力度，引导社会各行各业都积极进行环境保护，不断增强人们的环保意识，从而高效、准确地开展环境监测工作。

政府需要引导环境保护工作，明确环境保护工作的作用，在环境保护工作中充分发挥出环境监测的作用。我国需要加大对环境监测的资金投入，设置专项基金，完善环境监测设备设施，加大力度创新环境监测技术，保障环境监测的有效性，提升环境保护工作质量。我国还要完善环境监测的政策制度，创设良好的市场环境，拓展环境监测的融资渠道，有效发挥环境监测的作用。

5. 建立健全预警系统

在实际开展环境保护工作的过程中，要先确定环境出现问题的区域，有效分析环境监测数据信息，制定环境治理方案，及时解决环境污染问题，要保障这部分工作的高效进行，就需要建立健全环境监测预警体系。监测工作相对其他工程建设来说，需要更高的技术含量。

为了保障环境监测的准确性，必须科学、合理地选择安装环境监测系统的场所，同时，要建立完善的环境监测预警系统，进而提升环境监测工作的效率，同时也保障环境监测具有很好的效果，进一步提高监测数据的准确性。

在建立环境监测预警系统的同时，要实施相应的环境保护政策，对工作人员进行专业培训，拓展其环境保护的知识，提高其环境保护的技能，促使其能够将自身具备的专业知识通过实践转为技能，进而不断提高环境保护工作的水平。只有加强环境保护工作人员的责任意识，才能激发其环境保护工作的积极性，进而提高工作效率。

6. 深化改革

环境监测工作必须不断深化改革，才能顺利发展下去，各级环保企业要因地制宜地进行环境监测工作的改革，不断提升监测站工作人员的工作能力、监测实效性以及监测数据准确度等，结合先进的环境监测技术监督环境污染的动态变化情况，同时做好环境质量的管理工作，保障环境管理工作的有效进行。现阶段，改革要着重于完善环境监测网络运行机制的内容，分级处理管理体制，改进报告内容，制定有针对性的相应经济政策，进而提高环境监测能力。

另外，要不断优化环境监测网络结构，在结合我国国情的基础上构建监测网络体系，提升环境监测的整体能力。不仅只是全国的环境网络监测体系，也可以构建生态环境以及河流环境等环境监测网络，以生成各式各样的环境监测报告，从而准确预报环境质量。

7. 加强团队建设

落实环境监测工作，需要协调多个工作团队，同时需要高素质的技术人才。环境监测站需要培养技术人才的工作能力，设置专业的工作团队，保障环境监测价值。环境监测站需要提高工作人员的薪资水平，以此来吸引更多的专业人才。此外，还需要注重人才培训工作，使工作人员的专业技能水平不断提高，建立良好的工作作风，及时解决实际工作中遇到的问题。环境监测站需要加强内部管理，营造稳定的工作氛围，利用绩效考核等方式激发工作人员的工作积极性，利用人才引进和集体学习等方式，为环境监测工作培养更多的专业人才。

环境监测工作具有较强的专业性和技术性，对监测人员的专业技术能力要求相对较高，监测人员必须经过严格的考核之后才能从事环境监测工作，并根据国家制定的监测分析方式来进行监测。环保部门需定期对环境监测人员开展相应的培训工作，并督促其参与到其他监测单位的技术培训当中，从而不断提升监测人员的专业技能水平。同时，促使相关人员在环境监测工作的过程中树立正确的工作态度，科学开展环境监测工作，提高监测工作的精确度。

8. 创新监测方式

我国环境监测方式具有一定的滞后性，环境监测站需要明确自身不足，积极引进先进的环境监测技术，进一步完善环境监测体系，在实际工作过程中不断提高环境监测质量，根据实际情况合理选择现代化和自动化的监测方法，使我国环境监测水平不断提升。环境监测站需要严格遵守相关法律法规，在实际工作中贯彻各项工作原则，落实个人的工作责任，保障每个环境监测人员积极承担自身工作职责。我国还应积极引进先进的技术知识，改善环境监测站的用人制度，注重培养新生代人才，避免在实际工作中出现因循守旧的行为。环境监测站应完善人才奖励机制，以此来鼓励年轻人才加强技术创新。

当前我国科技快速发展，更多先进的互联网技术层出不穷，环境保护监测系统也要利用科技手段不断进行创新，从而提升环境保护工作的效率。在实际开展环境保护工作的过程中，可以借助先进的科学技术，开展环境监测试点工作，邀请环境监测专家实地指导工作人员开展工作，同时积极引进国内外先进的环保知识，学习更多环境保护的专业知识，并将其转化为自身的技能，提高监测质量和水平，从而进一步研究创新目前的环境监测技术，为环境保护工作的有效开展提供良好的保障。

9. 做好数据分析

要根据环境监测实验工作，综合分析相关数据，深度分析数据结果。整合规划环境监测的原始数据，探索分析环境污染的发生规律，以此为基础提出具有针对性的环境保护工作措施。在落实环境监测工作的过程中，如果发现严重的环境污染问题，工作人员要立即向政府部门汇报问题，同时提出具有可行性的建议，政府部门要积极辅助环保部门处理问题。

10. 完善管理制度

环境监测工作的质量关系到环境保护工作的效果，因此，环境监测站要加强管理环境监测工作，顺利开展环境保护工作，提升环保工作质量，改进环境监测技术，优化管理监测质量，保障环境监测数据的真实性。要完善环境监测质量管理制度，为环境监测管理提供制度保障，从而高效开展环境监测工作，环境监测站要积极学习质量管理技术，根据环境监测工作的实际情况，加强管理现场监测工作，保证获取真实和准确的监测数据，为环境保护工作提供支持。

当前，我国尚未具备完善的环境监测管理制度，所以环保工作人员责任划分不明确，存在分工不均等问题，不利于环境监测工作的有效开展，使得环境保护工作不能达到理想的效果，难以为人们营造良好的生活环境。

因此，环保部门必须完善环境监测管理制度，优化整合资源，做到统筹兼顾，继而不断提高环境监测水平。同时，要调整监测部分人员结构，实施垂直管理，科学划分监测人员负责的区域环境，及时整理、汇总监测结果，加强部门协作，科学开展环境监测工作，让监测制度推动监测工作合理有序地开展下去。

第二章　水污染防治与监测

随着我国城市化以及工业化进程的逐步加快，居民生活和社会生产对水源的污染程度不断增加，在我国提倡构建“生态型社会”这一理念下，水污染治理成了现阶段公众和社会关注的焦点问题。本章分为水污染及其危害、水污染防治措施、水污染处理技术、水环境监测技术四个部分。主要内容包括水污染的主要来源、水污染的危害、国内外水污染防治的典型经验启示、水污染防治的相关措施探讨等方面。

第一节　水污染及其危害

一、水环境污染现状

近几十年来，随着我国经济高速发展，整个社会处于不断升级发展的过程中，人民的生活质量得到了相当大的提高，不仅仅是生活条件相比于过去改善了很多，而且生活方式也变得快捷方便，但是由于在发展的过程中没有意识到环境保护的重要性，导致环境污染问题变得越来越严重，其中水污染问题似乎没有得到有效、及时的解决，多种问题愈加凸显。我国的人均水资源占有量大约仅为世界人均水平的四分之一，另外加上我国人口增长速度较快，北方地区普遍缺水，所以我国实为一个水资源短缺的国家。

我国的江湖流域大多已被破坏和污染，大多数河流都被发现存在各种程度的富营养化，经进一步研究，发现有超过两千多种的污染物。研究发现，人们生活中所排放的各类洗漱水和粪便水占了总量的主要部分。城市化的高速进程中，由于其配套的废水处理设施发展得不够完善，导致了城镇里的许多垃圾废物随着雨水慢慢进入水体中，加重了水污染程度。

此外，各种重工型产业也是导致水污染问题变得严重的主要原因，人们通常称为“工业废水”，除了工厂排出的废水，其排出的各类废气和固体废物等也会对水环境造成不利影响，因为它们往往会随着雨水落到地面，有些还会慢慢浸入地下水形成难以处理的重大污染。

除了以上提及的几个水污染来源以外，还有来自农村农业的污染。我国是农业大国，大规模的粮食种植需要用到大量的化肥和农药，人们在长期对它们的使用过程中，过量的化肥农药会逐渐流入地下水，造成严重的水污染，各类畜禽的喂养也同样带来周边河流的污染；同时我国农村发展缓慢，许多设备设施较差，农村居民生活所排放的生活污水难以得到有效处理，缺少相关人员和制度对其进行系统的整治。现如今，随着水质受到各种程度的污染，而相关水污染治理效果不佳，水资源短缺问题正在变得越来越严重。

二、水污染的主要来源

（一）工业污染

工业污染是指工业生产时向环境中排放的有害物质。工业污染包括工业废水、工业废气和固体废弃物。这就是俗称的工业“三废”。其中，工业废水对环境影响最大。工业废水的种类多样，成分复杂。例如，通过电解盐工业企业的废水中往往含有金属汞，重金属冶炼工业排出的废水含铅、镉等不同金属，而含氰化物和铬等重金属往往存在于电镀工业的废水中，石油炼制工业的废水中含酚，农药产品制造企业的工业废水中含各种生物农药等。由于工业废水往往含有多种有毒物质，对环境的污染、对人体健康的危害很大。

（二）农业污染

农业环境污染是指农民在日常生活和工作中产生的未经处理的污染物以及打农药、施肥过程中产生的农药污染，对水体、土壤和空气以及农产品造成的各种污染，具有途径多、数量不确定、随机性大、分布范围广、防治难度大等特点。主要来源有两个方面：①农村居民生活产生的废物；②农村农作物生产过程中产生的废弃物，包括农业生产中使用过量的农药、化肥，留在农田的农膜，畜禽粪便因处置不当、不科学养殖产生的恶臭气体和水污染物等。

（三）生活污染

造成城市水污染的主要原因是生活污水。日常生活中的洗衣、做饭、洗浴及其他用水是生活污水的主要来源，而生活污水主要含有氮、磷等污染物。因此，生活污水的大量排放必然会造成我国水资源的污染。

（四）污水处理后的二次污染

与欧美发达国家的城市水污染治理水平相比较，我国城市污水处理水平和程度均比较落后。在社会发展过程中，由于缺乏污水治理的理念，相关工作人员没有意识到水污染给人类带来的危害，忽视了水污染的有效处理。同时，我国针对水污染的治理技术也不成熟，大量处理后的污水中仍旧存在污染物，排放后会导致城市水体的二次污染。

另外，随着城市化的快速发展，城市污水排放量剧增，远远超过污水处理厂的处理上限，导致大量污水未经过处理直接排放到城市水体中。这也是造成城市水体污染的重要原因之一。

三、水中污染物及其危害

水中的污染物质包括悬浮物，酸碱，耗氧有机物，氮、磷等植物性有机物，难降解有机物，重金属，石油类及病原体等。

（一）有机污染物

影响水质的污染物质大部分为有机污染物，主要包括以下几类。

1. 需氧有机污染物质

需氧有机物包括碳水化合物、蛋白质、油脂、氨基酸、脂肪酸、酯类等有机物质。需氧有机物没有毒性，但水体中需氧有机物愈多，耗氧也愈多，水质就愈差，水体污染就愈严重。

需氧有机物能够造成水体缺氧，对水生生物中鱼类危害严重。目前水污染造成的死鱼事件，绝大多数是由这种类型的污染所导致。当水体中的溶解氧消失时，厌氧菌繁殖，形成厌氧分解，发生黑臭，分解出甲烷、硫化氢等有毒、有害气体，这样的水体并不适于鱼类生存和繁殖。

2. 常见的有机毒物

常见的有机毒物包括酚类化合物、有机氯农药、有机磷农药、增塑剂、多环芳烃、多氯联苯等。

（二）重金属污染

重金属作为有色金属，在人类的生产和生活中有着广泛的应用，因此在环境中存在着各种各样的重金属污染源。其中，采矿业和冶炼业是向环境释放重金属的主要污染来源。

水体受重金属污染后，产生的毒性具有以下特点：①水体中的重金属离子浓度在 0.1 ～ 10 mg / L 之间，即可产生毒性效应；②重金属不能被微生物降解，反而可在微生物的作用下，转化为金属有机化合物，使毒性猛增；③水生生物从水体中摄取重金属并在体内大量积蓄，经过食物链进入人体，甚至经过遗传或母乳传给婴儿；④重金属进入人体后，能与人体内的蛋白质等发生化学反应而使其失去活性，并可能在人体内的某些器官中积累，造成慢性中毒，这种积累的危害，有时需要 10 ～ 30 年才显露出来。

因此，污水排放标准都对重金属离子的浓度作了严格的限制，以便控制水污染，保护水资源。引起水污染的重金属主要为汞、铬、镉、铅等，此外，锌、铜、钴、镍、锡等重金属离子对人体也有一定的毒害作用。

（三）病原微生物

病原微生物主要来自城市生活污水、医院污水、垃圾及地表径流等方面。病原微生物的水污染危害历史悠久，至今仍是威胁人类健康和生命的重要水污染类型。洁净的天然水一般含细菌很少，病原微生物就更少。水质监测中通常规定用细菌总数和大肠杆菌群数作为病原微生物污染的间接指标。

病原微生物污染的特点是数量大、分布广、存活时间长（病毒在自来水中可存活 2 ～ 288 d）、繁殖速度快、易产生抗药性。因此，经过传统的二级生化污水处理及加氯消毒后，某些病原微生物仍能大量存活。因此，此类污染物实际上通过多种途径进入人体，并在人体内生存，一旦条件适合，就会引起疾病。病毒种类很多，仅人粪尿中就有 100 多种。常见的有肠道病毒和传染性肝炎病毒，每克粪便约含 100×10^4 个，每克生活污水可达（50 ～ 700）$\times 10^4$ 个。

第二节　水污染防治措施

一、水污染防治的理论基础

（一）环境公平理论

环境公平理论是 20 世纪美国环境保护运动发展到特定阶段的产物。20 世纪 80 年代，美国黑人和少数民族社区被设为重污染化工厂厂址和垃圾废物填埋场，这直接威胁着当地居民的健康安全，就此引发了一场大型民权运动。1988 年，约翰 · 罗尔斯（John Rawls）在《环境正义》一书中提出了环境领域的公平问题，这是首次从环境法学的角度阐释公平正义的理论。1992 年，美国环境保护署将环境公平定义为“制定环境法令、计划及政策，以确保不同种族、文化及收入的人群均能获得公平的待遇”。随后，美国联邦政府环保厅又将环境公平定义为“法律法规和政策的制定、遵守和执行等方面，全体人民，不论其种族、民族、收入、原始国籍和教育程度，应得到公平对待和卓有成效的参与”。

所谓环境公平，就是指任何主体在环境资源的开发和利用时享有同等的权利，在保护环境资源和造成环境损害后果时负有同等的义务。除法律另有规定，任何主体不得被剥夺环境权利，不得被施加额外的环境费和环境负担；任何主体都享有平等且有保障的环境权利，当环境权利受到侵害时，能够获得及时有效的救济；任何破坏环境和侵害他人合法环境权利的行为都将会受到法律严厉的制裁。

经过多年的发展，环境公平理论的研究积累了大量的数据和经验，已经形成了多种理论和流派。环境公平从时间上看可以分为代内的环境公平和代际的环境公平。代内公平指的是同一时代的所有人，不论地域、国籍和种族以及社会、经济、文化等方面发展水平的差异，对自然环境资源的开发、利用和保护享有平等的权利，能够平等地享有清洁、良好的自然生态环境。代内公平要求同一代人对自然环境资源的公平分配，任何国家和地区的发展不得以损害其他国家和地区自然环境为代价，尤其是要保护发展中国家和地区的环境权利，最终保障全人类整体的环境利益，谋求更长远的发展。代际公平指的是当代人和后代人对自然环境资源的开发、利用和保护时，享有同等的权利，强调的是自然环境资源在代际间的公平分配。

环境公平从空间上看，包括了社会个体、社会群体、集团以及国家、地区之间的环境公平；从具体表现上看，它更多地表现为主体对自然资源的开发、利用、收益等方面的公平，以及对自然环境资源保护责任的公平；从伦理学角度看，环境公平不仅仅是人类之间的公平，而应当是地球上所有不同物种之间的公平，强调即使是非人类的其他物种也应当享有平等的环境权利。

在我国，农村与城市之间的环境公平问题表现尤为突出。我国城市环境的整体质量不断提升，但环境污染不断在向广大农村地区扩散，农村地区环境质量每况愈下。在现行立法上，对城市环境保护立法力度较大，而农村环境保护立法环节较为薄弱。在经济发展上，对于自然环境资源的分配和使用存在明显的城乡差异。城市经济占用了大量的自然环境资源，发展相当迅速，而农村不但占用的自然资源量少，还额外承担了城市发展带来的环境污染的不利后果。为了缩小城乡发展差距，维护农村环境权利，环境公平理论应当作为农村环境保护工作的重要理论基础。

（二）生态文明理论

“生态”一词源于古希腊，一般指万物的生存状态，以及它们与环境之间的密不可分的各种联系。在生活中，生态通常与健康、和谐等美好事物联系在一起。“文明”是指人们认识和改造世界的过程中，经过自我进化和提升，不断积累生成的进步思想，它是人类宝贵的精神财富。生态文明的内涵可以从多种角度来理解和阐释，通说观点是：生态文明指的是人类对客观物质世界进行改造的同时，不断改善和优化人与人、人与社会、人与自然之间的关系，在建设人类美好文明社会和良好的生态环境时取得的精神和物质以及其他各方面经验和成果的总结。生态文明要求人们在生产和生活中要树立热爱自然、保护生态环境的自然观，同等存在价值的平等观，尊重人与社会、自然多样化生存的价值观，人与自然和谐共存的生存观，着眼于人类生态社会发展大局的整体利益观，经济、社会发展与自然环境相协调的可持续发展观，健康、适度且合理的生活消费观。

生态文明是人与自然和谐发展的一种态度，它提倡尊重和顺应自然发展的规律、合理利用和保护自然，反对糟蹋和滥用环境资源、漠视或盲目干预自然环境的发展。

生态文明建设是人类文明发展的重要组成部分，人类建设精神文明、物质文明、政治文明的重要基础和前提，健康、舒适和良好的自然生态环境也是人类文明的重要载体。

我国的生态文明发展与时俱进。2007 年，“生态文明”一词首次出现在党的十七大报告中，并将其列为全面建设小康社会的目标之一。2009 年，党的十七届四中全会将生态文明提升到一种前所未有的战略高度，与政治、经济、社会、文化等建设事业并列，成为中国特色社会主义事业建设的重要组成部分。2010 年，党的十七届五中全会提出将“绿色发展，建设资源节约型、环境友好型社会”和“提高生态文明水平”设为“十二五”时期的重要战略任务。2012 年，党的十八大报告指出，建设生态文明是关系人们福祉、关乎民族未来的长远大计。2017 年，习近平总书记在党的十九大报告中指出“加快生态文明体制改革，建设美丽中国”，需要从“推进绿色发展、着力解决突出环境问题、加大生态环境保护力度、改革生态环境监管体制”四个方面加强新时代生态文明建设。2019 年 4 月 28 日，北京世界园艺博览会开幕，习近平总书记在开幕式上发表了题为《共谋绿色生活，共建美丽家园》的讲话，向全世界传递了人与自然和谐共处的思想和保护优先、绿色发展的理念。

作为农业大国，我国农村地域广、人口多，农村生态环境应是生态文明建设的主战场。同时，当前我国农村生态环境问题突出，农村生态文明建设既是我国生态文明建设的关键环节，也是薄弱环节。在生态文明建设背景下，加强农村生态文明建设具有重要意义：一是它能有效推动农业经济绿色、健康的可持续发展；二是它能有效推动农村地区第一、二、三产业的融合发展。

（三）乡村振兴理论

乡村振兴战略具有伟大的时代意义。

第一，实施乡村振兴战略的本质是回归并超越乡土中国。我国是一个农业大国，农村和农业的发展对我国经济的发展有着重要的推动作用，乡村振兴战略的实施就是要回归乡土并不断超越乡土的发展过程。

第二，实施乡村振兴战略的核心是从根本上解决“三农”问题。通过树立“创新、协调、绿色、开放、共享”的发展理念，推动农村第一、二、三产业的融合发展，实现农村经济的可持续发展。

第三，实施乡村振兴战略有利于弘扬中华传统文化。乡土文化是中华文化的基础和渊源，中华传统文化的根脉在乡村，乡村振兴也是对中华传统的文化的重构和弘扬。

第四，实施乡村振兴战略是把中国人的饭碗牢牢端在自己手中的有力抓手。我国是一个人口大国，粮食消耗量巨大，粮食生产便是农业生产的核心，粮食安全更是国家安全的根本，乡村振兴就是要提升农业粮食产量，摆脱国际粮食市场的限制，彻底解决我国的粮食安全问题，把中国人的饭碗牢牢抓在自己手里。

农村生态环境治理是实施乡村振兴战略的重要途径，二者互相促进，有着紧密的内在关联。

首先，农村生态环境的治理能够有力地推动乡村振兴战略的实施。绿水青山是最公平的公共产品，是最普惠的民生福祉，美好、舒适的农村生态环境是每一个农民的追求，这也是党和国家之所以如此重视农村生态环境治理的原因，只有保护好农村自然生态环境，为乡村振兴构筑绿色生态屏障，才能实现农村全方位振兴。

其次，乡村振兴战略为农村生态环境治理提供了新的契机。《关于实施乡村振兴战略的意见》将生态振兴作为乡村振兴的关键环节和重要支点，同时还提出了“财政优先保障、金融重点倾斜”的原则，不断形成社会积极参与的多元投入格局。乡村振兴是要以农村美好生态环境为基础，绿色发展为原则，完成对新农村建设和美丽农村建设的第三次飞跃。

二、水污染防治的相关措施

（一）分级处理废水

要想更好地实现水污染治理的可持续发展，还可以借助废水分级处理制度来完成。废水处理主要分为三级处理、二级处理和一级处理三个级别。在进行废水处理工作时，要先对上一级废水进行处理。一级处理工作以沉淀为主，在沉淀的过程中需去除一些油类污染物；然后再进行二级处理，二级处理是一种生物处理过程，能够快速分解水中的一些有机物；二级处理工作完成之后进行三级处理，三级处理主要负责处理细菌、磷等污染物质，在处理的过程中可以采用多种处理方法相结合的方式来让废水达到国家标准。

（二）减少污染因子的产生量

废水和其中的污染物是一定生产工艺过程的产物，因此，解决废水污染问题，首先要从改革生产工艺和合理组织生产过程做起，做到清洁生产，尽量使污染因子不产生或少产生。这方面的措施有：改变生产程序；变更生产原料、工作介质或产品类型；重复使用废水；加强生产管理等。

改变生产程序，变更生产原料可从开发干法生产工艺（如干法印染）、采用无毒工艺（如酶法制革）和无毒原料（如无氰电镀）、采用逆流漂洗等方面入手。

重复使用废水有循环和接续两种方式。在一般情况下，废水再用的必要条件是进行适当的处理。例如，洗煤废水和轧钢废水，经澄清、冷却降温后，可用作工业用水。废水的重复使用是一条解决环境污染和水资源短缺的重要途径。我国各行业都规定了废水再用率的指标。

在有些企业，往往由于生产程序不合理和管理制度不健全，人为地造成了许多废水问题。例如，倒料时大量漏失，不合理地用水冲洗地面并使污水任意滥流，频繁改变生产工艺，任意向下水道倾倒余料等。因此，加强生产管理，防止这些人为的“废水废液”的产生，是控制废水污染的有效措施之一。

（三）创新水污染治理理念

在进行传统水污染治理工作时忽略了保护环境的重要性，在工业和农业生产时经常以经济效益为主，这样会直接影响水污染治理工作的进行。为了避免这种情况的出现，在进行治理工作时，一定要改变传统的思想观念，创新理念，这样才能更好地完成水污染治理工作。

（四）借助先进技术设备的帮助

我国水环境的修复技术较为落后，在设备上也投入不足，导致水污染治理工作中还有很多不完善的地方。为了解决这一问题，需要引进先进的设备和技术，同时培养一些专业的技术工作者，以提高水污染治理的效果。

（五）大力推广环保技术和设备

政府环保部门应对企业处理的工艺及设备严格把关，保证污水处理设备的正常运行；对于处理小达标的企业要予以整改或关停等处罚，尤其是要及时淘汰落后的技术和设备；引导企业积极引入先进、可靠的污水处理技术及设备，如高效沉淀技术、微电解技术及高级氧化技术等；对于采用新工艺的企业可以在税率等方面给予优惠，加大推广力度，将科学、有效的技术及时应用到污水处理中。

（六）建立环境管理治理的可持续发展

在进行水污染治理工作时，要注意日常保护管理工作。所有的日常保护管理工作都需要由专业的工作人员完成，同时需要建立相关的环境管理监督制度，明确环保工作责任，这样既能保证整个环保工作的进行，又能保证水污染治理工作的质量。水污染治理工作在进行时还要做好规划工作。

（七）构建完善的水污染治理管理体系

要想有效提高水污染治理的效果，建立完善的水污染治理管理体系尤其必要。具体可从这几点着手：进一步加快城镇污水处理再生利用工程的建设，并提高建设水平，促进再生水循环利用；制定严格的污水排放标准制度，严格进行污水排放的管控；定期开展上市企业环保资质的调查工作，建立企业环境诚信档案，加强环境管理，营造严格执行的环境氛围，并通过有效的奖惩制度提升企业的环境管理意识。

（八）完善环保税征收和相关法律法规工作

环保工程产生的费用在企业经营中占据重要的一部分，政府制定科学合理的税费管理制度对于企业的发展有着重要的影响。在税费方面，行政部门应根据当地情况和企业发展所需，制定相应的政策，给予企业相应的支持。根据社会发展的需要，完善环保相关法律法规，可以参照国内外先进的经验，综合考虑不同产业的需要以及满足环保的要求，明确责任，奖罚分明。

三、水污染防治的典型经验与启示

在对西方国家水污染防治方面的工作经验进行深入研究与分析之后，从中发现大部分西方国家对于水污染也都经历了一个先污染后治理的历程，同我国水污染的防治经历极为相似。所以，我们应当认真学习西方发达国家在水污染防治方面的经验，同时结合我国的实际情况，开展国内的水污染防治工作。

（一）国内水污染防治经验

1. 南京秦淮河的治理经验

秦淮河通常被人们称为南京的“母亲河”，其流域面积高达 2 631 km，支流共计有 19 条，全长达 110 km，起源于上游句容、溧水二河。随着改革开放的不断推进，南京地区的城市化进程也在逐渐加快，人口规模出现了大幅增长，但是人们的生活垃圾与污水通常都是排放到秦淮河，最终导致该条河流不堪重负，久而久之，河水水质出现了严重的问题，一直劣于 V 类水质标准。

20 世纪 80 年代的时候，南京政府高度重视秦淮河流域的整治工作。一是清淤拓浚，对河道开展清淤。二是对流入河道的污水进行截流，1986 年秦淮河流域开展了污水截流工作，目的是防止污水流入河道，而这也让河水的水质出现了好转。三是制定相关的法律法规。南京曾发布了《南京市内秦淮河管理条例》，该条例对秦淮河流域的水污染防治制定了一系列规章制度。四是积极建设“引江换水”调水工程，也就是把长江水引入秦淮河，这对于秦淮河水质的改善带来了巨大的帮助，不久，水质就由原来的 V 类污水净化成了Ⅲ类水。五是提出将秦淮河工程项目法人制。南京成立了秦淮河建设开发有限公司，并巧借政策成功打开了市场化的融资大门，即自来水费中城市污水处理费每吨需要在原来的基础之上上涨 0.15 元，而这上涨出来的水费主要用于秦淮河治理工作。同时还在沿河 200 m 的范围之内继续开发 3 000 亩土地以进行融资，持续进行 20 年的秦淮河污水防治工作。凭借这几项政策，秦淮河建设开发有限公司共计获得高达 22 亿元人民币的银行贷款。

除此之外，南京市政府还授予秦淮河建设开发有限公司旅游和广告经营权，同时获得的费用用于河流治理工作，进而能够在一定程度上弥补资金缺口。经过这些年的治理工作，当前秦淮河流域的水质得到了有效的改善，而且生态环境也有了明显的恢复。

2. 贵阳南明河的治理经验

南明河是贵阳的“母亲河”，它横跨贵阳市，共有 9 条支流汇入。南明河在1990年前后沿岸到处都是垃圾和煤灰，沿岸有将近百个排污口，每天的排污量也比较大，几乎将近45万吨之多。南明河在20世纪90年代属于一条“没有生命的河流”，它进入市区的河段为劣V类水质。

贵阳市政府在2012年时正式启动42.8亿元人民币项目对南明河污水进行系统性的整治，整治措施主要包含以下三项内容。

（1）截污控源

南明河一期整治工程主要是围绕内源控制、生态恢复、臭气治理以及外源控制这四个方面的内容，来消除南明河干流的黑臭现象。南明河二期整治工程主要以改善水质为核心，并加大对污水处理厂建设的重视力度。

（2）生态治理

在河流的两岸修建人工绿化带，充分发挥绿化带净化环境的作用，同时在南明河河床栽种沉水植物，以提高河水的自净能力和修复能力。

（3）革新融资方式

在实践过程中贵阳市政府对传统融资模式进行创新，在全国范围内首先尝试PPP模式（Public-Private Partnership）以推进水污染防治工作的开展，通过面向公众招标的方法来确定合作单位，赋予合作方特许经营权，在合作单位盈利达到一定水平后，由政府出资购回项目，中标单位需要建设五个污水处理厂并向南明河沿岸排放污水的企业收取费用，相关措施取得了较大成效，后来该项目被国务院纳入我国第一批PPP示范项目，融资模式的革新为南明河水污染防治提供了有力保障。

在项目实施以后，南明河河水质量迅速改善，流域内的植物系统逐渐恢复正常，化学需氧量浓度基本达到地表水Ⅲ类标准。现阶段，南明河已经成为贵阳市环境优美、生态良好的旅游胜地。

（二）国外水污染防治经验

1. 美国田纳西河的治理经验

田纳西河位于美国东南部，该河全长超过1 400 km，流域覆盖面积超过十万平方千米。在最开始的时候，田纳西河是美国东南部重要的生命之河，其为农业灌溉和工业生产提供了大量水资源，河流沿岸生态系统的价值较高，为改善居民环境提供了有力保障。但是，随着两次工业革命的开展，人们的资源需求逐渐增加，大量树木的砍伐和矿产资源的开采使得田纳西河沿岸生态系统遭到破坏，在20世纪初期，该河流域曾多次发生洪涝灾害。

20世纪30年代，罗斯福（Roosevelt）就任美国总统，在其就任期间田纳西河生态环境的恢复成为政府的一项重要工作。经过长期治理，田纳西河流域生态系统逐渐恢复正常，沿岸城市也依托田纳西河的资源迅速发展起来，可以说田纳西河的整治经验值得各个国家借鉴。

首先，美国政府站在全局视角开展流域统一治理。在罗斯福新政期间，美国开设了负责田纳西河治理工作的专门管理局，由该机关统筹规划这一流域的环境保护和资源开发工作，管理局下设环境规划部等多个具体部门，这些部门互相配合，共同为田纳西河流域的科学治理和利用做出贡献。在这些部门共同努力下，田纳西河流域的开发利用朝着科学化方向发展，田纳西河的生态价值也在逐步提升。

其次，为了推动水污染防治，美国不断完善相关法律法规，借助《田纳西流域管理法》赋予管理局合法地位，明确其权利和职责，从立法层面为田纳西河流域的开发和治理提供了基础保障。

最后，不断完善市场机制，为田纳西河流域的治理提供资金保障。流域开发治理是一项综合工程，其涉及防洪、采矿等多个方面，必须由多方主体付出长足努力。在治理田纳西河流域的过程中，美国政府综合考虑各方主体的利益，通过给予企业税收优惠等方式推动沿岸城市经济进步。对于公益性项目，美国政府以政府财政收入推动项目开展；对于商业性项目，美国政府通过降低贷款利率的方式鼓励企业参与其中。

另外，美国政府还通过完善补助金制度来引导公众参与环保建设，为环保产业的发展提供了可靠保障。

2. 法国巴黎塞纳河的治理经验

20 世纪中期，巴黎在全球经济变革潮流中迅速发展，生产技术的革新使第二产业迅速代替第一产业成为国民经济支柱产业，大量人口的增加导致塞纳河流域承受巨大压力，在此背景下塞纳河流域生态系统遭到破坏，河水水质迅速下降，水生生物大量死亡。在认识到问题的严重性后，巴黎政府迅速采取针对性措施应对生态环境危机，其措施包括以下几个方面。

（1）及时发现污染源并采取管控措施

政府要求沿岸企业不可以将污水直接排入河流，对于污水排放量较大的企业采取搬迁措施，实在难以搬迁的则需要缴纳排污费用。

（2）逐步完善基础设施

20 世纪末期，巴黎政府投入大量资金用于污水处理设施建设，先进设备的引进使污水处理率大幅提升。另外，政府还招聘了一千多位专业能力较强的维护工负责地下水管理维护作业，通过革新技术等方式不断提升城市污水处理效率。

（3）采取措施提升河道蓄水能力

巴黎政府在塞纳河流域开挖四个大型人工蓄水湖并修建十余个水闸，这些措施使塞纳河河道水位迅速升高，对提升塞纳河流域自净能力具有重要意义。

与此同时，为了推动塞纳河治理工作的开展，法国政府依据具体环境需要对相关法律法规进行调整，比如，21世纪初法国对《国家卫生法》进行调整，提出工业废水的排放必须经过审批，未经许可而向河流排放废水的行为将受到严厉惩处，企业在向河流排放污水之前必须进行初步处理，确保污水符合排放标准。

（4）拓宽项目资金融通渠道

塞纳河的治理需要大量的资金投入，但是法国政府的财政收入有限，仅依靠政府税收开展治理项目将给法国带来财政危机，因此，政府通过收取沿岸船只停泊费等方式来为治理项目的开展提供资金，并将流域内的部分土地加以开发，将土地所得收益用于项目开展。经过长期努力，塞纳河流域生态系统迅速恢复，河水水质大幅提升，现在塞纳河已然成为巴黎的标志性景点。

3. 日本琵琶湖的治理经验

琵琶湖位于日本本州岛，是该国覆盖面积最大的淡水湖，日本多条河流的地上和地下支流都最终注入该湖，为湖泊提供了大量的水资源。随着流域内第二产业的进步和人口规模的扩大，生产和生活污染大幅增加，琵琶湖生态系统不堪重负，湖体富营养化问题出现。

20世纪70年代，该湖湖水质迅速下降，水体变味，给周围环境造成了负面影响，为了改善生态环境，日本政府迅速采取以下综合治理措施。

（1）完善与湖水治理有关的法律法规体系

在日本《水质污染防治法》的理论框架指导下，该地政府制定了标准更为细化的地方排污条例，对违法违规行为所应承担的法律责任进行具体规定。

另外，该地政府还出台了《琵琶湖富营养化防治条例》等规范性文件以推动当地水污染防治工作的开展，这些规范性文件对工业污水排放和生活污水排放的具体标准加以明确规定，将农业施肥等各方面行为纳入其中，为湖泊周围居民的生产和生活提供了行为依据，对提升民众守法意识具有重要意义。

（2）实施综合治理计划

为了推动水污染防治工作的开展，日本政府制定了跨度超过50年的琵琶湖治理规划，从全局出发采取相关措施，通过植树造林、完善农业排灌体系等方式从根本上管控污水排放，通过点面结合来提高琵琶湖水源质量，为湖泊周围生态环境的恢复提供了有效保障。这一治理规划妥善处理了各方主体利益，在经济效益与生态效益之间达到平衡，立足长远，具有进步意义。

（3）加大宣传教育力度

日本市政府通过新闻媒体等平台开展宣传教育，鼓励公众积极参与环保工作。政府要求所有小学都必须开设环保课程，另外，日本政府还建设了向群众开放的琵琶湖环境教育基地，以提高公众环保意识，打造全民参与的环保体系。

（三）启示

1. 水污染防治必须由政府主导

通过上述分析不难发现，所有国家在开展水污染问题治理时，都是由政府主导的，在水污染防治过程中，政府部门通常都会利用自身的行政权力，来对各种资源进行整合，然后发挥自身的主导作用，引导这些资源共同开展水污染防治，并加强对河流周边企业的约束，禁止企业向水体中排放污水。由此可见，水污染防治工作必须由政府来主导，只有这样，才能有效保证各种资源的有机结合，才能提高水污染防治效果。

2. 水污染防治必须要坚持系统思维

通过上述案例分析，我们应该意识到，水环境是一个完整的体系，为了实现水环境的稳定发展，避免水污染问题的发生，各相关主体必须要加强对水污染防治工作的重视，始终坚持系统思维，循序渐进地修复和改善水质环境，从根本上对水污染问题进行根治，杜绝水污染问题的反复发生。

3. 水污染防治要充分发挥多元主体的作用

在水污染防治工作中，并不能完全依靠政府，如果仅依靠政府有限的资源来开展水污染防治工作，那么将很难取得良好的防治效果，水污染问题仍然会时有发生。所以，在水污染防治工作中，必须要充分发挥多元主体的作用，挖掘市场在资源配置中的重要作用，创新融资渠道和方式，社会公众也要积极响应政府的引导，主动参与到水污染防治工作中来，使自身在水污染防治工作中的作用得到充分发挥，只有这样才能打赢蓝天碧水保卫战。

4. 水污染防治需要有完善的法律法规作保障

从上述五个案例中不难看出，水污染防治工作在开展过程中不仅需要由政府主导，还要建立起完善的水污染防治法律体系。例如，美国政府制定了《田纳西流域管理法》，法国修订《国家卫生法》，日本政府制定专门的《琵琶湖富营养化防治条例》以及《环境污染控制基本法细则》，我国南京市出台了《南京市内秦淮河管理条例》等，这些法律法规的制定，为水污染防治工作的顺利开展提供了有力的法律依据，这些法律中明确要求各相关主体要积极参与环境治理工作，并提出了水污染处罚规定，对企业和个人的行为进行了有效约束。

第三节　水污染治理技术

一、水污染治理的方法

近年来，随着国家对环境保护的日益重视，对城市水体污染的治理方法进行了大量的研究与探索。目前，城市水体污染治理方法主要有：物理治理法、化学治理法、生物治理法及生态治理法。

（一）物理治理法

物理处理法是通过物理作用，分离、回收污水中不溶解的呈悬浮态的污染物质（包括油膜和油珠）的污水处理法。物理治理法主要包括调节法、截留法、沉淀法、离心法四种。

1. 调节法

污水的水质和水量一般都随时间的变化而变化。污水的水量和水质的变化对排水设施及污水处理设备，特别是生物处理设备正常发挥其净化功能是不利的，甚至还可能破坏这些设备。为此，在污水处理前要设置调节池，对污水的水量、水质进行均衡和调节，使污水处理效果更好。调节池是调节水质和水量的构筑物。

主要通过下面的方法解决水量调节与水质调节。

（1）水量调节

污水处理中水量调节有两种调节池：一种为线内调节池；另一种为线外调节池。线内调节池，进水一般采用重力流，出水用泵提升。当污水流量过高时，多余污水用泵打入调节池。线外调节池设在旁路上，当污水流量低于设计流量时，再从调节池回流至集水井，并送去后续处理。线外调节池与线内调节池相比，不受进水管高度限制，但被调节的水量需要两次提升，动力消耗大。

（2）水质调节

水质调节的任务是将不同时间或不同来源的污水混合，使流出的水质比较均匀。水质调节的基本方法有外加动力调节和差流方式调节两种。外加动力调节，就是采用外加叶轮搅拌、鼓风空气搅拌及水泵循环等设备对水质进行强制调节。差流方式调节，就是采用差流方式进行强制调节，使不同时间和不同浓度的污水进行水质自身水力混合。

2. 截留法

在废水的预处理过程中，通常采用格栅与筛网等装置来拦截废水中较粗大的悬浮物。格栅是用于去除水中较大的漂浮物和悬浮物，以保证后续处理设备正常工作的一种装置。格栅通常由一组或多组平行金属栅条制成的框架组成，倾斜或直立地设立在进水渠道中，以拦截粗大的悬浮物。筛网用以截阻、去除水中的更细小的悬浮物。筛网一般用薄铁皮钻孔制成，或用金属丝编制而成，孔眼直径为 0.5 ～ 1.0 mm。在河水的取水工程中，格栅和筛网常设于取水口，用以拦截河水中的大块漂浮物和杂草。在污水处理厂，格栅和筛网常设于最前部的污水泵之前，以拦截大块漂浮物以及较小物体，以保护水泵及管道不受阻塞。

3. 沉淀法

沉淀是利用水中悬浮颗粒的可沉降性能，在重力作用下使其下沉，以达到固液分离的一种过程，使水质得到澄清。这种方法简单易行，分离效果良好，是水处理的重要工艺，在每一种水处理过程中几乎都不可缺少。

按照水中悬浮颗粒的浓度、性质及其絮凝性能的不同，沉淀现象可分为自由沉淀、絮凝沉淀、拥挤沉淀和压缩沉淀四种。

（1）自由沉淀

水中的悬浮固体浓度不高，不具有凝聚的性能，也不互相聚合、干扰，其形状、尺寸、密度等均不改变，下沉速度恒定。当水体中的悬浮物浓度不高且无絮凝性时，经常发生这类沉淀。

（2）絮凝沉淀

当水中悬浮物浓度不高，但有絮凝性时，经常发生絮凝沉淀。在这种沉淀过程中，颗粒互相凝聚，其粒径和质量增大，沉淀速度加快。

（3）拥挤沉淀

拥挤沉淀也称“集团沉淀”“分层沉淀”或“成层沉淀”。当悬浮物浓度较高时，每个颗粒的下沉都受到周围其他颗粒的干扰，颗粒互相牵扯形成网状的“絮毯”整体下沉，在颗粒群与澄清水层之间存在明显的界面。沉淀速度就是界面下移的速度。

（4）压缩沉淀

当悬浮物浓度很高，颗粒互相接触、互相支撑时，在上层颗粒的重力作用下，下层颗粒间的水被挤出，污泥层被压缩。

水中颗粒杂质的沉淀，是在专门的沉淀池中进行的。按照沉淀池内水流方向的不同，沉淀池可分为平流式、竖流式、辐流式和斜流式四种。

4. 离心法

离心分离是利用不同物质之间的密度形状大小的差异，用离心力场对悬浮液中的不同颗粒进行分离和提取的物理分离分析技术。

离心技术是利用物体高速旋转时产生强大的离心力，使置于旋转体中的悬浮颗粒发生沉降或漂浮，从而使某些颗粒达到浓缩或与其他颗粒分离的目的。这里的悬浮颗粒往往是指制成悬浮状态的细胞、细胞器、病毒和生物大分子等。离心机是利用离心力分离液体与固体颗粒或液体与液体的混合物中各组分的机械。离心机主要用于将悬浮液中的固体颗粒与液体分开，或将乳浊液中两种密度不同又互不相溶的液体分开。特殊的超速管式分离机还可分离不同密度的气体混合物。利用不同密度或粒度的固体颗粒在液体中沉降速度不同的特点，有的沉降离心机还可对固体颗粒按密度或粒度进行分级。离心机转子高速旋转时，当悬浮颗粒密度大于周围介质密度时，颗粒离开轴心方向移动，发生沉降；如果颗粒密度低于周围介质的密度时，则颗粒朝向轴心方向移动，发生漂浮。根据离心原理，离心技术又可以分为差速离心法、密度梯度离心法和等密度梯度离心法。

（1）差速离心法

采用不同的离心速度和离心时间，使沉降速度不同的颗粒分批分离的方法称为“差速离心”。操作时，采用均匀的悬浮液进行离心，选择好离心力和离心时间，使大颗粒先沉降，取出上清液，在加大离心力的条件下再进行离心，分离较小的颗粒。如此多次离心，使不同大小的颗粒分批分离。差速离心所得到的沉降物含有较多杂质，需经过重新悬浮和再离心若干次，才能获得较纯的分离产物。差速离心主要用于分离大小和密度差异较大的颗粒。其操作简单方便，但分离效果较差。

（2）密度梯度离心法

密度梯度离心又称“速度区带离心”。密度梯度离心是指样品在密度梯度介质中进行的一种沉降速度离心。密度梯度系统是在溶剂中加入一定的梯度介质制成的。梯度的作用是使离心液稳定以减少扩散或得到较为锋利的区带。被离心的物质根据其沉降系数不同进行分离，同类物质则因分子大的沉降速度快于分子小的物质从而得到分离。离心后，不同大小、不同形状、有一定的沉降系数差异的颗粒在密度梯度溶液中形成若干条界面清晰的不连续区带。各区带内的颗粒较均一，分离效果较好。在密度梯度离心过程中，区带的位置和宽度随离心时间的不同而改变。随离心时间的加长，区带会因颗粒扩散而越来越宽。为此，适当增大离心力而缩短离心时间，可减少区带扩宽。

（3）等密度梯度离心法

等密度梯度离心又称“平衡密度梯度离心法”。等密度梯度离心虽然也是在密度梯度介质中进行的离心，但被分离的物质是依靠它们的密度不同进行分离的。此种离心常用无机盐类制作密度梯度。氯化铯是最常用的离心介质，它在离心场中可自行调节形成浓度梯度并保持稳定。需要离心分离的样品可与梯度介质先均匀混合，离心开始后，梯度介质由于离心力的作用逐渐形成管底浓而管顶稀的密度梯度，与此同时，可以带动原来混合的样品颗粒也发生重新分布，到达与其自身密度相等的梯度层里，即到达等密度的位置而获得分离。

（二）化学治理法

化学治理法是根据水体中污染物的类型和特点，有针对性地将化学药品（如除藻剂、氧化剂等）投入水体中，从而达到降低或者去除水体中污染物的目的。例如，在水体中加入含铜制剂或者高锰酸钾等氧化剂去水体中的藻类；在水体中加入铁盐、铝盐等混凝沉淀剂去除水体中的磷。化学治理法具有治理效果显著、处理效果稳定等优点，但是其治理成本高，无法进行永久性的修复，可能还会增加水体中的其他污染物，从而造成水体的二次污染。常用的化学治理法有中和法、混凝法、萃取法等。

1. 中和法

用化学法去除水中的酸或碱，使其pH值达到中性左右的过程称为“中和”。中和处理的目的主要是避免对水管造成腐蚀，减少对水体生物的危害，以及保证后续采用生物处理时微生物处于最佳生长环境。含酸废水和含碱废水是两种重要的工业废液。一般而言，酸含量大于3%～5%，碱含量大于1%～3%的高浓度废水称为“废酸液”和“废碱液”，这类废液首先要考虑采用特殊的方法回收其中的酸和碱。酸含量小于3%～5%或碱含量小于1%～3%的酸性废水与碱性废水，回收价值不大，常采用中和处理方法，使其pH值达到排放废水的标准。

选择中和方法时应考虑以下因素：①含酸或含碱废水所含酸类或碱类的性

质、浓度、水量及其变化规律；②寻找能就地取材的酸性或碱性废料，并尽可能地加以利用；③接纳废水的水体性质和城市下水管道能容纳废水的条件。此外，酸性污水还可根据排出情况及含酸浓度，对中和方法进行选择。

2. 混凝法

水中的胶体颗粒和悬浮物表面常常带有电荷。带有相同电荷的颗粒，会因静电排斥作用而难于相互碰撞聚结生成较大的颗粒。向水中投加药剂——混凝剂，混凝剂能在水中生成与胶体颗粒表面电荷相反的荷电物质，从而能中和胶体带的电荷，减小颗粒间的排斥力，促使胶体及悬浮物聚结成易于下沉的大的絮凝体，这种水处理方法称为“混凝”。将具有链状构造的高分子物质投入水中，高分子物质的链状分子能吸附于胶体和悬浮物颗粒表面，将两个以上的颗粒连接起来，构成一个更大的颗粒，当生成的絮体颗粒足够大时，便易于沉淀下来而从水中除去。

影响混凝的主要因素：水温、水的pH酸碱度、水利条件、高分子絮凝剂的性质和结构及混凝剂的用量。混凝法的关键是混凝剂和助凝剂种类。混凝剂包括无机、有机和高分子三种。选择混凝剂和助凝剂原则是价格便宜、易得、用量少、效率高、沉淀密实、沉淀速度快、易与水分离等。目前，采用最多的混凝剂是铝盐、铁盐、高分子PAM、阳离子聚合物等。助凝剂有酸、碱、活性硅酸、活性炭和各种黏土、氧化剂、液氯等。

3. 萃取法

为了回收废水中的溶解物质，向废水中投加一种与水互不相溶，但能良好溶解污染物的溶剂，使其与废水充分混合接触，由于污染物在该溶剂中的溶解度大于在水中的溶解度，因而大部分污染物转移到溶剂中。然后分离废水和溶剂，即可使废水得到净化。若再将溶剂与其中的污染物分离，即可使溶剂再生，而分离的污染物可回收利用。这就是萃取法的基本原理。

在选取萃取剂时，一般应考虑以下几个方面的因素：①萃取能力大，即分配系数要大；②萃取剂物理性质，如密度、界面张力、黏度等适中；③化学稳定性好，难燃难爆，毒性小，腐蚀性低，闪点高，凝固点低，蒸汽压小，便于室温下储存和使用；④来源较广，价格便宜；⑤容易再生和回收溶剂。

萃取过程是一个传递过程，需要提高过程的速率。可采取增大两相接触面积；采用喷淋、鼓泡、产生泡沫等方式；提高推动力增大浓度差，增大萃取剂量和采用逆流萃取方式；增大流体的湍动程度；加强搅拌，达到提高传质系数的目的。萃取的方法有：①溶剂萃取，利用溶质在互不相容的两种不相混合的液体之间分配系数的不同来达到分离和富集的目的；②化学萃取，利用可与被萃目标物发生反应的非极性物质作为萃取剂进行的反应；③物理萃取，利用溶剂对需分离组分有较高的溶解能力，分离过程纯属物理过程。

萃取工艺包括混合、分离和回收三个主要工序。生产实际中应用的萃取工艺有单级萃取、多级错流萃取和连续逆流萃取。连续逆流萃取设备常用的有转盘塔和离心萃取机等。

溶剂反萃取利用合适的水相溶液，破坏萃取络合物的结构，使它从疏水性转变为亲水性，从而使被萃取物从有机相转移到水相中去，是萃取的逆过程。萃取后的萃取相需经再生，将萃取物分离后，萃取剂继续使用，减少工业处理成本。常用的再生方法有：蒸馏法和结晶法。蒸馏法属于物理法，而结晶法属于化学法。当萃取相中各组分沸点相差较大时，最宜采用蒸馏法分离。例如，用乙酸丁酯萃取废水中的单酚时，溶剂沸点为 116 ℃，而单酚沸点为 181 ～ 202.5 ℃，相差较大，可用蒸馏法分离。根据分离目的，可采用简单蒸馏或精馏，设备以浮阀塔效果较好。结晶法是指投加某种化学药剂使其与溶质形成不溶于溶剂的盐类。例如，用碱液反萃取法萃取相中的酚，形成酚钠盐结晶析出，从而达到使两者分离的目的。

（三）生物治理法

生物治理法是利用动植物或微生物来对城市水体中的污染物进行吸收与转化，从而达到净化水体、恢复生态的目的。主要包括动物修复法、植物修复法和微生物修复法。

植物修复是利用水生植物在生长过程中对水体中的污染物进行吸附、吸收、降解和富集，从而达到净化水体的目的。鱼类是动物修复的关键参与者之一，其能够通过食用藻类来控制它的过度繁殖，进而改善水质。浮游动物通过摄取水体腐泄物可以提高水体透明度。微生物修复是指某些微生物能够吸收和消化污水中的有机物，从而降低水体的污染程度。微生物修复过程中产生的代谢产物能够为其他微生物提供养料，形成循环系统，直到污水中有机物完全被分解。生物修复法具有治理成本低、整体作用好等优点，但是其中的重金属不能被完全降解，产生有毒的代谢产物可能对水体造成二次污染。

（四）生态治理法

生态治理法是利用自然环境的自身修复能力来改善水体的环境，以自然演化为主，适当通过人工进行强化。例如，建造人工湿地、生态河道、生态沟渠等。

生态治理法具有实用、经济、高效、运行成本较低、发展潜力较大等诸多优点，正在逐渐成为城市水体污染治理的主要技术手段。

二、水污染治理技术

对于目前中国的水环境污染现状，符合低成本、低管理和高效的新型生态污染水处理技术还有人工湿地、生物浮岛技术、SPR 污水再生回用高新技术等新型的城市污染水治理系统。

（一）人工湿地生态系统水资源污染防治技术

人工湿地技术最早起源于 20 世纪初，并且在 20 世纪八九十年代在欧洲广泛应用，英国在约克郡建立了历史上第一个用于处理污水的人工湿地，距今已有 100 多年的历史。人工湿地技术是人们对湿地环境的一种模拟和强化，这种技术可以将污水、污泥有控制地投配到经人工建造的湿地上，污水和污泥在流动的过程中利用土壤、植物和微生物的物理、化学、生物三重协同作用，对土壤进行净化。这种技术由人工控制运行，在处理污水的时候不但对于污水起到了净化的作用，而且还利用湿地上的植物对周边环境也进行了一定程度的改善。

进一步来说，湿地还可以作为城市公园，起到了一定的观赏性，对城市的绿化做出一定的贡献，对于人们来说是百利而无一害。水体可以通过吸收湿地植物产生的氧气从而增强自身的活性，故而湿地植物在控制水体污染方面也可以起到重要的作用。相比于其他污水处理系统，人工湿地处理系统具有低成本、见效快、效果好、生态效益突出等明显优势。

（二）悬浮填料移动床技术

这是一种主要运用在污染河流治理中的一种技术，给曝气池中添加悬浮填料，在曝气池中占有的比值和水相近，让它作为微生物活动的区域，并且和流经曝气池的水流互相作用，将活性淤泥和生物膜法结合使用，以去除污染物。

（三）生物浮岛技术

现在大部分的河流被污染的同时水体污染也占据了河流污染的重要部分，水体富营养化程度严重，加重了周围环境的恶化。针对这种情况，出现了各种水体富营养化的净化处理技术，如生物浮岛技术、人工水草净化技术。

生物浮岛技术主要利用植物的自然生长规律来对水体进行进化。它依据建立浮体—依靠根部吸附—去除污染物—净化水质这样的顺序来对水污染进行高效处理。这种方法不仅可以去除污染物，还可以净化水质，生存的植物还可以达到一定的观赏性，为城市创造一个良好的环境。

（四）SPR 污水再生回用高新技术

SPR 污水处理系统运用化学方法将溶解状态的污染物析出，使其成为胶粒或悬浮颗粒；再用吸附剂将有机污染物和色度分离出来；然后用物理吸附将胶粒和悬浮物凝聚成絮体；靠水力学原理将这些絮体形成一个致密的悬浮泥层，这样一来，净化后的清水可以达到三级精细处理的标准，实现出水回用；再依靠旋流和过滤水力学原理，使得污泥与水分离；而污泥在罐里高度浓缩，靠压力定期排出。

经过 SPR 处理的城市生活污水可以作为工业用水、城市绿化灌溉用水，实现了城市污水的再生和回用，为城市节省了大量的水资源。

（五）生物强化技术

从类型上看，生物强化技术属于新型生物技术，主要应用范围是水污染治理。具体应用原理为通过配置菌种，发挥菌种自身的特殊能力，如更强的新陈代谢功能等，将其投放到污染水源内，借助微生物及菌群对污水中的污染物进行分解处理，实现污染有机物向无污染无机物的转化，最终达到污水净化处理的目的。

1. 生物强化技术的作用

生物强化技术在处理污水水体方面的作用主要表现在以下几个方面。

（1）不会产生二次污染

这一优势主要是相对于传统水污染的化学治理方式而言。在采用化学治理技术时，极易造成水体的二次污染，主要是由于化学试剂中可能添加药剂成分，药剂会给未受污染的水体带来结构上的改变。

（2）高效性

这主要基于生物强化技术与传统治理技术的区别，该技术相关参数更高，由此会缩短污水治理时间。生物强化技术手段的操作步骤较为简单，是将经过制备的强化生物菌投放到待处理的污水中，并通过微生物的快速代谢及降解，完成对污水的净化过程，从而极大地降低人工作业的时间成本，可以实时治理污水水体。为了对污水治理的效果进行控制，在应用生物强化技术时要配套使用自动监测技术，以进一步提高污水治理效率。

（3）广泛适用性及低成本性

生物强化技术能够在高浓度及高盐污水水体中应用，并能够保持较强的活性。此外，在处理具有较大毒性的污水时，也可应用生物强化技术，不会产生污染物转移问题。

从生物强化技术的应用成本优势上看，在应用微生物选育技术模式下，降低了试验次数，且可以规避微生物菌群的退化，并结合同活性污泥法的使用，简化污染物的降解过程，从而降低污水治理成本。

2. 生物强化技术的主要组成及其来源

生物强化技术主要使用生物强化菌剂，借助菌剂作用实现对污水的治理。在生物强化菌剂的来源渠道上，主要有以下几种。

（1）来源于自然界

自然界中筛选菌种时，需要充分考虑各类环境因素，较为重要的是土壤及水，并进行分离筛选。在得到菌株后，应查验并测试其降解性能，确保菌株性能的稳定性和高效性。菌株接受突变剂，然后发酵培养单一菌株。

（2）商业菌剂

在挑选商业菌剂时，应对干化菌剂及液体菌剂的特定降解功能进行确认，确保在高浓度污染物的消除上，自养菌、异养菌及兼性菌能够发挥自身的作用。商业菌剂的使用能够缩短微生物培养时间，同时提高微生物浓度指标。

（3）基因工程菌

基因工程菌需要特定基因，要获取多质粒新菌种，对微生物及病毒质粒重新组合至关重要。一种微生物可以对水体中多个污染物进行降解，兼而发挥抗重金属性能。也可使用两种及两种以上微生物，在细胞融合技术支持下，将其置于恒化器内进行培养，从而提高新菌种的生长速度。

3. 水污染治理中生物强化技术的应用要点

（1）生物强化技术的常规利用模式

当微生物具备较强的新陈代谢能力时，生物强化技术的水污染治理作用才能得到完好发挥。在获取微生物时，应围绕新陈代谢这一指标，采用诱变微生物及筛选微生物的方式复制新陈代谢功能强的微生物，然后在污染水体中投放，借助微生物快速对污水中的污染成分进行降解。在该模式的具体应用上，除了在污水中投放高效降解微生物之外，还可同时投入碳源，此时在水中会有微生物处于依附状态或游离状态，从而实现对污水中污染物的同步分解。

（2）生物强化技术的共代谢模式

微生物在快速降解污染物的同时，因污染物污染程度高，污染成分有可能无法实现全部降解。此时，如污水中存在底物，可将部分微生物添加至所需治理的水中，借助微生物的作用改变污水中污染物的结构。这一模式被称为“共代谢模式”或“共协同模式”。

例如，在待处理的污水中添加共代谢物质，可以降解氨、酚、二氯苯、乙烷等物质。当污染物完成降解后，在微生物的作用下还可以产生氧化酶，而氧化酶能够促进污染物结构的转变，达到对污染物的降解效果。

（3）生物强化技术的固定化应用模式

生物强化技术在污水治理中的应用，如采取固定化生物强化模式，其效果较为理想。在固定化生物强化手段的构成上，交联法、包埋法及吸附法是最常见的方法。交联法主要是指应用关联，通过微生物细胞与固定化载体之间发生联系，形成治污体系，来固化微生物。包埋法需要发挥凝胶作用原理，在污水载体中引进微生物，确保微生物的高活性。吸附法在离子结合作用及物理吸附手段支撑下，选择能够具备吸附属性的污水载体，在其中固定投放微生物，让微生物能够吸附在载体表层，提供最佳的微生物繁殖环境。

需要注意的是，在采用生物强化技术固定化应用模式时，需要确保菌种能够处于极高的活性状态，为此，一方面要强化微生物的抗毒性及依附性，降低微生物脱落概率；另一方面还要避免菌种大范围流失或死亡。在污水治理过程中，要合理控制菌种类型及搭配比例，对菌种的降解作用进行效果观测，并延长其降解及存留时间。

（4）生物强化技术的基因转移应用模式

生物强化技术在不同污染程度的污水范围区间中应用模式不完全相同。在对污染物进行初步筛选后，确定具备特定代谢基因的微生物，然后将其与具备较强代谢功能的微生物进行结合，在微生物中通过生物强化技术进行融合，从而提高微生物基因转移交换的速率，加快微生物降解功能及速率。

在污水处理难度及范围同步增大的背景下，通过基因转移作用对污水进行降解及稀释已经成为当下污水处理实践的重点关注内容。在该模式的具体应用上，应对污水区域的各类参数进行分析，然后界定出微生物基因转移功能的适用区间，这样才能有针对性地开展污水治理工作，提高污水治理效果。

（六）生物膜处理技术

该技术属于好氧生物处理技术，其原理是借助水源的自净功能，并将好氧菌、厌氧菌等物质作为特殊的生态原料，以此来吸收和分解污水中的有机污染物，同时这些物质不断繁殖，切断水中氧气向膜内扩散，从而使得生物膜缺氧或厌氧，最终形成新的生物膜吸附技术。吸附技术的水污染处理中较常用的一项技术方法，主要因为这一处理技术具有操作简单、前期成本投入较低、水处理的效果较好等优势。这一技术原理是利用活性炭等材料表面具有较密集的空隙，在污水色度达到一定条件后，实现对污水杂质的吸附，从而达到净化水质的目的。

（七）超滤膜技术

这一技术是一种较科学的处理方式，主要是将溶液透过滤膜，然后进行过滤、分离和浓缩，由于受到压力的作用，溶液中一些小分子的溶质可以透过滤膜，而大分子杂质就会被滤膜截住，这一技术可有效改善污水处理的质量，也有助于提升水资源的利用效率。

除此之外，由于超滤膜技术的抗酸碱性较强，所以也能够有效降低水污染，使处理后的水源达到排放标准，而剩余的材料和产品还能够进行二次利用，充分提升了整体的处理质量。

（八）阴阳离子交换树脂技术

这一处理技术的优势是吸附效果和促进性能效果非常强，可对污水进行高效的处理。其原理主要是使金属离子与阴离子在水溶液中交换树脂或苯酚基上交换 H^+，此时水溶液的阳离子移至树脂上，而树脂上的 H^+ 则与水中 OH^- 结合形成水，可有效发挥脱盐的效果。但这一处理技术也有其局限性，主要表现为会产生大量的废弃树脂，且实施成本也比较高，还需结合实际情况选用。

第四节　水环境监测技术

一、水环境监测存在的问题

（一）水环境监测的权责问题

水环境监督管理工作要结合水体差异进行对应管理，水体表现形式不同，对应的监管工作也就不同，这是国内水环境监测的主要特点。水体包括污水、地下水、地表水等多种形式，对应水资源监管便由城建机构、国土资源机构、环保机构、水利部门等多个部门负责。部分水体由于功能交叉，可能会由多个部门共同监管，进而引发了水环境监测工作中的权责问题。

权责问题使得水环境监测工作极易受到影响，权责问题的存在容易引发水环境监测机构各部门间的工作职能混乱，各部门之间存在因交叉管理导致的监测资源浪费现象，上述混乱的水环境监测管理形成的对应指令，会出现重复执行的情况，致使整个监测工作的形式无法满足新时期的监测要求。

（二）水质监测的指标问题

水环境监测工作中，水质监测指标是基本信息，对水质安全、水质应用等具有较大影响。如果水质选取不合理，极易导致监测指标不合理。国内环境监测管理机构的相关人员大部分认为：国内地理水系、城市用水的污染程度已经从无机物污染转变为有机物污染。这一背景决定了水环境监测中必须保证与时俱进地进行水质监测指标的调整。

当下，国内水质监测指标中，有机物污染指标是综合项目的一部分，如果针对性前提缺失，极易导致有机物污染指标的作用被削弱，进而会增加有机污染物的污染程度，由于对应水质监测指标中并未及时进行新指标的更新，导致水环境监测信息无法满足准确性、及时性的要求，即水质监测指标问题对国内水环境监测体系的全面发展而言具有较大的阻碍作用。

其中，《污水综合排放标准》中综合指标、重金属指标的监测内容较多，但在实际应用中并未及时考虑对应指标的更新和控制方案的完善。当下，国内水环境监测方案大都关注于对水源地有机物指标的监测，并未考虑广泛行为水源地在上述监测中的不足，存在明显缺陷。

（三）水环境监测技术问题

与国内现阶段的水环境质量标准体系相比，对应的水环境技术方案存在较为明显的矛盾。主要表现为：现行水环境质量标准与对应监测方法和分析方法等无法对应。国内水环境监测体系中，并未具有完整的水质分析要求，相关技术不足，导致水环境质量标准无法达到预期要求。

其中，水环境监测中，相关的适应性分析标准不足，这是当下水环境监测技术中最为明显的问题。由于相关技术缺失，国内水环境监测中，重点监测的8项污染指标结果对水质监测的判断产生了严重的负面影响。

（四）地表水环境监测问题

1. 监测地表水的重视程度不足

通过对地表水监测的过程分析，监测活动与结果仍旧存在着很多不足，归根结底是地表水监测力度不足，这种现象集中表现在水环境监测人员没有足够重视监测工作，在日常工作中，将水环境管理工作的重点集中在治理环境，对于监测水环境污染情况的重视力度不足。

通过对地表水监测的结果分析，污染地表水的物质种类繁多，例如氰化物、挥发酚以及氨氮等，若是在水源中含有这几类污染物质，势必会严重影响到水源质量，进而危害人体健康，若是没有得到重视，势必会引发严重后果。

2. 缺少完善的法律法规

当前我国在监测地表水层面，缺少具有强制性的法律制度，规章条例也存在着不健全现象，从而导致相关监测结构对于地表水监测的重视程度不足，同时尚未形成有效的约束水环境监测流程，使得水环境监测的过程与制定的要求之间存在较大的不平衡，最终影响到地表水环境监测结果。在过去的监测结果中，因为技术手段落后，评估水质整体情况的能力受到影响，并且导致最终监测得到的结果缺少合理性与针对性。

此外，相关工作人员没有重视水体中的污染物质，在一般情况下，判断水环境污染时依据 COD 指标和 BOD 指标，但是若仅仅依靠这两项指标，所得到的评估结果是难以达到理想要求的，更不能对污染所导致的危害做出评判。

3. 水环境监测水平不高

监测地表水是一项具备较高技术含量的工作，要想获得理想的监测结果，就必须在监测的过程中强化新技术应用能力，并且获得优秀的设备支持，并且地表水监测技术的发展水平，也对监测结果的质量有着决定性作用。但是我国地表水监测工作的起步时间较晚，所使用的地表水监测技术也存在滞后性，地表水监测的实验器材和设备工具，都难以与技术先进的国家相比拟，从而造成了我国地表水水质监测结果受到影响，限制了地表水监测在我国的发展深度与广度。

就目前看来，我国在监测地表水水质过程中，大多数是选择应用理化监测的方法，其他方式的监测方法相对较为滞后，难以达到科学化应用水平，甚至在当前的地表水监测过程中，仍旧缺少先进性的技术支持。例如，在国外已经普遍使用的自动监测技术，当前在国内的应用相对较少，所以，要想切实提升地表水监测水平，必须合理引进先进的水质监测技术。

二、水环境监测技术

水环境监测技术可以按照不同的方面进行分类。比如，按监测对象划分为地表水监测、地下水监测；按监测方式划分为人工常规采样、自动采样；按技术原理划分为遥感技术、生物技术等。

（一）按监测对象划分监测技术

1. 地表水监测

地表水监测的方法主要包括：①调查当地水资源的常规水因子，通过结果衡量当地的水质情况以及受污染程度；②调查当地水资源的污染因子，进而掌握水资源的污染原因、污染范围以及主要污染物。

同时，在调取水样中，需要综合考虑各种客观因素。例如，尽量选择在风速平静、水流较小以及天气晴朗的环境下取样，由于一次检查可能会出现结果不准确的情况，需要在不同时期、不同级别进行多次调查，进而保证监测结果的准确率以及可靠性。

2. 地下水监测

地下水监测是水环境监测的重要内容。随着我国社会与经济的蓬勃发展，地下水的利用程度不断提升，在开展地下水监测中，需要对其水质进行全面掌握。通常情况下，在地下水监测中主要采用抽样监测的方式，即通过采集其有代表性的水样，对其进行详尽的分析监测，进而实现动态监测，但是这一方法并不适用于所有情况，因此，在开展监测工作中，需要结合具体情况灵活选择监测方法和监测项目，如硫酸盐、氟化物、铁以及酸碱性等项目，进而掌握当地的水文特点。

（二）按监测方法划分监测技术

1. 常规采样

常规采样是指水质监测站点的工作人员通过人工确定采样垂线、采样点的方式来对水体进行样品采集，对采集到的样品或进行就地检测，或封存后运输到实验室进行检测，从而确定采样水体的污染物浓度。从灵敏度上来看，常规采样的灵敏度更高，误差更小，所得监测结果更加准确。因为人工确定采样点的方式能够最大限度地确定水样的代表性，能够有效排除水样中的干扰物，所以常规采样的成果更具有效性。

2. 自动采样

自动采样是指通过自动监测设备进行采样、测试，并得到固定位置的污染物浓度。自动采样离不开自动监测设备，自动监测设备通常使用不需要补充试剂的方法进行水环境监测，如电化学法、酶底物测定法等。

从监测方式上来看，自动监测设备进行的自动采样并不能够保证水样有其代表性，因此，自动采样下的监测成果有时与常规采样下的监测成果存在差异。随着科学技术的不断发展，自动采样技术正在不断向常规采样技术靠近，二者之间的监测结果差异也会越来越小。

（三）按技术原理划分监测技术

1. 遥感技术

随着科学技术的不断发展，遥感技术成为一种能够远距离探测环境状况的技术手段，逐渐承担起水环境监测的责任，尤其在一些环境恶劣、人迹罕至的地区，遥感技术成为技术人员监测水环境变化的关键技术手段。当水体中存在不同物质时，这些物质对光的不同反射能力、吸收能力都会导致水体对光的吸收和反射出现变化，遥感技术通过接收水体的反射信息来形成遥感图像，辅助技术人员远距离分析水体的构成，从而监测水体的受污染情况或污染防治成效。

在应用遥感技术分析、判断水体情况过程中，技术人员主要依靠理论、经验或二者参半来判断水环境的优劣。

单纯的理论法，依靠电磁波反射公式测算水体中不同物质的含量，判断其含量是否在安全范围内。这种方法简单易得，但弊端明显，因为水环境通常十分复杂，优劣情况并非由单一元素决定，因此这样的计算方式容易产生较大的误差。

单纯的经验法，依靠技术人员收集水体实际参数和遥感数据，对比二者的数据建立水质模型，根据模型去分析水体中某一物质的含量变化，监测水体的质量变化。这是一种建立在对比基础上的模型分析方法，较单纯的理论分析有一定的优势，但弊端同样明显。因为水质的改变是循序渐进的，模型建立时实际参数与遥感数据的关联性不够密切，还是会影响监测结果的准确度。

半理论、半经验的方法，这是遥感技术发展过程中产生的新型技术。技术人员利用遥感技术收集水体光谱，估算水质参数的最佳波段等参数，然后建立有关水质参数与遥感数据的模型，借此来提高监测结果的准确性。

借助信息技术和神经网络模型，能够有效提高对水环境的计算有效性。在水环境遥感监测过程中，如果出现了油污染情况，技术人员可以通过无人机、飞机、卫星遥感设备来对污染区域进行全面监测，寻找到污染源头的同时建立模型，为油污染的治理提供数据基础和技术帮助。可见光、红外线、紫外线等遥感技术都能够帮助技术人员对水体油污染进行监测和分析。如果水体出现了富营养化现象，技术人员能够通过遥感技术监测到水体中出现了大量的藻类植物、浮游植物或监测到水体中叶绿素含量大幅度上升，这些都能证实水体富营养化现象的出现。

技术人员可以建立有关叶绿素的计算模型，根据叶绿素含量的程度计算出水体富营养化的程度，分析判断富营养化的源头，辅助污染防治工作的开展。

遥感技术在大范围应用、人迹罕至地区应用上有明显优势，但目前距离技术成熟还有一定的距离，需要进一步发展。

2. 生物技术

生物对于环境的变化是非常敏感的，用生物的变化能够反映水环境的一些变化。水环境中存在微生物、植物、动物，这些水生物是技术人员监测水环境变化的主要对象。

首先是微生物群落的变化。水环境中微生物通常包括细菌、真菌、藻类等，生物监测技术主要监测微生物的群落变化，统计单位面积内微生物的数量，估算整片水域内微生物的分布情况，借此判断水环境的受污染情况。以发光细菌为例，这是一种可用于监测工业用水、生活用水质量的微生物，细菌的发光情况与污染物毒性有关，技术人员可以通过观察发光细菌的发光情况来估算水域水质，且监测效率很高，最短 3 h 即可得出结果。

其次是水生动物的变化。河蚌、河虾、鱼等水生动物都是对水质污染情况能够做出反应的指示生物，在水环境生物监测技术领域中发挥着重要作用。除鱼、虾、蟹等水生动物外，底栖动物、两栖动物也是生物监测的主要对象。通常，大型底栖动物被用于监测水域的重金属污染情况，比如大鲵、青蛙等。

三、水环境监测的科学举措

（一）微观层面

1. 保证样品的采集质量

在进行样品采集工作时，为了能够更好地提高采样工作的质量，需要工作人员更好地进行样品的收集，所以应该对采样人员的工作行为进行以下规定。

首先，应该做好相关采集器皿的编号工作。做好相应的标签，在标签中应该做好相应区域的名字记录，这样能够更好地确定是哪里的水质存在问题，从而更好地进行有针对性的水环境治理。

其次，在进行样品采集的过程中，应该注重对样品质量的保护，采集样品后应该立刻进行封存，以免其他杂质混入样品之中，让样品受到污染，从而在最后的实验检测中无法很好地做出正确的分析。

最后，还应该选择合适的区域进行样品的采集，应该找到一些能够反映区域中总体水域质量的地方进行样品的采集，这样才能够使其有说服力。而且，采样需要在一个区域的多个地方进行采集，这样才能够更好地提高样品的采集质量，为后续的实验室检测工作做好充足的准备。

2. 注重样品的保存质量

样品的保存主要存在于三个环节之中：①是在样品采集的过程中进行保存；②是在样品的运输中进行保存；③是在样品的交接过程中进行保存。

为了能够更好地保证样品的质量，在进行采集工作中，工作人员应该穿好正确的工作服装，以免因为杂质进入样品中造成污染。还应该正确进行采样，不要将水域中的泥沙混入进去，这样有利于最后的检测工作进行，同时也可以保证样品的总体保存质量。在采样完毕后应该及时进行封存和管理，这样能够更好地对其进行保护。

在进行样品运输的过程中，应该将样品放在合适的环境中进行运输，注意样品装置的防护，以免因为运输原因造成样品器皿破损，从而导致样品流失，无法参与到最后的实验检测。

在样品放置时，应该对标签进行再次确认，可以防止标签的滑落而无法判断是哪个水域的样品，以免给后续的工作带来麻烦。

在进行样品交接的过程中，应该保证样品的完整性，检查器皿是否破损，对于出现破损的样品应该予以放弃，不让其进入实验室检测。

通过三个环节中的样品保存可以在很大程度上确保样品质量，为水污染环境监测质量的提升做出更好的保障。

3. 做好实验的前期准备

为了更好地提高监测质量，实验检测前的准备工作也是十分重要的。首先，应该保证实验室的干净、清洁，工作人员应该做好日常的环境清洗和消毒杀菌工作，能够让实验室做到一尘不染，这样才能够更好地进行样品的质量检测，从而能够保证样品不受到污染，能够在最大限度上检测出水域的环境质量情况。

除此之外，还应该做好实验设备的检查工作，应该保证所有仪器设备都能够正常工作。也应该对实验器皿的清洁度进行检查，这样可以有效提高实验检测结果的准确性。实验检测人员也应该进行日常的技术考核，从而能够有效保证实验人员的专业素养符合条件，这样才能够提高最后的检测质量。

4. 控制数据分析的质量

实验检测与数据分析是水污染环境监测工作中的最后一道程序，通过检验结果能够对该水域的污染情况进行分析。因此，为了提高监测质量，应该对实验环节进行把控。在进行实验检测时，应该利用专业仪器进行检测，检测得出的数据在进行分析时应该进行严格审核和检测。最后得出的数据也应该反复进行检验与核对，这样才能更好地保证检测数据的准确性。实验检测人员应该将最后的检测结果和对应的水域名称进行统一，这样才能更好地对实际情况进行反映。

5. 提高数据分析的科学性

水质监测工作通常由多个监测流程组成，涉及许多监测内容，海量监测数据同时汇总，数据分析工作的重要性也得到凸显。在对监测数据信息进行分析的时候，应对采集到数据信息进行全面审核，确保每个数据的真实性、准确性，不允许随意更改监测数据。数据信息经过专业分析与处理后，应出具详细的书面报告，为水环境治理方案的制定提供专业的数据参考。

在数据分析中可以借助专业的数据分析软件。当前信息化技术快速发展，一些数据分析技术被广泛应用到实际工作当中，比如光化学分析法、色谱分析法、电感耦合等离子体发射光谱分析法，这些技术在目前水质监测工作中发挥着非常重要的作用。但是我国在数据分析这一方面还有所欠缺，针对水质监测数据资料的分析尚处于初步阶段，在今后工作中可以尝试在小范围水体水质监测工作中建立数字模型，以提升水环境检验检测机械数据分析的能力。

（二）宏观层面

1. 完善水环境监测指标

必须要加强对水环境污染指标的重视，通过建立水环境监测指标数据库，仔细分析重点污染物及其分布规律。与此同时，全方面分析污染物的影响，通过这种分析来为监测指标数据库的建立打下坚实基础。要把水环境污染指标作为构建水环境全过程监测体系的主要依据，积极探索多种监测方法，结合水污染现状，及时更新数据库，在做好这些工作的基础上提出有针对性的监测分析方法。

2. 提升工作人员整体素质

国家极其关注水环境污染的治理，政府要加大对水环境质量监测的支持，如果监测遇到困难，政府要及时出手相救，加大对水环境质量监测的资金投入，帮助解决棘手的问题，通过资金投入，扩大基层环境监测站的规模。

就目前来说，水环境监测需求不断提高，常规监测仪器的弊端逐渐暴露出来，要根据监测环境配置适合相关环境的监测仪器，提高监测仪器的适配性。从管理层面看，要定期对监测人员进行培训，通过培训，他们的能力和素养都会得到强化和提高，这样对提高监测工作的效率很有帮助。不仅如此，构建奖惩机制必不可少，还要加强监督力度，加强对人员的管理，让人员权责分明，为最终数据的真实可靠提供了坚实的后盾。

人是开展各项工作的主体。在水质监测工作中只有工作人员具备相应的专业技术与综合素养，才能保证监测工作的顺利开展。水质监测工作要求工作人员具备专业技术，熟练操作各种检测仪器与设备，具有较强的工作责任感与安全意识。因此，水环境检验检测机构应做好相关人员的技术与安全培训工作，可以从以下几个方面来实现。

（1）在招聘过程中选择与本专业相关的人员

要求入职人员具有一定的基础知识储备，能够更好地融入本职工作当中。针对在职人员，要定期开展技术与安全培训工作，学习先进的技术，学会使用新仪器、新设备，达到信息化时代的发展要求，提高工作效率与安全性。

（2）加强工作人员责任心的培养

高度的责任心是保证数据准确的关键，因此工作人员不仅要具备专业技术，还必须具有高度的责任心，能够按照技术要求开展本职工作。

（3）明确工作人员职责

水质监测工作具有一定的复杂性、技术性，各个工作环节之间衔接紧密，当一个环节出现问题时会影响到整体工作的完成。因此，在工作管理上应做好职责的划分，明确个人的工作责任，按照要求完成自己的本职工作，还要与其他工作人员相互配合协作，以保证水质监测工作的顺利开展。

3. 增强水环境监测标准构建

增强水环境监测标准建设刻不容缓，这对提高水环境监测效率有着重要意义。相关工作人员不但要了解现场的状况，而且还应当仔细剖析环境要素是否会给监测造成影响，只有这样全方位的、细致的准备才能更好地构建和完善管理机制，不仅要做到以上这些，而且还要观察是否还会有其他一些因素会影响监测效率，在此基础上选择合理的监测方式，提高水环境检监测效率。

最常见的监测方式为国家标准分析法，由于它具备精确度且效率较高而被广泛应用。工作人员可以广泛运用这种方式，如在监测有机污染物的过程中使用。总体来说，要根据实际制定水环境监测标准。

4. 加强仪器开发和水质监测

从水资源监测工作出发，要将水资源监测过程中使用到的设备放在首位，加强仪器维护、仪器研发，及时进行设备更新，方可更好地进行水资源的水质监测，为国内水资源污染的治理打下良好基础。我国是发展中国家，早期建设了许多工业工厂，且污染排放量较大，污染程度、污染情况等极为恶劣。

因此，设备研发过程中，必须合理结合国内实际情况进行分析，研发具有使用价值的仪器和设备，避免照搬照抄其他国家的管理经验。只有这样，方可设计出符合我国河流污染物监测要求的仪器，从而为国内水资源保护工作提供有价值的参考数据，降低污染物的排放比例，避免水环境污染，达到保护国内水资源的最终目标，实现水资源的循环利用、可持续发展目标。

5. 提高对水中有机物监测的重视度

水环境监测过程中，需将污染评价体系分为多个评价指标，对相应指标进行分析，剔除未达到水环境污染下线的指标，还要去除传统监测中未监测出的项目。考虑到当下国内水资源污染监测工作存在不完善的情况，各类有机污染物种类较多，且各类污染物对水资源的污染程度并未证实，因此，必须积极合理地进行超标物质的分析，保证检测结果不会受到其他诸多因素的影响。另外，业内相关人员还要加强对水资源污染中重金属污染情况的分析，必要时须结合各地流域的实际情况进行重金属的监测。当重金属含量低于国家规定标准，建议每年检测 1 ～ 2 次；当重金属含量超标时，次年需增加检测频次，从而快速掌握水资源污染中重金属的比例，保证及时发现潜在问题，尽快解决重金属污染问题。

6. 深化水环境监测质量和管理体系

（1）质量监测

质量监测是整个水环境监测中的重点内容，原因在于监测数据的真实性是保证结果精度的重要条件。只有确保监测数据的精确性、科学性、可调性，方可保证后续治理方案的全面性和合理性。从中可以看出，水环境质量监测在整个保护工作中具有重要的价值和意义。

（2）深化管理体系

此处的管理体系是上文描述中提及的详细的管理制度，对监测人员而言必须落实岗位清晰、权责分明的要求，积极转变现有监测人员的工作理念，确保相关工作人员深刻认知到水环境监测工作的重要价值。整个监测工作中所涉及的环节都有相关的人员和机构进行配合，保证各机构之间的良好交流、有效协作，从而更加快速地完成水环境监测管理。

从环境质量、工作流程等多个方面共同出发进行分析，确保监测数据的真实性，降低人力、物力、财力的浪费，为后续水利工程的发展和建设提供足够的支持，从而为水资源保护工作奠定良好基础。

四、水环境监测全过程质量机制的建立

（一）布点的质量管控

在开展施工之前要熟悉周边地区的环境，掌握周围的地形以及环境条件，还要充分掌握周边工业与农业的分布状况。要科学应用实测法了解污染物的存在状况，掌握各方面的情况后进行布局，要注意布局的科学性，做到有针对性和主次分明。监测点设置的区域需要地势相对平坦，这样操作人员容易操作，合适的布局能够清楚地体现地区的水质状况。

通常而言，会依据地区的真实状况明确布点的地点，如主要排放口用来设置城市污水布点，而河流则会以上游、中游、下游作为划分来进行布置，它们分别属于结果面、检测面与对照面。采用的水样会依据目的的不同分成诸多层面，例如混合污水样、平均污水样、定时污水样、瞬间污水样等。污水排放是有一定的时间规律的，因此要参照水样采集的频次和时间完成布设。

（二）增强对水样采样的质量管控

需要严格遵守《水质采样方案设计技术规定》对污水的水质情况进行采样分析，不同的检测项目取样量不同。如果只是收集单一污染物的样本，那么采取水体范围就为 50 ～ 500 mL；假如要对整个水质分析，那取样量范围就要达到 5 ～ 10 L 左右。水体取样之前要先对采集器进行清洗，这种做法有效规避了残留物对最终结果所产生的影响。采样的过程中应当详细记录状况，采样的样本通常放在聚乙烯材质或硼硅玻璃等器皿中。如果还需要一段时间才能进行检测，在等待时，水中微生物会通过不断的活动，对水质造成影响，时间越长，影响越大。因此，为了尽量降低这种情况对水质的影响，要将样品在第一时间进行检测。

（三）实验室分析质量控制

要选择合适的分析方法才能准确读取数据，比较常见的方法为标准分析法、分析法以及等效法。最后还是需要结合实验室的需求确定使用哪个方法。试验之前要确保实验室洁净，尽可能降低环境要素对样本剖析所产生的影响。在实际检测时，在恰当的范畴内对标准曲线的有关系数进行管控，若发现系数不达标，就要及时检查试验中的各个环节，待合格后对标准曲线重新进行绘制。试验前进行空白试验可保证分析数据的准确性，若实验室具有相应的条件，还应当开展平行试验，如此能够辅助试验工作者立足于多个维度进行剖析，进而确保数据的客观、准确。

（四）增强数据分析的质量管控

在监测工作开展过程中，最后的监测结果由监测地点所记载的原始数据与通过试验剖析后所得到的监测结果构成。样本采集工作者应当依照有关规定进行操作，做好准备工作，检查各项设施，认真冲刷有关仪器，避免残留物对试验结果产生不良影响。在样本采集时应当进行详细记录，采集完毕后，在相关表格上签字。试验中的操作人员应当依照有关标准对试验结果进行剖析，应当有责任心，确保结果的准确。负责分析工作的人员一定要仔细、细致地核对监测数据，不能有一丝差错，核对之后递交上级进行审核。检查仪器精确度可以确保得到的数据准确可靠，数据出现小数点的话，可用四舍五入的办法，经过科学的取舍确保数据的一致。

第三章　大气污染防治与监测

随着世界经济步入了高速发展阶段，人们的生活水平也不断提高，但是在经济快速发展的同时却给环境带来不可忽视的影响，人们赖以生存的环境正在逐步被破坏，由此出现了诸多的环境污染问题，对水资源的污染，对土地的污染和对大气环境的污染等，其中最应该被人们重视的环境污染问题之一就是大气环境污染。本章分为大气污染及其危害、大气污染防治措施、大气污染治理技术、大气环境监测技术四部分。主要内容包括大气污染产生的原因、大气污染的主要成分、大气污染的现状分析、大气污染的特点及危害、大气污染防治基础理论等方面。

第一节　大气污染及其危害

一、大气污染产生的原因

（一）气象条件的影响

在风向的控制和影响下，污染物会向风向聚集。如果某个区域风速较小，也会聚集大量污染物。以 2020 年 3 月北京、天津、河北的污染情况为例，从污染源来看，北京本地对 PM 2.5 的贡献约占三分之一，剩余的三分之二污染都来自区域传播贡献。换言之，北京本地产生的污染大概占 1/3，但是周边地区产生污染对北京造成环境影响的污染占 2/3。再对此进行细分，从东南通道进入北京的污染约占 4 成，东向占 1 成以上，囿于京津冀中部在 3 月份受东风和东南风控制较强的影响。太行山与燕山交界处风速较小，大约在 2 m/s，这也造成局部化学转化与污染排放的叠加，也是导致北京出现重度污染天气的主要原因。

（二）日常生活能源消耗因素

现阶段，人们日常生活中所产生的各种能源消耗也是导致大气污染的重要因素之一。例如，在我国北方地区的冬季时段，受到强冷空气的影响，需要大面积覆盖各种取暖设备，而这些取暖设施伴随的是较高的能源消耗问题，目前主要是煤炭这种能源，在燃烧煤炭时，将会制造出许多氮氧化物、烟尘、二氧化硫等对大气环境造成污染的污染物质，结合这些对大气环境造成污染的物质与燃烧煤炭资源过程中所形成的有毒气体被排放到大气环境中，就会造成严重的空气污染问题，这也不难看出北方地区在进入冬季需要启动大量取暖设施后，由于消耗了大量的煤炭能源，导致北方地区雾霾天数不断增加，北方地区群众呼吸道疾病的高发等问题，这些问题均需要得到相关部门的高度关注。

（三）工业行业排放的有毒气体

从当前阶段来看，清洁能源在我国工业的利用效率有待提升。在城市发展的过程中，许多工业行业依旧采用传统的生产方式，比如，煤炭行业，通常采用烧煤的方式来维持城市采暖工作。在高硫煤的燃烧过程中，会产生大量的二氧化硫，二氧化硫是一种有毒的污染气体，也是导致大气污染的罪魁祸首之一。如果不进行有效清理，二氧化硫在空气中随意流动，也会逐步生成硫酸雾或硫酸盐气溶胶，对人们的生命健康造成威胁。二氧化硫还会与烟尘进行结合，导致其他问题，比如伦敦的烟雾事件。

煤炭行业和化工行业都属于城市发展过程中的基础工业。在城市经济建设的过程中发挥了重要作用，为了促进经济发展，要正视工业造成的大气污染，重视工业生产中排放的悬浮颗粒物和粉尘，重点解决大气污染问题，减少生态问题。如果无法有效处理工业生产中产生的污染气体，不但会对周边环境造成不良影响，也会对城市居民造成安全威胁。

（四）城市交通车辆产生的汽车尾气

家庭车辆的拥有量逐步上升，体现了国民经济水平的提升。与此同时，交通车辆产生的汽车尾气排量也逐渐增加。车辆在行驶过程中所排放的尾气包含一氧化碳，属于常见的污染气体，在大量吸入的情况下，也会对人体造成伤害。汽车尾气中的有毒气体，也会造成周边环境的不良影响，造成其他方面的污染问题。相关人员应当重视这类问题，采用合理的方式有效解决，避免造成不良的影响。

二、大气污染的主要成分

（一）二氧化硫

由于在工业化进程中各种含硫物质的散发，如硫化氢、硫酸盐这些各种各样的化学成分，这些成分在空气中会造成环境问题。因为在空中硫化物和水蒸气相遇后会导致酸雨的发生，以至于花草树木和建筑物受到一定程度的影响。在环境污染监测中二氧化硫的含量大部分是通过 pH 值监测出来的，只有对大气中含有的硫化物及时监测，并且采取有力的措施才能够及时减少酸雨的发生。

（二）悬浮颗粒物

悬浮颗粒物指的是飘浮在大气中对空气环境质量造成影响的物质，由于它的种类众多，化学成分相对繁杂，拥有各种各样的形状，所以它是大气环境污染监测的主要对象。其中，有些悬浮颗粒物具有毒性，小于 10 pm 的悬浮颗粒物能通过人类呼吸进入身体，小于 5 pm 的悬浮颗粒物会对人体肺部造成伤害，并且有些悬浮颗粒物会与空气中某些物质发生化学反应产生其他有毒气体。

在大气环境污染监测过程中，对悬浮颗粒物的监测是一项必不可少的项目，悬浮颗粒物的监测数据很重要。对悬浮颗粒物的监测和计算过程中，利用环境监测仪器为科研人员提供有效的数据信息，利用这些数据可以分析出悬浮颗粒物的悬浮位置、总降尘量、浓度等多个有效信息，通过这些信息可以及时实施一些环境保护措施。

（三）氮氧化物

在这个科技越来越发达、经济逐步提升的社会中，私家车逐渐普及起来。大部分氮氧化物是通过汽车尾气排放的，这对空气产生了严重的影响和危害，加重了空气环境净化的负担。然而，随着工业化越来越严重，一些化工厂也会排放氮氧化物。在人体健康方面，氮氧化物通过人类呼吸进入人体，对肺部造成巨大伤害，因为氮氧化物能与人体细胞结合，从而危害人类的健康。

三、大气污染的现状

当前，我国大气污染已经不局限于传统的煤烟污染。随着社会经济的发展和人民生活的改善，各类机动车数量激增，使得尾气排放成为我国大气污染物的新来源。更令人担忧的是，随着大气污染问题的加剧，其影响范围已由单个城市向更大区域发展，大气污染逐渐由单一污染转变为区域性复合污染。

（一）煤炭消费造成的大气污染问题突出

我国以煤炭为主要能源的生产结构在短时间内难以改变，因此，煤炭消费造成的大气污染问题仍然十分突出。根据目前的统计数据，我国的二氧化硫、氮氧化物和工业烟尘等大气污染物的排放总量已经远远超出大气环境的承载量。“十三五”期间，我国在二氧化碳减排方面取得优异成绩，但是对氮氧化物的管控仍然不足，抵消了二氧化碳减排给大气环境带来的积极效果，因此从整体上来看，我国的酸雨区域仍然保持着以往的分布格局。

（二）机动车尾气排放污染问题仍然突出

我国机动车保有量极大，其尾气含有二氧化硫、氮氧化物等物质，直接成为与工业煤烟并肩的主要大气污染物来源，给我国大气环境管理带来了诸多挑战。这些污染物会影响人体健康，还可能与其他污染物反应，形成污染更大的物质，从而加剧对环境和人体的危害。

（三）城市空气成分日益复杂

经监测，我国城市空气的二氧化硫、可吸入颗粒物的浓度一直居高不下，严重影响了城市居民的生活及身体健康。与此同时，我国东部城市的雾霾天气发生率逐渐增加，为亮丽的城市风景蒙上了一层“阴影”。臭氧污染也为我国未来城市的可持续发展埋下了隐患。

（四）区域性大气污染问题日趋明显

随着政策的落地和各领域的蓬勃发展，长三角、珠三角、京津冀三大城市群有力拉动了我国经济的发展，独特的资源优势吸引着越来越多的人涌向这些地方，因此这些地方的消费能力强、大气污染物排放集中，从而导致大气污染具有区域性。以京津冀地区为例，该地区每年出现雾霾的天数超过 100 天，其周边地区也逐渐受到影响。区域性大气污染已经成为一个亟待社会关注和解决的问题。

四、大气污染的危害

大气污染对于人类社会有着严重的危害，因为被污染的空气中有着对人类身体产生危害的有毒气体，人们经常处于被污染的空气环境下势必会对身体健康造成极大的威胁。不仅是对人类产生危害，对地球上的动植物也会产生危害。除了对地球上的生物产生危害外，还会对地球环境产生危害，如加快地球臭氧层空洞的形成，产生酸雨破坏生态环境等一系列环境问题，并且还会对人类的日常生活造成影响，雾霾阴沉天气对人类日常出行带来不便，大气污染还会对农作物产生不好的影响，使得农作物的产量降低等。

第二节　大气污染防治措施

一、大气污染防治相关概念

（一）大气污染

大气污染是指大气中存在污染物，且含量不断上升，以致影响人类的正常活动，甚至威胁人类赖以生存的环境和生态系统的平衡性，影响生态圈的完整性。其成因有自然因素，如地震、海啸、地壳活动、森林大火等。还有人为方面，如工业废气、汽车尾气、工地扬尘、散煤燃烧、农业生产活动等，随着社会发展，人为因素逐渐成为主导因素，而且由于其主要是人为造成，具有可控性，成为有效治理大气污染的关键点和突破口。

（二）大气污染物

大气污染物是指人为或自然界产生的有害物质进入气层中，对生物自身和自然界环境造成影响的物质。按状态可以分为以下两种：一是气溶胶状态的，如雾、烟、扬尘、粉尘、颗粒悬浮物等；二是气态的，如二氧化硫、二氧化氮、一氧化碳、二氧化碳及其氧化物。按污染阶段可以分为以下两种：一次污染物，来源于产生源直接排放；二次污染物，是一次污染物经过各种反应形成的新物质，其化学性质有了完全变化，影响一般也强于一次污染物和其他一般物质。

（三）大气污染防治

大气污染防治，是为了应对地区内大气污染，让空气质量得到改善，完成治理目标，不断结合地区的经济、技术条件，实施具有针对性、适应性的大气污染控制方案，并不断进行优化，得出最优的控制方案。

比如，在我国城市中，普遍存在扬尘和挥发性有机物等污染物。一方面要对工业企业等集中污染源进行治污减排，控制污染总量，同时还对居民生活用煤炭等进行有效替换，将机动车尾气、道路扬尘、建筑工地裸土、城市清洁等方面，一并纳入大气污染防治方案中，统一规划协调，从而达到有效改善和提升空气质量的效果。

二、大气污染防治基础理论

（一）多元共治理论

1. 多元共治理论内涵

多元共治理论是指在政府治理中加入经济、社会以及公众等多个主体，通过协调配合、调动公共资源，达到共同治理的效果，即多个主体共同治理公共事务。

进入现代社会后，西方政府将市场、社会、公众等多个概念引入政府治理中，不断融合新时代的形势和特点，形成包括多元共治理论在内的多种理论。多元共治理论的诞生有其现实需求。伴随着一些新问题的出现，政府治理效率低下等失灵问题逐渐显现，以往政府的治理方法在某些方面不能达到经济社会发展要求，必须摒弃传统方式，为政府治理注入新力量，来改善政府治理在一些方面的发挥不足，通过引入多元主体一起参与治理，即让各主体之间形成配合参与共同治理。在这之前，政府单一主体治理是主流，后来又出现了政府与市场协同治理，如今的多元共治整合了此前的内容，又加入了社会、公众等的新概念，融合了多主体，能够体现各个主体治理的优势，尤其是通过不断的相互协调配合，形成治理整体。这种多元共治理论，集合了各个主体之间的优势，通过市场、社会、公众的共同治理，进一步巩固政府的权威性，将治理效果发挥到最大。

多元共治理论表明，政府成为治理主体之一，即政府不再是治理的单个实施者。传统治理模式中以政府为唯一的行政管理体制被打破，取而代之的是在平等公平的基础上，政府、市场、社会等基于共同目标和配合机制的共同治理。

一方面，社会是一个有机融合的整体，不能分割开来治理，而是要各个主体都参与进来，相互协调、相互影响。政府更要改变姿态，摒弃过去通过直接实施措施来治理的情况，以全新的角色融入多元治理模式，为市场、社会、公众发挥能量、提供渠道和有力支撑，为多元共治理论的实际实施提供强大支持。在多元共治模式中，公共产品和服务离不开市场的调配，通过市场的调配，公共资源的要素配置才能趋于合理，市场供求达到平稳状态。另一方面，社会事务增多，政府治理成本不断增加，需要多方参与来降低运行成本，提高工作效率。通过多元共治，即加入市场、社会、公众等的共同参与，解决单一化治理失灵的问题。

2. 多元共治的特征

（1）多个主体

实行多元共治，政府是大气污染防治的引导者，不再是单一主体，还融入了市场、企业、公众等多元主体。

在实施治理、提供服务时，各个主体之间形成多层联系、有机结合、相互配合、多面补充的治理网络。除政府外，像环保协会、污染防治组织等主体，也发挥着自己的作用，弥补政府未触及的领域，使公共治理达到前所未有的水平。在治理中，政府是发挥引导作用的主体结构，监管整个大气污染防治工作，在宏观层面保持防治的合理走向，引导、监督其他主体的行为规范，根据发展要求制定发布大气污染防治法规条例、实施方案等政策文件，调动市场、公众参与度，让实施大气污染防治的各个治理环节都发挥作用。

（2）多元化的治理手段

多元共治是在一定的规范范围内，为了维持秩序或运行模式，施以多种治理方式，并且使得各个治理主体之间产生联系。以往治理方式主要依靠政府，政府负责管理事务的具体流程，实施政策，制定规范。与政府治理相比，多元共治的治理模式是有多个治理主体共同治理，相互协作，互为支持。治理方式要融入多个主体，达到多元主体化，从而能够实现治理的灵活性和创新性，各主体之间主要通过协作，使多个治理主体既有自身的实施办法，又互为整体，共同治理公共事务。各个治理主体之间的联系密切，协作配合，形成有效的治理流程。大气污染防治也需要政府、市场、企业、公众等多主体共同合作，不断探索新方式和新政策，形成共治局面。

（3）主体共赢

多元治理的目的是实现效果最大化，多元主体发挥最大效能，从而达到共赢的治理结果。共赢是多元治理不断演化的目标，也是利益驱动，是多方为了共同的目标，用相互协作、和平相处的方式来实现的。多元治理的主体反映了多个群体，代表各自不同的一方，多元治理能够充分考虑到多元利益，是各个主体达成互相尊重、一起发展的有力模式，这一模式促成了多元主体都参与其中，达到利益共同化，保证了各主体都能各司其职，各自发挥自己的作用。

3. 多元参与的环境治理模式

如今的经济运行程度决定了社会事务纷杂多变，对政府的要求不断提升，政府同时面对如此多样的问题，不能保证一切都能解决，在环保事务上，也是牵扯到很多行业部门领域，涉及多方利益。多元共治理论的提出，就是把社会公众和相关组织拉进来，形成共同治理的模式，政府需要把一部分治理权下放，使公众和组织能够融入环保事务中，而且保障他们的实施权力，更有效地改善环保水准。

我国在进入21世纪以后，在发展模式革新上围绕治理创新，开始运用多元主体共治的模式。我国的经济发展状况和环保形势都处于重要拐点，经济发展要调节奏，环境保护更要重视起来，尤其是大气污染防治正面临着前所未有的局面，要有一套与当前经济社会发展相匹配的环境治理模式，要按部就班，持之以恒发展防治模式，同时治理主体从以政府为主，转变为经济、社会、公众等多个主体的模式，各个治理主体各司其职，相互协调，共同面对，高效完成各项任务目标。

多元共治的环境治理模式适合我国的当前情况，是现代化治理体系最直接的体现。大气污染防治运用多元共治模式，可以从根本上解决大气污染防治问题的根源，从而在更深层次上帮助政府、市场、企业等建立防治规范，帮助人民提升环保素养。融合多元共治理论的大气污染防治模式是时代理论的进一步发展。

大气污染防治的多元共治理论充分体现了公共治理领域的多元主体概念，方式多样化管理，调动了经济社会广泛的力量参与进来。在大气污染防治治理模式中，一定要运用好这一特点，打破传统的单一政府制定政策实施规范的范畴，调动多个主体参与、协调配合，积极面对新形势下的大气污染，实施高效防治。

（二）可持续发展理论

1. 可持续发展理论的演变

1980年联合国为了长久发展，开展了以环境生态、经济效益和它们之间的联系为目的，确保全球生态可持续宗旨的一系列举措，于1983年成立世界环境与发展委员会，并发表研讨了报告“我们共同的未来”。其中探讨人们面临环境问题后，首次运用可持续发展理念。在1992年6月份召开了环境与发展大会，主要审议《里约热内卢宣言》以及《21世纪行动议程》等纲领性文件。与此同时，社会公众提升了对环境保护的意识和综合素质，奠定了走可持续发展之路的广泛基础，同时向全球发出了号召，为地球的可持续发展行动起来。

2. 可持续发展的内涵

可持续发展是在满足人类自身生存的前提下，保持自然环境的原样性，而且既要为当代人生活提供适宜生存的条件，也要为后代人保留生存发展的基础。只有把市场、社会以及环保结合起来，才能维持好自然资源和居住条件的平衡，促进经济社会正常运行，同时为后代人创造资源丰富和生态平衡的家园，促进可持续发展。

可持续发展既要考虑当代人的需求，还要顾及后代人的生活；可持续发展能够保证自然资源的合理利用，整体趋于平衡，长久来看不会对后世产生有害影响；可持续发展不能单靠政府来实现，是要融合市场、社会、公众、企业等多个环节，形成一个整体。

3. 可持续发展的基本原则

（1）公平性原则

公平性原则是指人类对资源利用拥有平等机会，无论当代还是后代，都有平等的资源利用机会，尤其在生存环境承载力有限的情况下，更应该考虑为后代留下公平利用资源的机会，让后代人拥有利用自然资源的权利。世界各国都应按其自身的发展状况及环境政策开发利用自然资源，不应妨碍其他国家和地区的环境资源，即各地区的当代人应有平等的发展机会。

（2）持续性原则

生态好坏是可持续性的关键之处，生态好则持续性强，资源合理高效利用和自然资源状况是可持续发展的两个重要保障。人类无论是自身发展还是维护生态，首先要充分考虑自然生态的承受能力，在生态平衡承受的范围内活动，考虑资源利用的临界值，发展要适应资源与自然的承载力，保持可持续性。

（3）共同性原则

实现可持续性，让人类获得永久资源利用，世界地区及人民要行动起来一起支持。地球作为一个整体，各因素相互依存，需要共同配合，一起行动。实现共同配合，需要平衡各方利益，制定保护全球环境与发展体系的协定。

4. 环境保护与可持续发展的关系

环境保护是可持续发展的一项重要工作，相互之间也有很强的关联性：①可持续发展顺利进行的保证是环境达标，自然资源是保护人类正常发展的必要条件，人类要合理利用自然资源，确保可持续的发展。环境美好是可持续发展的保障，现代社会发展不再趋于单一化而是多元化发展，环境美好是其中一项必须保证的内容。②可持续发展为环境美好提供了可能的范围，其理念为环境保护实现提供了可能，不断提升改善环境质量。

可持续发展要坚持权利和义务的统一。人类生存在地球上，有权利用周边的环境和资源来实现自己更好的生存和发展需求，这种利用要有度，不能破坏了自然界的平衡。而利用环境的权利和保护环境的义务也是互相依存的。人类必须把握好和自然相处的度，绝不能越界打破这种平衡。可持续发展是一种很好的解决方案，既满足了当前人类的发展又保护了自然环境的完整性，不断修复之前的破坏，实现持续性。

可持续发展必须坚持以人为本，只有人的环保意识和素养提升了，环境保护的和谐共生才能实现。要塑造全社会的环境保护观，即把人类仅仅当作自然大家庭中的一个普通成员，把可持续发展融入环境保护和教育宣传中，使社会发展、环境保护、人类意识具备可持续性。

大气污染防治是环境可持续发展理论中的重要一环。可持续发展是改善大气环境质量的根本目的，环境质量是社会发展成效的体现。大气污染防治作为改善环境的重要部署，就是保护自然环境和提升社会生产力，就是保护创新潜力以及后劲，让生态保护成为社会前进的动力。要从坚定和贯彻新时代理念，合理协调好发展与保护的关系等方面着手解决大气环境污染，推动实现人类健康绿色的生活和出行方式，促进社会和环境和谐共生。

三、国外城市大气污染防治措施与启示

（一）国外大气污染防治措施

1. 美国

作为第二次工业革命的发起国之一，美国的工业化建设飞速发展，已经逐渐超过一些老牌的工业化强国。过于强调工业化发展给美国带来了相当严重的环境问题，1943 年美国洛杉矶发生了历史上著名的“光化学烟雾”事件，大量的污染物如碳氢化合物和氮氧化合物、等经过光化学反应，产生了有害的浅蓝色烟雾，很多人因此患上红眼病，更为严重的可能会因呼吸衰竭死亡。以此为转折点，洛杉矶政府开始认识到了大气污染所带来的危害，经过半个世纪的积极探索，最终成功地改善了当地的空气质量。其具体措施如下。

（1）完善相关法规

在“光化学烟雾”事件发生过后，洛杉矶民众感受到了强烈的危机，纷纷要求进行立法。1958 年，洛杉矶议会开始考虑用法律去禁售那些在 1961 年后生产的未装尾气过滤装置的汽车。1959 年美国开始着手制定有关空气质量的标准。

1965 年加州通过了《加州机动车污染控制法案》，并于次年经加州州长签署发布，该《法案》要求正在使用的汽车必须安装上净化尾气的设备，为此，洛杉矶还设立了检查汽车排放尾气的专门性警察，这意味着洛杉矶在治理汽车尾气的道路上迈出了关键的一步。

1977 年美国修订了《联邦清洁空气法案》，该《法案》中特别规定，在一

些大气污染仍然十分严重的地区如洛杉矶，如果汽车的排放无法做到符合美国制定的排放标准，那么司机就负有维修义务。

（2）设立专门机构防治大气污染

1945 年，洛杉矶已经饱受大气污染折磨，市政厅经过探索，成立了防治大气污染的专门机构——空气污染控制局。空气污染控制局一经成立就开始采取多项措施严格治理企业的超标排放，地方检察院提起了多起针对大企业的诉讼案件。

1947 年洛杉矶成立了美国第一个雾霾专门治理机构——洛杉矶空气污染控制区。政府为此提供了大量的资源倾斜，使其同时拥有了大量的人力和财力，控制区的主要职责就是对大型企业排放的硫化物进行检测和监督。同时采取了一系列的措施，包括推广清洁能源和环保装置，关闭垃圾焚烧厂等去削减二氧化硫气体的排放。

1953 年，美国经过多方研究和论证，得到汽车尾气已经成为空气的主要污染源的结果后，洛杉矶空气污染控制区开始把工作重心转移到汽车尾气的治理上来，为此还花重金聘请专家研究汽车排放的问题。

在 20 世纪 50 年代，洛杉矶空气污染控制区还建立了一个空气分析部，开始通过数字化研究大气污染。1967 年，在州长的支持下加州成立了空气资源局，并随后将包括洛杉矶在内的四个城市的大气污染控制部合并，创建了南海岸空气质量管理区，保护大气环境，提高空气质量。

（3）动员社会公众参与

在洛杉矶的空气治理中，科研机构和各高校都发挥了至关重要的作用，同时企业也积极地参与到了其中。南加州爱迪生公司在接受行政处罚过后实施了一系列较为积极的大气保护措施，反而成为众企业在环境治理领域的倡导者；汽车公司纷纷进行技术创新，由传统能源消耗汽车向新能源汽车领域转变；一些专业公司也借此机会发明出自己的创新环保设备，如“烟雾消除器”和“油烟燃烧器”等。

与此同时，政府也鼓励民众参与大气污染的治理，进行了大量的民意调查，花费了一个多月去整理社会公众对于大气污染防治的建议，最终将其分为三类：用鼓风机等物理手段将污染物吹走；用化学手段将污染物转移或沉淀；用人工的方式对大气污染问题进行根治。这些建议的实用性暂且不论，此举让公众很好地参与到了大气污染的防治过程，污染防治是一项长久的工程，而公众参与对长远工作的开展来讲是一件幸事。

（4）注重司法救济

洛杉矶实行环境公益诉讼制度，1970年颁布的《清洁空气法修正案》中首次规定了对大气污染行为的诉讼条款。任何人都有对污染环境的行为提起民事诉讼的权利，并且免除举证责任，原告不需证明利益受到了侵犯。洛杉矶将这一法律制度很好地实践了下去，目前已有多起针对大型企业违法排放的诉讼案例，这些案例一方面可以激发公众对维护自己环境权利的积极性；另一方面可以有效抑制类似的大气污染行为的发生。环境公益诉讼制度对推动美国环境执法起到了巨大作用，这项制度也成为各国争相效仿的典型案例。

2. 英国

英国作为最早的工业化国家之一，大气污染由来已久，其首都伦敦最为严重。以煤炭为主要能源使用，加之伦敦独特的地理和气候因素，使得其雾霾频发，慢慢地被人们称为“雾都”。1952年，长时间的污染堆积致使伦敦爆发了可怕的“烟雾”事件，在长达多日的时间内，大量的烟尘聚集在低空形成一层浓重的烟雾，短短一周的时间就有约5 000人死于此次事件，之后因此死亡的数字更是高达8 000人。此次事件彻底改变了政府对待大气污染的态度，此后英国以伦敦为主导积极采取了一系列措施，力求改善空气质量。其具体措施如下。

（1）进行精细化立法

英国的立法十分注重具体污染对象的控制，呈现具体化的趋势。在大气污染的成因中，英国首先注意到伦敦对煤炭的大量使用，包括工业和居民生活在内对煤炭的需求使得英国在19世纪煤的产量就突破3 000万吨，而首都伦敦的燃煤量占去相当大的一部分，大量的污染排放给伦敦带来了严峻的问题。

为此，英国于1956年出台了《清洁空气法案》，首次设立了“无烟区”和“控烟区”制度，在这些区域内，禁止排放超过标准的黑烟，将传统的煤炭燃料变为电、汽等清洁燃料并由政府提供补助。并且在烟囱的建立上，必须经过伦敦有关部门的批准，规范二氧化硫等气体的排放；在面对企业烟尘排放的问题时，英国内政大臣帕默斯顿（Palmerston）主导通过了《（首都）烟公害减少法案》，要求工厂必须尽可能燃尽其所排放出的“所有烟”，并对企业排污运用行政罚款的手段去管制；在伦敦机动车数量爆炸式增长的同时，尾气问题也给其带来了困扰，英国针对这一现象出台了《机动车辆（制造和使用）规则》，从制造和使用两个层面去解决伦敦机动车数量过多所带来的环境问题；而对于企业制碱问题，英国则出台了《制碱工厂法》，企业制碱过程中会产生大量的难闻气体，《制碱法》规定工厂制碱要实施相应的登记，对其有害和难闻气体的具体排放也设置了相关规定。可见，针对具体现象进行具体的精细化立法会提升法律的可执行性。

（2）健全执法机构

英国为防治伦敦大气污染制定了一系列法案，最初的执行者以各个环境问题的不同分布于多个环保机构，导致环境污染问题执法机构较为松散，治理效率低下。1996 年英国成立环境署，将之前众多的分散机构整合到了一起，负责全国各地各类环境污染问题。环境署的设立很好地健全了伦敦的环境管理机制，各机构的整合使得部门间的沟通更加顺畅，提高了工作效率；同时也壮大了环境执法机构的力量，面对复杂的大气污染问题也能显得游刃有余。此机构一经设立即为伦敦的大气污染治理带来了立竿见影的效果。

（3）强调社会公众参与治理

伦敦市在环境治理方面特别注重社会公众的参与，其联合多方力量，与 17 个不同的行业分别设置了大气污染的管理机构。发布政策前，伦敦市政府多会征求各高校和科研机构的意见，制定科学、实用的政策；同时，伦敦还出台了相关规定保障环境执法信息的公开，公众依据信息可以对政府工作进行监管，发现渎职行为可以进行投诉，如果自己的环境权利受到了破坏，还可以去申请国家赔偿，这极大地鼓励了公众对环境治理的参与。

3. 德国

德国的鲁尔区是以煤铁著称的重工业区，在带来经济效益的同时也给周边地区以及整个德国带来巨大污染。这一地区从 20 世纪 60 年代出现大气环境污染问题，直到 90 年代才得到解决。刚开始治理大气环境的方式比较机械，也没有考虑周边其他地区的利益，只是通过加高烟囱的方式，使得低层大气污染浓度降低，确实取得了一定的效果，但是由于大气污染的扩散性使得周边其他地区受到了影响。鲁尔区的大气环境污染是覆盖多个地区甚至国家的，其产业结构与发展特性与我国的呼包鄂地区有相似性，所以其区域内大气环境污染政府协同治理的经验值得参考。其具体措施如下。

（1）联合制定大气环境污染政府协同治理政策

大气污染具有流动性的特征，这一特征决定了单靠某一个地区的政府进行治理是不够的，需要把区域内其他地区纳入治理范围与政策制定中来，统筹各方利益，才能促进空气质量的改善。鲁尔区空气质量的改善与其他地区联合制定出台一系列环境保护政策密切相关。

欧盟委员会主导欧盟各国于 1979 年签署了《关于远距离跨境大气污染的

日内瓦条约》，根据协同治理情况的改变，此条约也在不断更新和完善。该《条约》明确了在政府协同治理中科技的重要性，同时也对废气治理做出规定，规定企业必须要安装带有过滤装置和净化设施的设备。以上欧盟国家又联合加拿大等国家于 1999 年签署了《哥德堡协议》，该协议主要规定了主要污染物的排放上限。

（2）区域产业结构优化协同

鲁尔区是以煤炭、钢铁、化工等重工业为主进行发展的区域，在其发展的过程中，由于只注重工业发展，未考虑环境效益，不可避免地造成了空气污染。1968 年，北威州政府制定了《鲁尔发展纲要》，其中规定对高新技术产业落户要提供优惠补贴的措施。此外，鲁尔区在调整产业结构的同时，注重科技发展研究，通过投产高校落户于科研中心来促进技术升级，以高新技术推动产业优化升级。

4. 日本

日本环境污染问题严重突出主要发生在 1950—1970 年经济发展的高速增长期，日本的哮喘病激增是由炼油和工业燃料排放的污染物引起的。从日本 1968 年第一部有关大气污染防治的法律《大气污染防治法》出台至今，大气污染治理已有 50 多年的历史，且收获了不错的成效，其中的某些治理理念、治理方式、治理模式等值得学习和借鉴。其具体措施如下。

（1）大气治理要与企业共存共荣

大气污染治理要与企业共存共荣，而不是通过企业搬迁和关停来解决污染问题，日本政府就秉持这一理念，在政策制定之前事先调查和了解企业，保证政策的合理、客观，确保可行性。日本川崎市在大气污染治理过程中，并未搬迁，对早期的化工、钢铁等企业关停，但新兴产业——新能源和生命科学得到发展，新旧产业并存。

因此，搬迁和关停高污染企业并不是大气污染治理的根本出路，不仅对于大气污染防治的作用不明显，而且还有可能使当地经济发展失去重要动力和支柱，城市建设停滞不前。只有政府和企业共同努力，相互配合，在政策保障下大力发展新兴科技产业，才能实现良性循环。

（2）科学的治理过程

大气污染治理是一个复杂的过程，一方面，大气污染的污染源种类繁多，包括氮氧化物、二氧化硫、PM2.5、二氧化碳等，然后 PM 2.5 由一次污染物和作为二次污染物的光化学烟雾产生，占跨界污染源的 30%。PM 2.5 也存在于自然界中。另一方面，造成大气污染的因素也有很多，人类生产生活的乱排乱放、汽车增多导致的尾气排放量增加、自然灾害产生的有害气体和灰尘颗粒等。

对此，日本政府的做法是在治理之前要弄清楚污染源，然后优先治理已找到源头的污染物，对尚未找到污染源的污染物继续进行科学研究。关于大气污染物的产生，日本不会将矛头指向某一个具体行业，认为这样会影响经济发展，“与其寻找罪犯，不如用科学的方法找到源头，然后根治”。

（3）重视国土绿化

近年来，日本的森林覆盖率不断升高，达到了70%，是世界上森林覆盖率最高的国家之一，这跟他们的环保意识息息相关。19世纪60年代，日本在解决环境污染问题的同时，开始倡导森林植被的恢复重建，一是营造环境保全林；二是加强城区绿化。

环境保全林就类似我国的防护林，功能作用大体一致。城区绿化方面，政府规定新建大楼必须要设计足够面积的绿化区域，楼顶也要进行绿化。而且日本有专门的公司为植树活动提供树种和技术指导，还有大量的社会资金投入，全社会植树造林的氛围是极其热烈的，这保护了大气净化功能，造就了日本美好的生态环境。

（二）国外大气污染治理经验的启示

1. 完善大气污染治理的法治体系

我国现有的法律法规，虽然已具备多部法律法规来大气污染治理活动的开展，但是总体的法治体系不够完善。法律法规是需要在治理过程中不断进行修改的，发现问题和漏洞，要进行补充和完善，真正做到治理措施有法可依。因此，完善大气污染治理的法治体系，最大限度地发挥法律效应，使治理工作更加合理和顺畅，是国内所要加强和改进的地方。

2. 建立健全多元协作治理模式

国外多元协作治理模式发展较早且内容丰富，社会组织、企业以及社会民众的积极参与是国外大气污染治理的一大特色，起到了不可或缺的作用。如英国非政府组织通过各种手段迫使政府重视大气污染的治理，在政策制定和立法过程中社会组织和民众的参与具备一定的正当性，有权提出意见。

又如日本植树造林活动中，社会组织、企业和民众拧成了一股绳，自发地投身于绿化建设中，保护大气净化功能，营造美好生态环境。我国近年来也逐渐提倡将多元协作治理运用到大气污染治理中，但是总体看来效果不佳，社会组织参与制度的不完善，公众参与渠道的不畅通，企业环保意识低下等问题的存在，导致其效果不佳。所以，在大气污染治理中，多元协作治理模式还需大力发展，使社会、政府、企业三者达到平衡，打破社会组织参与制度的障碍，拓宽公众参与渠道，引导企业改变发展战略，将多元协作治理切实运用到大气污染治理实践中。

3. 建立区域合作机制

美国大气污染治理区域合作机制是比较成功的，成立的南海岸空气质量管理局有效地统一了各个区域大气污染治理体系，明确了各行政区域政府部门的职责，实现了区域法律政策的协调一致，区域联防联控工作取得了成效。目前，国内大气污染治理区域合作机制在长三角地区得以实施。

建立区域合作机制是大气污染治理措施的重要参考，成立区域大气污染治理的专职机构，实现地方政府间的政策协调，颁布统一适用的法律法规，使各行政区域政府部门的职责与权限更加明确和清晰，将分散的单个区域性治理转变为整体性治理，有利于总体优化我国空气质量环境。

4. 坚持政府企业公众共治

要通过加强大气污染防治宣传，强化环保氛围，引导公众建立大气污染防治意识，在生产生活中养成减污减排的方式，构建政府、市场、社会等共同治理的大气污染防治体系，同心协力，相互配合，形成社会共治局面。

在大气污染防治方面依然任重而道远，企业生产、煤炭燃烧、市政建设等问题突出，具有明显地处于发展阶段的污染特征，分析得出 PM 2.5 为主要污染物，治理形势严峻，不仅破坏自然环境，而且对社会的稳定和经济的平稳运行造成动荡和损失。要充分调动媒体、社会力量深入宣传环保理念，使社会各阶层都能意识到，每一个人的真正参与是大气污染防治的关键和根本。

要落实公众环保参与方案，有效公开环境治理信息，有序推进包括政府、企业、公众等在内的社会共治。确保让全社会都意识到大气污染防治是势在必行、共同面对的趋势，激发每个人的积极性，营造环保的浓厚氛围，推动政府主导，市场、社会、公众等参与的共治体系。

在大气污染防治过程中，要落实环保责任清单，建立健全各级环境保护议事协调机构，突出各环保相关部门的法律职责。要明确企业排污的主体责任以及防治污染的义务，激发鼓励企业科学治污，承担治理责任，不但要求企业引入新技术，更新生产处理工艺，升级改造配套治污设施，不断减少排放，而且还要完善企业排污监管机制，更大限度地保证企业减排效率。

大型企业要起到带头作用，率先开展符合自身的大气污染防治技术研发，从国外大型企业来看，凡是涉及污染排放的一般都有自己内部的环保研发和污染治理的部门。我国的大型企业中，除少数企业具备环保治理的单独研发实力外，其他大部分企业在面对污染减排与处理问题的时候，都是借助社会第三方环保科技公司，在精细程度和更新效率上无法达到要求。这导致我国的大气污染防治虽然不缺乏市场，但是存在技术水平不一、标准混乱的现象，企业无法根据自身特点来选择适合的污染防治技术和方案。因此，涉及大气环境问题的企业应选择长期聘任环保技术专业人员或者建立大气污染防治环保技术部门，加强污染防治和技术研发。

四、大气污染防治的主要措施

（一）微观层面

1. 进一步扩大绿化面积

众所周知，绿色植物对保障生态环境平衡的重要意义，无论是在城市或者是农村地区，都需要重视起绿化系统的建设，绿色植物不仅能够对一座城市的市容起到美化作用，同时也具有净化空气、自动调节气温等功能，并且能够自动吸收大气环境中对人们身心健康造成威胁的一些有毒物质。

大气环境作为大自然中重要的结构之一，相关部门也应当加大力度研究大气的治理工作与自然力量之间的关系，并在各类大气污染治理机制中融入自然力量的概念，不断优化整体大气治理方案，为进一步提升大气治理方案的可行性加入更多新鲜的元素。

2. 提高城市地区植被覆盖率

绿色植物通过光合作用可以吸收空气中的二氧化碳，释放出氧气，对净化周边环境的空气有良好的作用，因此可以通过提高植被覆盖率来提高空气质量，对大气污染问题进行有效的防治管理。在农村地区空气质量普遍都比较高，尤其是在植被覆盖率高的地区，城市地区的人们经常会在周末休息时间去郊外树林地区呼吸新鲜空气，因此应该对城市地区进行合理的规划，尽量提高其植被覆盖率，在工业园区以及人们住宅区提高绿色植物的种植率，净化空气质量，让人们在日常生活中呼吸到含污染物较少的空气，提高城市地区空气质量，从而对大气污染问题进行有效的防治管理。

3. 提升清洁能源的利用率

在当前的发展阶段中，无论是人们的日常生活或者是不同行业的日常生产活动中，均需要消耗大量的能源，为进一步改善大气环境，目前可以对使用的能源实现优化处理。

近年来，清洁能源已经受到各行各业的关注，并且得到广泛的应用，其中最备受瞩目的则是太阳能这一种环保型能源，另外，随着我国科学技术的不断发展，海洋能源、风能、水能等资源的应用率也不断提升。而在提升清洁能源的利用率方面，目前仍以不断优化新能源汽车以及一些低能耗电器的优惠补贴政策为主，从而进一步提升新能源的普及水平，同时也应当重视新能源的研发力度。

4. 鼓励开发运用环保新型能源

传统能源在促进社会经济发展和带给人类生活便利的同时，也带来环境污染问题。在企业生产与人们日常生活中，要提倡使用环保新型能源，减少传统能源的使用频率，减少污染物的排放，从而降低对大气环境的影响。

不同地区应当结合本地区的发展对新能源进行合理的应用，例如，普及天然气在各个地区的使用率，尽量降低煤气及柴火的使用率。目前我国绝大部分地区日常取暖已经使用天然气作为能量来源，太阳能也是目前使用频率较多的环保新型能源，应用到了路灯、汽车、热水器等设施中，电力的供给还可以通过风能、水能等，目前尽管已经有了相当一部分环保新型能源投入运用，但随着传统能源的逐渐枯竭，环境污染问题的日益严重，应当鼓励开发更多的环保新型能源投入市场应用，可以有效地对大气污染问题进行防治管理，维护生态环境的平衡。

5. 将能源消费控制在合理区间内

能源消费指的是人们生产生活中所消耗的能源总和。人均能源消费量反映的是一个国家经济发展水平和人民生活质量。长期以来，粗放型经济增长方式使我国能源消费呈缓慢上升趋势，给大气环境造成了很大的影响。

因此，要从这一源头入手，转变经济增长方式，出台一系列具体措施对能源消费进行科学管控，改善大气环境质量。首先，要建立长效管理机制，确立排放标准及减排目标，明确能源消费控制工作的大方向；其次，将整体目标逐层分解、细化，最终落实到地方政府及相关责任人，增强管控措施的实际操作性，确保各项政策措施都能最大限度地发挥作用，切实改善大气环境污染现状；最后，要建立科学有效的工作考核机制，拓展考核范围，对各级政府及各责任人的工作情况进行严格监督，从而有效将能源消费控制在合理区间内，为大气环境质量改善打下良好基础。

6. 合理运用环境影响评价机制

环境影响评价制度主要指某区域可能影响环境的工程开工建设之前，对其生产活动进行调查和预测，评估其未来可能对环境造成的伤害程度，同时给出防治环境污染的对策、建议。

可见，环境影响评价机制在大气环境管理中发挥着重要的作用，它能够有效防止一些对环境不友好的项目开工建设，也能够有预见性地提出污染防治方案，减小对环境的影响。

因此，在大气环境管理中，要充分发挥环境影响评价机制的作用，对污染物排放量进行控制。同时，研究清洁能源在工业生产中的有效应用，替代容易产生污染的原料，最大限度地降低生产过程中污染物的排放量，实现减排目标。

7. 加强汽车尾气污染物排放管理

产生大气污染问题的因素众多，污染来源较为繁杂，其中主要的污染来源是工业排放的废气和汽车排放的尾气等。随着人们生活水平的提高，汽车的使用量逐渐增多，给人们出行带来方便的同时却造成了空气污染，因此必须要加强汽车尾气污染物排放管理。一是汽车限流，如今我国许多大城市都采取了这一管控措施，对私人驾驶汽车进行限号行驶规定，由此来限制人们驾驶汽车的频率，鼓励大家乘坐公共交通工具出行，减少私人汽车的使用率；二是鼓励开发和使用新能源汽车，如太阳能电动汽车，人们可以选择购买新能源汽车，并且驾驶新能源汽车出行，环保型汽车的使用也可以有效地降低传统机油汽车的使用率，降低污染物的排放；三是对汽车尾气进行净化，采用科学方法对汽车尾气进行净化，从而降低污染物的排放量，目前市场上已经有部分汽车运用了相关技术，应该继续鼓励进行汽车尾气净化的科学研究，扩大这方面的市场，去改变传统汽车尾气排放的构成。

（二）宏观层面

1. 完善城市工业布局

我国绝大部分城市中的工业产业由于整体布局存在缺陷，许多工业企业在日常生产活动中所排出的有害气体对大气环境造成了不同程度的污染，针对这种情况，还需要相关部门予以高度的重视，根据当地地理环境特征与不同企业在日常生产活动中所排放出的污染物主导方向等方面的实际情况，要求工业企业的选址要远离城市居住范围，优化城市工业企业的选址与整体布局。

2. 淘汰落后产能，完善退出机制

传统的钢铁、石化、水泥等行业是大气污染物的主要来源，部分企业因没有及时优化和升级相关技术、设备，导致其所在区域的空气污染问题不减反增。

因此，要加强对此类企业的监管。首先，生态环境部门要确立环保准入标准，提高入行门槛，从而筛选出实力强的企业；其次，出台相关政策或规范性文件，建立淘汰制度，对一些污染大的产能或产品予以淘汰，从而优化区域整体生产结构，有效改善空气质量；最后，对于一些高耗能、高污染的重要产业，国家要加大资金帮扶力度，帮助企业进行产业结构调整及清洁能源应用研究。当前，要坚持经济发展与环境保护并重，注意结合区域实际情况，制定工作方案，具体问题具体分析，确保方案的有效实施。

3. 完善大气污染防治管理相关条例

要开展有效的大气污染防治管理，完善的相关管理条例是进行治理的基础，必须要完善大气污染防治管理体系，具体包括以下几点：①针对目前不够全面、具体的法律法规进行完善和更改，明确不同污染物排放的具体标准，尽量完善相关污染物的种类，通过相关科学分析明确污染物排放的具体标准；②相关环保部门要加强管理体系的构建，明确工作人员的责任义务，实时监测所在地区的空气质量、污染物排放状况等，对超过排放标准的情况及时上报，明确自己的职责范围；③采用新型监测技术进行监测，如卫星监测、GPS 定位等新型监测技术，可以弥补人工监测的不足之处，提高工作效率；④加大对违反规定的企业及个体的惩处力度。

4. 加大对工业企业的污染排放管理力度

随着经济的迅速发展，各类工业企业正在不断发展，在发展现代化技术的同时给环境带来了破坏，工业企业的污染物排放是大气污染的主要源头之一，要对大气污染问题进行有效的防治管理，必须要对工业企业的污染物排放进行管控。首先，要明确不同污染物排放的具体标准，尽量完善相关污染物的种类，通过相关科学分析明确污染物排放的具体标准；其次，要加大对工业企业污染物排放超标问题的惩处力度，对不遵守相关规定的企业进行严肃惩治，对超标严重者进行停业整顿，后期满足排放标准才允许其继续生产；最后，企业内部也要落实好相关责任人，对企业生产活动进行管理，确保符合国家污染物排放标准。

5. 采取综合监管措施，减少机动车污染

机动车数量激增使二氧化硫、氮氧化物等污染物的排放量逐年上升，成为影响城市空气质量的重要因素之一。因此，大气环境管理必须重视汽车尾气排放问题。政府要加大监管力度，将区域机动车数量控制在合理范围内，尽量减少汽车尾气的排放量。同时，淘汰能耗高、排放量高的车型，推广清洁能源汽车。另外，政府要加大宣传力度，大力倡导绿色出行，减少私家车的使用频次，为大气环境质量改善贡献力量。

6. 大力扶持环保组织的发展，集中基层力量

社会环保组织属于社会基层的环保力量，政府部门应当正确对待社会环保组织，也要认识到社会人群的广大力量。政府工作人员要进行有力宣传，出台相关政策，鼓励民众参与到环保组织的日常工作中，为大气污染防治工作贡献力量。政府部门还要提供部分资金支持，帮助环保组织采购相关物资，并且帮助其开展内部成员的培训活动，提升内部成员的认知水平。

除此之外，政府部门还要将主动权力交由环保组织，明确各个环保机构在污染防治过程中的工作职责，提升他们的责任意识，体现环保组织的发展力量，从而为基层环保组织提供更为长远的发展条件。

7. 建立大气污染治理生态补偿的长效性制度

（1）明晰生态补偿主体

政府并不是大气污染治理中唯一的生态补偿主体。企业、环保组织和公民个人都在大气污染治理中发挥了各自的作用。由于大气所具有的整体性和流动性特征，尤其是资源产权难以清晰界定，所以在实践中，为了公平正义和易于操作，可将地方政府恒定作为大气生态补偿的主体。地方政府作为公共物品的管理者和代表者，治理大气污染和提供健康的大气生态环境是地方政府的职责所在。企业和公众的经济发展活动对大气环境造成了污染，政府对其征收相应的税费。企业、环保组织和公众的绿色行为、低碳活动减少了大气环境污染，增加了大气环境效益，政府代替接收生态补偿，将生态补偿资金用于大气环境建设，从而为公众提供更优质的大气环境享受，提供更高的健康价值和生态价值。这也是符合《生态保护补偿条例》草案中的基本思想，首先遵循的基本法律规则是以行政补偿基本理论为根基，结合政策调控范围展开市场化和社会化的补偿，最终构筑好生态补偿。

（2）多渠道筹措资金

第一，厘清政府、企业、社会公众这些不同投资主体的责任。在经济学领域中，环境污染最重要的原因是“市场失灵”，想要使这一外部不经济性降低，必须通过政府、企业乃至个人的通力合作。首先，要界定政府和市场的责任分

工问题。政府要在大气污染治理与生态补偿相关的工作中起到积极的正面引导作用，确保在有相关项目需要政府资金扶持的时候，政府可以提供充足的资金来保证项目的运转，以此来推动大气污染治理和生态补偿相关工作的有效开展。其次，要利用政府工作的指导性，向市场释放信号，呼吁和鼓励市场关注大气污染相关问题，吸引市场投资大气污染治理领域的相关项目。最后，要充分发挥市场机制作用，带动社会企业以及各方力量积极参加到大气污染防治项目中。在政府与社会市场的积极配合下，最终建立以政府引导、市场发挥重要作用的发展方向，推动大气污染治理生态补偿制度的发展。同时，要继续完善相应的大气污染防治指导规划以及公共基础设施建设，发挥市场作用，提高社会资本的参与积极性。

第二，建立稳定的投融资机制。随着政府职责的明确，市场机制的逐渐形成，社会各界积极响应政府政策的号召，参与到大气污染治理生态补偿行动当中，自然而然就会为大气污染治理与生态补偿项目带来一系列的资金支持。届时，通过市场机制在大气相关领域发挥作用，畅通投融资渠道，鼓励社会民众在关注大气污染与生态补偿的同时投身到大气污染治理的活动中来，积极投资，促进良好的经济和社会发展。社会各界都参与到大气污染治理以及生态补偿项目中是一项长期、艰巨且必要的工作，需要国家以及地方政府投入大量的人、财、物支持。

实现大气污染治理与生态补偿工作还有一个关键点就是要协调好各大气污染治理参与主体之间的利益关系，如果各主体之间利益关系不协调，就会导致生态补偿出现资金匮乏的问题，导致生态补偿后劲不足，致使生态补偿在大气污染治理中的有效性大打折扣。

国家还应该鼓励符合条件的环保公司积极投入生态资本市场中，加大对这类企业的政策性信贷资金支持，努力降低企业涉及的生态补偿项目的交易成本，降低交易费用对生态补偿项目效果的影响。

（3）探索多种补偿形式共同推进

为了提升各级政府补偿的水平，弥补生态补偿方式单调的局限性，我国相关部门应当致力于构建完善的大气污染治理生态补偿制度。例如，运用科技等多种手段开发、创新不同的补偿方式，将各类补偿方式有效地结合起来。只有这样，才能最大限度地利用市场上的技术、资金等各类资源，不仅有利于缓解各级政府的财政压力，而且还能够充分满足不同主体的差异性需求，从而促使大气污染治理生态补偿法律制度发挥最有效的作用。

政府在应对生态补偿问题时，不能仅局限于资金补偿，也应当精准施策，面对不同的受偿主体选择不同的补偿方式，将政策补偿和产业补偿等纳入补偿模式。例如，营造更宽松的营商环境，创造更多的发展机会，引导高技术、低污染的企业在其区域落户等。

对符合环境要求的积极减排企业，可以给予其减免税收、科技支持、资金补贴等多种政策优惠，为促进其良性发展提供各类有利条件。如此多措并举，既可以提高经济发展水平，又能够改善空气质量，同时也将环境保护的自觉性深入人心，建立长远的生态治理机制。

对空气质量做出改善的个人，政府可以通过对其经济贡献进行核算，给予其一定的资金支持，或者根据其需要给予其一定量的实物，同时，对其行为产生的积极影响，社会可以通过授予其荣誉达到宣传和推广作用。

（4）积极引导企业和社会公众的参与

只有鼓励企业增强社会责任感和责任意识，才能提高企业的治污积极性。政府可减免企业引进相关处理污染物的相关技术和项目资金，引导企业更加积极地参与大气环境治理。针对生产有利于大气环境保护产品的企业，国家和地方政府应当给予政策和税收等优惠，还可以设计和使用环境产品标志来帮助企业树立负责任的社会形象，从而预防大气环境质量恶化。还要引导社会公众节能减排、发展绿色金融体系，动员和激励公众购买环保产品和积极进行社会捐助。同时，要加强与非政府组织（NGO）的合作，定期进行交流，发挥其宣传和监督作用，重视 NGO 组织提出的合理建议。

8. 健全大气污染治理生态补偿保障制度

（1）设立生态补偿绩效考核制度

要设立大气污染治理生态补偿绩效考核机构对生态补偿金的合理配置和使用绩效进行审查和考核。对于国家而言，开设专门的补偿绩效考核机构来确保达到监管的作用。在具体实施过程中，地方政府对提交上来的关于大气污染治理生态补偿的资金分配方案、使用范围等交由绩效考核机构来报告，由设定的考核机构来进行监管审核，确保地方政府、社会企业和个人提交的资料、方案等都能符合国家制定的条件和流程。对于生态补偿金申请过程中存在的虚假、欺骗等行为，设立相应的惩罚条款及制度。

（2）建立公众监督以及问责制度

要发挥社会各界力量，设置群众监督和举报平台，让每一个公民都能参与其中。让大气污染的治理和群众的力量结合在一起，既能激发群众的参与感和积极性，又可以减轻监督管理机构的监督压力。将公民的社会责任感完全激发出来，为大气环境污染治理贡献自己的一份力量，通过举报和监督活动减少污染治理过程中违法犯罪的发生。

要建立相应的群众问责制度，提高公民对环保活动的积极性和主动性。对于大气污染引起的环境保护问题也相应地引入问责范围中来，进一步更好地推动政府树立良好的工作作风和工作态度，督促政府履行责任和义务，从而达到改善大气环境质量的目标。

9. 对整体层面政府治理工作的建议

（1）加快产业结构调整，做好工业污染防治

要想做好大气污染防治攻坚工作，必须对产业结构进行优化。

首先，要以改善空气质量为目标，要全面深化落实产业结构调整，制定工业结构调整工作方案。通过从管理、工程以及结构方面进行减排，将燃煤、工业窑炉、无组织排放和挥发性有机物四种污染作为重点整治对象，着力解决能源偏煤、结构偏重、排放偏高、布局偏乱问题，不断降低工业大气污染物排放量。

其次，要严格新建项目准入。依据国家和省发布的对高污染行业制定的准入条件，对重点行业准入公告管理制度进行优化，对产业准入方针做出严格规定。

再次，外迁重污染公司。对城区内工业企业进行分类，组织高能耗、重污染的工业企业向城区外搬迁或是进行生产技术升级，降低向大气中排放的污染物数量，或是强制无法整改的高污染企业关停退出。

最后，要加强调度管控。各级空气质量监测部门机构，通过构建起空气质量监测网络，定期对监测结果进行分析，划分监管重点地区，根据监测数据对重污染地区进行集中监察，对工业企业下达限期治污任务，保证污染治理成效。

（2）加快能源结构调整，做好燃煤污染防治

通过对我国能源资源利用情况进行分析能够发现，其利用特点为：以煤炭为主要资源，对清洁能源的使用较少。为了使大气污染物排放量尽可能降低，必须对全国煤炭消耗量进行削减，加快清洁能源项目建设，弥补清洁能源缺口，逐步推进清洁能源对煤炭的替代利用，进一步降低燃煤污染。要想降低我国的煤炭资源使用总量，就要坚决从源头上严格把控我国对煤炭的生产和购买数量，提升耗煤项目准入门槛。以往我国经济发展速度为高速发展，当前需要对其进行调整，令其能够以中高速度进行发展，降低能源耗量，如此就能够为绿色低

碳能源等发展提供良好环境。作为地方政府，则需要对污染物排放标准进行严格要求，运用税收的手段，对高污染工业企业增收资源税和环境税，同时为绿色低碳能源的引进提供帮扶，充分调动各方积极性，从而为绿色经济的发展提供强大助力。

（3）加快交通结构调整，做好交通运输污染防治

道路管理部门要联合环保、公安等部门，安装实时排放监控装置，做好监管工作，对高排放车辆开展排污专项治理，与车管所取得联系，对不符合相关规定的车辆进行更新和淘汰，或是督促其安装尾气处理装置。优化城市及周边路网建设，保证公路运行通畅，降低因拥堵带来的汽车能耗，从而减少机动车污染的排放量。同时，必须对新能源汽车进行推广，淘汰老旧车辆，加快建设集中式充电桩和快速充电桩，为新能源汽车的发展提供所需的基础设施。

与此同时，还必须和环保部门配合，加大机动车污染监督管理力度，构建专门的监控平台以及数据库，对机动车尾气排放和位置信息进行掌握。还要加强车辆检验机构管理，加强检验机构自律建设，不断提高检验机构服务水平，完善其内部管理体系，并定期进行现场检查和数据审查，针对弄虚作假，没有进行公平竞争的不正当行为进行严厉打击。要优化城市道路交通，针对交通拥堵问题，各市需要合理优化交通设施供给水平，优化红绿灯设置，提升公交、地铁等公共服务水平，加强机动车停车管理，在人口密集区建设公共停车场，取消路边临时泊位，提高车辆通行率。此外，还要对各类交通间的换乘衔接工作以及路网结构进行完善。

（4）加快用地结构调整，做好扬尘污染防治

环境管理部门要定期开展城市清洁活动，落实街道管理责任制，同时进行现场勘察，判断区域内扬尘治理效果。响应国家改善路政环境建设的号召，根据具体绿地系统规划，来对城市绿化水平进行提升，并积极开展绿化企业资质审验，确保绿化质量。落实扬尘控制技术措施，运用渣土密闭运输、烟尘排放控制、视频监控等强制性措施，严格管控施工扬尘。强化扬尘控制监督管理，设置举报热线，提高人民群众监督举报的积极性。提高项目施工准入门槛，对工程承包方开展提前审查，对其扬尘控制能力进行明确，如果有工程不符合相关治理规定，则不给其办理施工许可等相关手续。加强扬尘控制工作考核，完善施工企业诚信综合评价体系，将对施工扬尘的控制工作纳入评价体系中，督促施工单位认真履行降尘职责。做好城市道路保洁工作，购入机械化城市道路

清洁装备，减少人力成本的同时提高清扫效率。如果城市有丰富的矿产资源，那么便需要积极整治露天矿山，在对露天矿山情况有了充分了解后，来整治露天矿山，关闭其中属于违法开采的矿山，以环境影响报告为依据开展矿山生态修复工作。

（5）科学制定管控措施，强化秋冬季污染防治

当前要想打赢蓝天保卫战，就必须做好冬季大气污染防治工作，当前可采取以下手段措施来处理工作开展中的各种问题。

冬季季风活动弱，许多地区很容易出现静稳天气，并不具备良好的大气扩散条件。针对此问题，在保证冬季工业生产正常运行的基础上，通过科学管控实行错峰生产，根据往年空气质量监测数据制定重污染天气时应急减排策略，削减秋冬季大气污染物排放量，缩小大气污染范围。完善应急管控机制，立项督查，强化责任，对重点排污单位实行驻厂帮扶，明确各方职责任务，督促企业对环境污染物排放进行治理。对区域协作机制进行优化，在治理重污染天气时，做好研判、督查、调度等环节的工作衔接，确保应急管控工作有序实施。夯实应急减排措施，工业企业实施“不同燃料不同要求，不同排放不同政策，不同工艺不同措施”的差别化管控措施，重点管控燃煤型、窑炉型、高排放和不达标企业。

第三节　大气污染治理技术

一、颗粒污染物治理技术

（一）电除尘技术

1. 技术原理及特点

电除尘器（ESP）是利用静电吸引的原理，当含尘气体流经不均匀电场，尘粒或雾滴在电场力的驱动下被正负极捕集，而从气体中分离。

2. 结构形式及分类

电除尘器由电源设备、除尘室体（包括入口气流分布、电场、清灰装置）、输灰装置和控制系统组成。电除尘器有多种分类方式，按不同分类依据，可归纳为 11 种，如表 3-1 所示。

表 3-1　电除尘的分类

序号	分类依据	基本形式
1	按收尘极板形式	分为管式、板式和桅杆式
2	按收尘极板间距	分为常规型（300 mm）和宽间距型（≥ 400 mm）
3	按极板安装形式	分为竖装吊挂型和横装旋转型
4	按极板极线清灰方式	分为干式（振打、括刷清灰）和湿式（水雾、水流清灰）
5	按电场串联数量	分为单室和多室（2～8 室）
6	按电晕区与除尘区布置	分为单区和多复双区（电晕区、除尘区前后分布）
7	按末电场清灰时是否关气断电	分为在线清灰、离线清灰（关断烟气）或离线断电清灰（关断烟气，停供电源）
8	按电源设备配置	分为交流或直流、高频或工频、脉冲或恒流
9	按气流走向	分为卧式（端进端出水平流）和立式（上进下出垂直流）
10	按电场室体形状	分为方箱体和圆筒体（LT 煤气除尘）
11	按入口烟气温度	分为高温型（≥ 130℃）、低温型（110℃）和低低温型（90℃）

3. 技术发展

世界上第一台电除尘器于 1885 年由英国敖立志（O.Lodge）在 Northwales 熔铅厂建造，用静电感应器作为高压电源，因电源选型不当而失败。1907 年美国科特雷尔（Cotrell）改用机械整流电源，在加州一个火药厂安装一台电除尘器捕集硫酸雾获得成功，之后开始工业应用。

直至 20 世纪 40 年代出现硅整流电源，促使电除尘器在各工业领域推广应用。20 世纪 60 年代，我国在引进项目中成套引进电除尘设备，80 年代原机械工业部统一组织从瑞典引进 FLAKT 电除尘技术，第一台国产化样机在拱北电厂 300 MW 机组成功投运，揭开了电除尘技术在我国快速发展的序幕。经过 30 多年的努力，我国已成为世界公认的电除尘器生产和应用大国。近几年，为满足不断修订提高的排放标准，适应《节能减排行动计划》的需求，我国研发成功多项电除尘新技术，大大提高了电除尘的技术水平。

4. 工程应用

电除尘器在电力、冶金、建材、化工等工业领域具有广阔的应用市场。燃煤电厂锅炉烟气条件比较适宜电除尘，因此历来由电除尘器一统天下，近期尽管被袋除尘、电袋除尘分流一部分，但仍占有 70% 左右的份额。水泥窑窑头窑尾烟气具有比电阻较高的特点，但在采取增湿塔增湿、换热器降温等调制措施后，选用电除尘器也可达标排放。冶金工厂烧结机机头烟气具有风压高、温度变化范围广、水分高的特点，适宜选用电除尘器。炼钢转炉烟气具有烟温高、尘粒细、浓度高、含一氧化碳气体、易燃易爆的特点，历来采用高能文氏管湿法除尘（OG 法），1981 年联邦德国的鲁奇公司和蒂森公司联合开发的圆筒形电除尘器干法除尘技术（LT 法），宝钢二期工程 250 T 转炉首先引进这项技术和装置，现已成套国产化，并在我国 20 多家钢铁企业推广应用。

（二）袋式除尘技术

1. 技术原理及特点

袋式除尘器（BF）是利用过滤元件将含尘气体中固态、液态颗粒或有害气体阻留、分离或吸附的高效除尘设备。过滤元件分柔性体（滤袋）和刚性体（滤筒、塑烧板等）两大类。滤袋由滤料缝制，是应用最广泛的过滤元件，起过滤作用的是一层按一定组织结构排列的纤维集合体。其过滤机理是惯性效应、拦截效应、扩散效应、静电效应的协同作用。除尘工况是一个过滤除尘和清灰再生交替进行的非稳态过程。

袋式除尘器的过滤效率取决于烟尘条件（温度、浓度、粒径、比重）、滤料性状（纤维规格、滤网结构、表面处理）、清灰机构（形式制度）、设计选型（过滤速度、清灰参数）等众多因素，难以用纯理论公式推导计算，通常利用实验手段进行标定评价，或提出半经验计算公式。

袋式除尘器具有除尘、脱气双重功能，对各种工艺烟尘的适应能力强，除尘效率高而稳定，便于单元组合，在线维护检修，特别适用于对微尘有严格控制要求、超低排放、工艺不能间断运行的场合。

2. 结构形式及分类

袋式除尘器由滤袋室、清灰机构、卸灰输灰装置及控制系统组成，统一按清灰方式分为机械振动、分室反吹、喷嘴反吹、脉冲喷吹等四大类，每一大类又细分为若干小类。

3. 技术发展

世界上第一台振动清灰袋式除尘器于 1881 年在德国 Beth 工厂诞生，20 世纪 20 年代出现了反吹清灰袋式除尘器， 1957 年美国粉碎机公司发明脉冲清袋式除尘器，1962 年日本栗本铁工厂开发回转反吹扁袋除尘器。

我国于20世纪50年代从苏联引进振动类、反吹风类袋式除尘器，1966年北京农药厂引进一台英国MIKROPUL型脉冲袋滤器，70年代开始国产化研发与推广应用。80年代宝钢工程和有色行业从国外成套引进各种类型的袋式除尘器，其中分室反吹风类和脉冲喷吹类为两大主流产品，在应用中组织改进研发，制定相关标准，取得重大技术进步。

4. 工程应用

袋式除尘器的应用涉及大气污染控制、产品物料回收以及工艺气体净化等方面。作为高效除尘净化设备，袋式除尘器早已进入气体污染控制领域，随着环保标准的提高，尤其是对PM 2.5等微粒的控制提上日程，袋式除尘器已成为最具性价比的高效除尘设备。在有色冶炼、建材、化工、食品等粉料加工行业，袋式除尘器被称为“收尘器”，用以回收有价值的粉料。在工艺气体净化领域，利用袋式除尘器净化高炉煤气，可使净煤气含尘浓度低于5 mg/Nm^3，提高能源利用率50%；利用袋式除尘器净化石灰窑废气，将二氧化碳气体提纯，作为制造干冰的原料。我国是世界上使用袋式除尘器最多的国家，尤其在能源、原材料工业系统。至今垃圾焚烧行业的使用率达100%，冶金行业使用率超过95%，水泥行业使用率超过85%，电力行业刚刚起步，目前电站锅炉的使用率约占20%～30%，正在逐年增长。

二、气态污染物治理技术

（一）常用的净化方法

气态污染物种类繁多，需根据它们不同的物理、化学性质，采用不同的技术进行治理。常用的方法有吸收法、吸附法、催化法、燃烧法、冷凝法等，还有新发展的生物法、膜分离法等。

1. 吸收法

吸收法是利用气体混合物中不同组分在吸收剂中溶解度的不同，或者与吸收剂发生选择性化学反应，从而将有害组分从气流中分离出来的过程。

吸收过程是在吸收塔内进行的，常用的吸收设备有喷淋塔、填料塔、泡沫塔、文丘里管洗涤器等。

吸收法技术成熟，几乎可以处理所有有害气体，也可回收有价值的产品。因此，该法在气态污染物治理方面得到广泛应用。

2. 吸附法

吸附法是利用某些多孔性固体吸附剂来吸附废气中有害物质的方法。在吸附过程中，借助分子的引力或静电力进行的吸附称为“物理吸附”；借助化学键力进行的吸附称为“化学吸附”。常用的吸附剂有活性炭、分子筛、氧化铝、硅胶和离子交换树脂等，应用最广泛的是活性炭。

吸附进行到一定程度时，吸附剂达到饱和，此时要对吸附剂进行再生。因此，采用吸附法时，工艺流程上通常包含两个过程：吸附和再生交替操作。

吸附法所用设备简单，净化效率高，适合净化浓度较低、气体量较小的有害气体，常用作深度净化措施。但是由于吸附剂需要再生，使得吸附流程复杂，运行费用大大增加，并使操作变得麻烦。

3. 催化法

催化法净化气态污染物是利用催化剂的作用，将废气中的气体有害物质转变为无害物质或者易于去除物质的一种废气治理技术。

催化法净化效率较高，可直接将主气流中的有害物质转化为无害物质，不仅可以避免二次污染，还可以简化操作过程。催化法最大的缺点是催化剂价格高，且催化剂易中毒失效。

催化法已得到广泛应用，如利用催化法使废气中的碳氢化合物转化为二氧化碳和水、氮氧化物转化为氮、二氧化硫转化为三氧化硫后加以回收利用，汽车尾气的催化与净化等。

4. 燃烧法

燃烧法是通过热氧化作用将废气中的可燃有害成分转化为无害物质的方法，分为直接燃烧和催化燃烧。例如，含烃废气在燃烧中被氧化成无害的二氧化碳和水蒸气。此外，燃烧法还可以消烟、除臭。

燃烧法工艺简单、操作方便，但处理可燃组分含量低的废气时，需预热耗能，应注意热能回收。

5. 冷凝法

冷凝法是利用物质在不同温度下具有不同饱和蒸汽压的性质，采用降低系统温度或者提高系统压力，使处于蒸汽状态的污染物冷凝并从废气中分离出来的过程。该法适合于处理高浓度的有机废气，不适宜净化低浓度的有害气体，因此，冷凝法常作为吸附、燃烧等净化高浓度废气的预处理，或者用于预先除去影响操作腐蚀设备的有害组分，以及用于预先回收某些可以利用的纯物质。

6. 生物法

生物法通常用于净化有机废气，即各种碳氢化合物的气体，如烃、醛、醇、酮、酯、胺等。生物法净化有机废气就是利用微生物以废气中的有机组分作为其生命活动的能源或养分的特性，经代谢降解，转化为简单的无机物（水和二氧化碳）或细胞组成物质。

生物法是一种新型的废气净化方法，主要的处理方法有吸收法和过滤法两种。其主要的净化装置有生物滤池、生物滴滤池等。

（二）氧化硫的净化技术

目前，防治二氧化硫污染的方法很多，如采用低硫燃料、燃料脱硫、高烟囱排放等。但从技术、经济等方面综合考虑，今后相当长的时间内，对大气中二氧化硫的防治，仍会以烟气脱硫的方法为主。因此，烟气脱硫技术是各国研究的重点。我国目前已基本上肯定了上烟气脱硫装置控制大气质量的必要性。但由于烟气脱硫装置投资大，而国家经济实力不足，因此大规模的应用受到限制。因此，选择和使用技术上先进、经济上合理、适合我国国情的烟气脱硫技术，是今后防治二氧化硫污染的重点。

目前，真正能应用于工业生产的烟气脱硫方法有十余种，大致可以分为两类，即干法脱硫和湿法脱硫。干法脱硫是使用粉状、粒状吸收剂、吸附剂或催化剂去除废气中的二氧化硫。干法的最大优点是治理中无废水、废酸排出，减少了二次污染；缺点是脱硫效率较低，设备庞大，操作要求高。而湿法脱硫是采用液体吸收剂如水或碱溶液洗涤含二氧化硫的烟气，通过吸收法去除其中的二氧化硫。湿法脱硫所用的设备较简单，操作容易，脱硫效率较高，但脱硫后烟气温度较低，对烟囱排烟扩散不利。由于使用不同的吸收剂可获得不同的副产品而加以利用，因此湿法脱硫是最受重视的方法。

根据对脱硫生成物是否利用，脱硫方法还可分为抛弃法和回收法两种。抛弃法是将脱硫生成物当作固体废物排气，该法简单，处理成本低。但抛弃法不仅浪费了可利用的硫资源，而且也不能彻底解决环境污染问题，只是将污染物从大气中转移到固体废物中，会不可避免地引起二次污染，而且还需占用大量的场地以处置所产生的固体废物。因此，抛弃法不适合我国国情，不宜大量使用。

回收法则是将废气中的硫加以回收，转变为有实际应用价值的副产品。该法可以综合利用硫资源，避免了固体废物的二次污染，同时大大减少了处置场地的占用，并且回收的副产品还可以创造一定的经济效益，使脱硫费用有所降低。因此，我国主要采用回收法来进行烟气脱硫。但是，回收法的脱硫费用大多高于抛弃法，而且所得副产品的应用及销路也受到很大的限制。

1. 石灰石法

本法采用石灰石、石灰或白云石等作为脱硫吸收剂脱除废气中的二氧化硫。其中，石灰石应用最多，且最早作为烟气脱硫的吸收剂之一。石灰石料源广泛，原料易得且价格低廉。

应用石灰石法进行脱硫时，可以采用干法，如将石灰石直接喷入锅炉的炉膛内进行脱硫。此外，如应用循环流化床燃烧技术的脱硫方法，即煤炭在循环流化床锅炉中燃烧时，在燃料中加入石灰石或白云石来脱硫。直接喷射法的不足是脱硫效率低，反应产物可能形成污垢，沉积在管束里，增大系统阻力，降低电除尘器的效率等，因此应用范围有限。与直接喷射法相比，循环流化床技术更具优势，目前应用越来越广泛。采用湿法时，将石灰石等制成浆液洗涤含硫废气，此即石灰石膏法。石灰或石膏法的主要缺点是容易使装置结垢堵塞。

2. 双碱法

由于石灰石膏法容易结垢造成吸收系统堵塞，为了克服此缺点，发展了双碱法。石灰石膏法易造成结垢的原因是整个工艺过程都采用了含有固体颗粒的浆状物料，而双碱法则是先用可溶性的碱性清液作为吸收剂吸收二氧化硫，然后再用石灰乳或石灰堆吸收液进行再生，由于在吸收过程和吸收液处理中，使用了不同类型的碱，故称为“双碱法”。双碱法的优点是，由于采用液相吸收，从而不存在结垢和浆料堵塞等问题，且副产品石膏纯度较高，应用范围可以更广。

（三）汽车排气的净化技术

汽车排放的污染物主要来自发动机，主要的有害物质为一氧化碳、氮氧化物、酚、醛、酸、过氧化物、硫、铅等。一般可通过下述三个途径进行净化。

1. 燃料的改进与替代

以无铅汽油代替含铅汽油，不仅提高了汽油的质量，有利于发动机工作，而且还能够降低一氧化碳等的排放浓度。同时，无铅汽油避免了因添加剧毒的四乙基铅而造成的污染。此外，各种替代燃料如甲醇、乙醇、氢气、液化石油气、天然气等，均有良好的发展前景。

2. 机内净化

在汽车设计与制造过程中充分考虑消除汽油散发以及蒸汽的回收利用，减少曲轴箱废气的泄漏；采用新的供油方式，提供符合发动机各种工况下所需浓度的燃料气，以降低排气量及有害物质的含量。

3. 机外净化

由于多采用催化方法，所以习惯称为“尾气催化净化”。目前我国主要应用的方法为一段净化法，又称为“氧化—催化燃烧法”，是利用装在汽车排气管尾部的氧化—催化燃烧装置，将汽车发动机排出的一氧化碳和碳氢化合物在反应装置中与排气中残留的氧或另外供给的空气中的氧发生反应，生成无害的二氧化碳和水。这种方法只能去除一氧化碳和碳氢化合物，对氮氧化物没有去除作用。此外还有二段净化法，需要两个催化反应器分别完成对氮氧化物的还原反应和对一氧化碳及碳氢化合物的氧化反应。目前国际上通用的是三元催化净化装置，将三种有害物质一起净化。采用此法可以节省燃料，减少催化反应器数量，是一种技术层次高、治污效果明显的净化方法。

4. 柴油车的排烟净化

柴油车及车用柴油机的排气污染物主要是黑烟，尤其是在特殊工况下，当柴油车加速、爬坡、超载时，冒黑烟更为严重，这是由于发动机燃烧室里的燃料和空气混合不够均匀，燃料在高温缺氧的条件下发生裂解反应，形成大量的高碳化合物所引起的。影响黑烟浓度的因素较多，而且柴油车排气中颗粒物、一氧化碳、碳氢化合物、氮氧化合物等有害物对大气污染也很严重。因此，可对机前、机内、机外分别采取防治措施，以便达到国家环保 21 世纪议程中流动源大气污染目标。

机前的净化首先考虑燃料的改进和替代，开发新能源；其次可在燃料中添加含钡消烟剂。机内净化可以从改进进气系统、改变喷油时间、改进供油系统三个方面着手。机后处理主要有两种方法：一是除尘法；二是过滤法。除尘法是将排气中的固体碳粒通过静电、过饱和水蒸气凝聚或超声波等方法，将极细小的粒子聚合成较大的粒子，然后经旋风除尘器除去。过滤法是将排气通过水层，使水蒸发，经冷却达到过饱和状态，形成以碳尘为核心的水滴，该水滴被过滤后，使排气得到净化，此方法可消除 90% 的碳烟。该方法装置笨重，且水耗与油耗大致相同。

（四）其他气态污染物的控制

1. 硫化氢的治理

自然界中硫化氢的产生主要与火山活动有关，在工业生产中，硫化氢也经常会产生，虽然其总量较小，但浓度往往很高，对环境污染比较严重，危害身体健康。对其治理主要是依据其弱酸性和强还原性进行脱硫，主要有干法和湿法两种。

（1）干法脱硫

干法主要是利用硫化氢的还原性和可燃性，以固体氧化剂或吸附剂来脱硫，或者直接使其燃烧。干法脱硫是以氧气使硫化氢氧化成硫或硫氧化物的方法，也可称为“干式氧化法”。常用的有改进的克劳斯法、氧化铁法、活性炭吸附法、氧化锌法和卡太苏法。所用的脱硫剂、催化剂有活性炭、氧化铁、氧化锌、二氧化锰及铝矾土，此外还有分子筛、离子交换树脂等。一般可回收硫、二氧化硫、硫酸和硫酸盐。

（2）湿法脱硫

与干法脱硫相比，湿法脱硫具有占地面积小、设备简单、操作方便、投资少等优点，因此脱硫除硫化氢正朝湿法转变，是目前常用的方法。按脱硫剂的不同，湿法脱硫又可以分为液体吸收法和吸收氧化法两类。液体吸收法中有利用碱性溶液的化学吸收法、利用有机溶剂的物理吸收法，以及同时利用物理和化学方法的物理化学吸收法；而吸收氧化法则主要采用各种氧化剂、催化剂进行脱硫，下面将展开具体介绍。

第一，弱碱溶液的化学吸收法。目前工业上采用的主要是乙醇胺法。一般均认为乙醇胺溶液（MEA）是一种较好的吸收硫化氢的溶剂，因为它价格低廉、反应能力强、稳定性好、且易回收。但它有两个缺点：一是其溶液的蒸气压相当高，溶液的损失量比较大，该缺点可以用简单的水洗方法解决；二是它能与氧硫化碳（是裂化气中的常见成分）反应而不能再生，所以 MEA 法一般只能净化天然气和其他不含氧硫化碳的气体。

第二，碱性溶液的化学吸收法。常用的碱性溶液主要为碳酸钠溶液。主要优点是设备简单、价格经济；主要缺点是一部分碳酸钠变成了重碳酸钠而使吸收效率降低，一部分变成硫酸盐而被消耗。

第三，有机溶液的物理吸收法。这种处理方法吸收的硫化氢在分压后即可解吸，克服了化学吸收法需在加热条件下才能解吸的不经济缺点。常用的有冷甲醇法、N- 甲基 -2- 吡咯烷酮法、碳酸丙烯酯法等。

第四，环丁砜溶液的物理化学吸收法。环丁砜的特点是兼有物理溶剂和醇胺化学吸收溶剂的特性。采用环丁砜脱硫，吸收力强、净化率高。不仅可以脱除硫化氢等酸性气体，还可以脱除有机硫。由于其吸收能力强，所以溶液循环率低，溶液不易发泡，稳定性好，使用过程中胺变质损耗少、腐蚀性小，而且溶液加热再生较容易，耗热量低。

2. 恶臭的治理

恶臭是大气、水、土壤、废弃物等物质中的异味物质，通过空气介质作用于人的嗅觉器官而引起不愉快感觉并有害于人体健康的一类公害气态污染物质。通常所指的臭气，是指在化学反应过程中产生出来的带有恶臭的气体。

对恶臭物质，可以采取以下四种方法进行控制和处理：①密封法；②稀释法；③掩蔽法；④净化法。

对恶臭气体，治理方法主要有这样几种：①吸收法，是利用恶臭气体的物理和化学性质，用水或化学吸收液对气体进行物理和化学吸收脱除恶臭的方法；②吸附法，用活性炭作为吸附剂脱臭的方法；③燃烧法，分为直接燃烧法和催化燃烧法。

第四节　大气环境监测技术

一、大气环境监测存在的问题

（一）现有的方法确认程序制定还不成熟

事实上，我国的监测站普遍存在监测技术的抄录问题，很多监测内容都是照抄照搬，没有结合具体环境，这也导致了许多技术程序存在可行性差的问题，这些问题的存在都在影响着大气环境监测事业的发展。

（二）大气环境监测的网络建设脚步缓慢

互联网技术在许多行业发挥着重要的作用，在大气环境监测中，通过互联网技术的深入应用，监测数据能实现储备和多区域共享，从而进一步提高监测数据的可利用程度，减少重复作业的发生率，提升资源的使用效率，更好地促进大气环境监测的进一步发展。

在当前环境下，大气环境监测的网络建设还没有得到健全和完善，这在一定程度上制约了我国大气环境监测的发展。因此，近年来，我国重视大气环境监测网络的建设，进一步提升大气环境监测的现代化程度，但建设需要一定的时间，现阶段的网络建设并不完善，建设的速度还需得到进一步的提升。

（三）大型仪器设备并没有得到充分的利用

据了解，我国许多的大气环境监测站投入了许多的资金，购置了很多的仪器设备以方便监测工作的开展，积极响应国家的号召。事实上，许多的仪器设备在购置之后利用率堪忧，尽管这些设备在监测过程中发挥着作用，但部分监测站甚至存在仪器未利用的现象，归根结底，监测机构在购置仪器设备时并没有结合实际需求，也没有充分了解仪器设备的工作能效，只为了服从任务，并没有针对性地对当前的监测环境进行改善，这就容易造成设备的利用水平较低，许多设备并没有充分发挥自身具备的功能，从而出现了监测设备的资源浪费现象，许多资金投入并没有得到切实的利用。

（四）大气环境监测人员存在职业素质差距

大气监测人才的培养对大气环境监测事业发展的影响是至关重要的，而由于我国大气监测所采用的编制存在弊端，使得我国的监测人员的职业素质参差不齐，由于编制存在漏洞，部分专业知识与能力水平较低的人员参与到工作之中。由于编制对人才的吸引力不足，使得我国缺乏具有高水平的人才，同时，我国对大气监测的投入还需要进一步提升，现有的经济投入使得我国的技术培养相对落后，参与监测的人员得不到很好的技术提升，从而在多方面制约了监测人员整体素质的提升。

（五）样本的确认方法并不适宜当前的大气环境状况

对大气进行采样时，应该提高样品的代表性，在进行大气采样时，应该具体情况具体分析。采用最佳的样品采集方案，从而有效地提高样品的质量。要加强对于样品质量的监测工作，合理控制样品的质量，从而使得出的监测结果更加科学规范，提高数据的精准程度。尤其是有针对性的大气环境监测工作更应该提高对样品质量控制的重视程度。

而在我国的大气环境监测发展过程中，部分监测站对样品质量控制的重视程度不足，因此，部分样品的代表性不佳，从而影响了大气环境监测的最终结果，降低了数据的可靠程度，这是不利于监测事业进一步发展的。在对地区大气进行取样工作之后，样品的保存尤为重要，如果样品在监测过程中得不到很好的保护，监测结果的大气成分将会发生变化。

部分监测站存在样品保存问题，没有根据样品的种类挑选最合适的保存方法，在空气监测中也没有挑选对应的监测方法。在对样品进行保存时应该通过多元化的分析，制定合理、适宜的样品保存措施。

（六）大气环境监测工作中现场监测管理的不重视

现场监测是大气环境监测工作的重要一环，因此，现场监测管理工作的开展是必要的，在现场监测过程中很容易出现人为错误，导致监测数据的偏差，甚至是部分监测数据的丢失，这些问题都会影响大气环境监测工作的质量，使得工作结果的可靠程度大大降低，在我国，现场监测的管理工作开展不充分，不重视，这些都提升了监测数据出现偏差的可能，监测环境并不是一成不变的，监测对象多元化，也容易发生变化，如果现场监测管理工作出现漏洞，对这些可变因素的把控能力大大降低。

二、大气环境监测的作用

（一）具有预防大气污染的作用

环境监测是人们了解环境污染状况的重要手段，同时又为治理环境污染提供重要的事实依据，需要长期大量的数据作为支持，因此环境监测部门需要长期对监测数据进行统计和分析。大气环境每天都在发生变化，而通过环境监测管理对各个地区的环境变化数据进行反复统计和分析，就能找到一些环境变化规律，这些数据可以为大气污染治理工作提供一定的参考，这对环境监测工作的开展以及大气污染治理有着非常重要的意义。

例如，通过有效的监测技术对南北两极的地理环境进行长期监控，就会发现臭氧层已经从 20 世纪 70 年代开始以每 10 年 4% 的速度逐步递减，而且会发现工业生产和经济增长越快，臭氧层的递减速度就越快，这就造就了臭氧层空洞、全球气候变暖等问题。上述现象一般都是通过长时间的监测和大量数据分析得出的结果。针对这一现状我国已经采取了一系列的补救措施，比如，通过减少氟利昂的排放量、研究新替代品等方式来缓解臭氧层空洞的恶化。

另外，通过环境监测管理工作的开展，我们可以根据一些数据信息，提前发现环境潜在变化过程中可能存在的危险信息，这样我们就可以提前做好预防措施。比如，监测管理人员会对大气污染中的数据信息进行有效对比，这种横纵向对比法可以很好地发现周遭环境变化的规律，我们就可以提早根据数据波动做出相应的预防方案，降低大气污染危害范围。

（二）具有大气污染治理的作用

环境监测管理是大气污染治理的前提和理论依据。在传统的大气治理中，我们会发现很大一部分的污染源很难被察觉，并且对大气污染源头的责任不好追究。但通过环境监测管理，我们就可以很好地利用监测技术对化工企业周边的水质、排放气体以及大气中的危害物质进行实时监测。一旦发现超标现象就可以第一时间锁定产生原因和相关责任人，更好地对大气环境进行保护和预防。大气污染治理的有效办法就是规范人们的行为。比如，减少有害气体的排放、生活垃圾的产生，以及污染环境的行为的发生。

在实际的环境监测过程中，相关数据主要是根据环境变化得出来的，当大气污染严重时，有关数据就会产生较大波动，因此人们要尽可能减少自身活动对环境的伤害。通过环境监测可以发现大气污染数据中的细微变化以及有害物质的排放指标，由此就可以提前规避一些高危污染因素。

环境监测的管理工作还可以很好地为政府机关提供治理方向，通过有效的监测数据，政府可以集中对问题进行处理，这样的方式提升了工作效率，还可以第一时间明确工作责任，反过来又能够提升环境监测的管理水平。

三、大气环境监测技术的要点

在环境监测过程中，需要以先进的监测技术为基础，加强环境监测管理，保证环境评价工作以及环境监测工作的有序进行，进一步提升环境监测质量，为环境评价工作奠定基础，推动环境评价工作向系统性、科学性以及高效性的方向发展。

（一）监测对象的选择

在环境监测对象选取过程中，需要明确监测对象的选取标准。比如，在建设项目中，要对污染物的排放标准进行规定，以规避违规或超标排放问题，为处理和监测污染物奠定基础。

目前，我国缺少污染物排放的标准，在监测对象选择标准方面也比较模糊，虽然要将监测重点放在较大污染物上，但对较大污染物的标准说明不是十分精准，这对实际监测执行来说比较困难。

（二）监测频率的控制

在大气环境评价工作中，要重视环境监测工作，遵循相应的规范和标准，合理设置环境监测频率，以提升环境监测的准确性，更好地为环境评价工作服务。准确地设置环境监测频率，可全面反映监测点周边的大气情况，合理预测未来环境的发展情况，从而保障大气环境工作的顺利开展。在环境监测频率设计过程中，要根据环境质量要求设计监测频率及监测时段，高度重视对监测重点环节的控制，在提升环境监测准确性的同时，还要保证在各个时段内环境监测的质量，从而提升环境监测的有效性。

因此，相关人员应结合实际情况，根据相应技术标准和要求，建立环境现状监测技术机制，提升环境监测数据的有效性、精准性，从而提高环境监测效率。

（三）监测点位的布设

在大气环境评价工作中，要合理控制大气现状监测点数量的设计及布局，细化大气现状监测，优化监测效率，保证监测的准确性。在环境监测点布置过程中，应该遵循相应的规范要求，结合当地的实际情况，选择合适的风向、坐标，对监测点进行详细的规划设计，使其更具代表性，且达到生态环保的目标，并对重点评价区进行重点监测，对监测点中不合理的位置进行处理，对不科学、不规范的问题进行解决，从而保证环境监测的质量。

在环境现状监测点布置过程中，还要考虑是否可以提升质量、效率以及经济效益，并平衡三者间的关系，从而对大气环境评价类型进行区分，并结合大气环境评价涉及的其他专业，整合环境现状监测点位，使其在监测效率、经济效益等方面达到平衡，适当增加监测点位数，保证监测质量。

在环境现状监测质量以及效率方面，可以通过优化点位的方式控制大气环境影响成本，加大技术的投资力度，使环境工程周围的点位控制内容更加具体。根据监测区域的大气环境特征和具体要求，详细地进行点位布置，使大气环境评价工作更加合理，尽可能满足大气环境监测的要求。

四、大气环境污染监测的主要技术

（一）固体颗粒物监测技术

大气环境监测，是利用现代化监测技术，借助先进的监测仪器设备，对空气指标进行分析，监测大气中含有的污染物质，明确其污染浓度，掌握污染源，并结合大气环境监测数据信息，提出相应的治理措施，进而提高环境治理的效果。在具体的大气环境监测技术应用中，要求技术操作人员重点针对固体颗粒物进行监测，并根据监测结果进行大气污染因子分析工作。

在详细的大气监测工作治理技术应用时，可利用监测仪器设备，结合使用滤膜在线采样器，同时使用可以更换粒子切割器等设备完成监测过程，随后统计出大气污染相关的粉尘质量和浓度数据，更加快速地获取到物质浓度结果，明确污染物类型，借此进一步提升造成环境污染的固体颗粒物监测速度，且在监测的精准性提升以及测量范围拓展方面也可起到重要促进作用。

此外，由于大气中含有的颗粒物成分复杂，易对人类健康产生危害，所以大气环境监测多使用大气监测仪器，开展氮氧化物、二氧化硫等指标监测。

（二）二氧化硫监测技术

二氧化硫作为大气污染物的构成成分，其具有较强的危害性，不仅影响着大气结构，同时也威胁着人体的健康。工业生产过程中，离不开燃料（如煤炭和油等）的支撑，燃料的使用会产生大量的二氧化硫。因含硫污染物具有分布范围广和危害性大的特点，在此基础上，针对二氧化硫这一物质进行监测处理时，技术操作人员可以运用分光光度法或者库伦滴定法开展二氧化硫污染监测工作，以分光光度法为例，在针对长江以南出现酸雨情况的地区进行二氧化硫监测时，就可通过测定被测物质在特定波长处或一定波长范围内光的吸收度这一方法完成二氧化硫监测，不仅可有效抵抗外界因素的影响，获得准确性较高的监测结果，同时还可明确大气污染的程度，为后续有效的大气环境污染治理策略制定奠定基础。

（三）氮氧化物监测技术

监测氮氧化物的目的，主要在于实现对汽车尾气排放的有效监测，进而加大对此类污染的治理力度。在针对大气污染中存在的氮氧化物进行监测时，技术操作人员可选用化学发光法，其在测定氮氧化物（NO_x）具有灵敏度高、反应速度快和选择性比较好等优势。

以氮氧化物监测技术的采样为例，技术人员需将一支装有吸收液的多孔玻璃板吸收管进口处，与三氧化络—砂子氧化管相连接，同时确保管口稍向下倾斜，此操作目的在于预防湿度较大的空气进入三氧化络管内的吸收液中，避免影响到监测结果。随后，按照 0.2 ～ 0.3 L/min 的流量进行避光采样，直至吸收液对外呈现微红色为 IF。在采样工作开展的同时，技术人员还需同步做好采样地点的大气压力以及实际温度的监测工作，借此进一步提升氮氧化物监测技术的应用效果。

五、提高大气环境监测质量的措施

（一）更新监测手段

监测手段的选取对于工作效率、工作质量的提升意义重大，因此，我国的大气环境监测应该与世界高水平接轨，因此，监测部门应该积极引入最新的监测手段，对现有的监测手段进行更新迭代，确保采用的监测手段不处于落后水平，同时，还要提高监测手段实施的标准化程度，确保在监测过程中，能够最大限度上发挥新手段的应用价值，这对于监测范围的扩展和数据质量的提升有巨大帮助。监测设备在监测过程中发挥很大的作用，所以，监测机构应该提高设备更新的经济投入，优化监测设备结构，进一步提高监测效率与质量。

（二）加强对实验室的管理

采样后，样品需要转至实验室内展开分析，为提高分析结果的准确性，要建立标准化实验室，并对其采取质控管理措施。例如，部分试验有较明显的污染性，因此要合理配置通风柜，最大限度地减小污染物对人体健康的危害。此外，要根据试验设备的运行特点以及日常试验工作流程，制定一套完整的标准化管理制度，提高管理的规范性。

（三）建立并完善实验室认可制度

实验室认可是指实验室进行规定类型的监测或校准是由权威机构授权的，具有权威性。为了更好地实现可持续发展，获得大气环境所需依据，应加强实验动手能力，做好质量监督网络建设工作，提高实验水平。

（四）加强大气环境质量检测与评估

在进行大气污染治理时，可以通过环境监测对大气环境质量进行评估，根据详细的监测数据对大气环境进行分析。

首先，采用有效的环境监测技术对大气中的污染物进行对比分析，监测人员可以根据大气污染程度、污染物数量以及变化规律进行污染等级测评，这样一来，不同区域就可以因地制宜地制定大气污染治理方案，从而提升大气环境质量。

其次，环境质量监测和评估可以有效地帮助监测部门进行技术筛选，针对污染较为严重的情况，企业和部门可以选用最强环境修复技术治理，这一技术的应用可以很好地降低大气污染对居民生活的影响，同时也能更好、更快地甄别出哪些化工企业存在重大环境污染问题，这将有利于社会的长远发展。

（五）加强对环境质量管理机制的建设

优秀的质量管理工作机制能够在最大限度上保障工作的科学、规范开展，因此，应针对现有的管理机制进行必要的调整和丰富，使得管理体制更加全面，为后续监测工作的开展铺平道路，要结合大气监测的实际情况，明确监测内容，提高监测工作的目的性，要增强监测实践与管理工作的贴合度，使不同的工作相互统一，同时，在监测管理办法实施之后，管理人员应该严格遵循机制要求，对大气监测实践进行合理的监控，有效地防止监测问题的出现，从而实现大气环境监测质量的提高。

（六）加强环境监督力度和执法管理力度

在大气污染治理实际工作中，不仅需要有力的技术支持，而且还需要相关人员具备超强的监督能力和执法管理能力。在通常情况下，环境监测技术可以很好地监测到大气污染中的危害元素，但是能否从根本上控制其危害还是得靠有效监督。针对这种情况，相关部门首先要做的就是提升各地区的环境监督力度和执法管理力度，并且利用有效的监督手段和技术对每一阶段的大气污染数据进行有效监测。其次要重视监督检查工作，不能让环境监测形同虚设。

另外，要不断提升执法人员的执法管理力度，避免使用较为陈旧的监测设备和技术等，导致监测数据不准确。根据新的环境监测管控工作要求，对一些未按照相关规定使用监测技术和设备的企业或机构，国家会将这些企业列为失信“黑名单”，对于严重违规的人员，国家相关部门有权对企业或是执法人员进行追责，这样做的目的是更好地降低大气污染，为社会可持续发展和环境监督及执法提供有效的保障措施。

（七）加强对实验室工作质量的管理

样品是否具有代表性，对监测质量的影响很大，因此，要提高对样品质量的把控工作，这就需要加强对实验室工作质量的管理，要提高工作人员的技术与能力，保障工作人员有足够的知识和经验积累，采用最新的监测技术，从而有效保障监测分析的精确度。

（八）积极培养监测人员的职业素养，提高其工作能力

人才培养是发展的重要保障，工作人员具备的监测能力关系到监测数据的质量，因此，应该加大对人才培养的力度。实现这一目标应该从多角度出发：一是对预备人才的培养。要加强大气环境监测的专业化高等教育，制定更加科学、规范的培养方案，采取更加有效的培养方式对高等教育人才进行培养，从而提高流入人员的专业化水平，为后续发展提供更强大的力量；二是针对现有工作人员的培养。要增设人才培养的课程，要使得培训长久化、规律化。除此之外，还要对队伍内的工作人员开展定期的技术能力检查，通过对培训工作的稳固，提高现有工作人员的专业能力。

第四章　噪声污染防治与监测

随着城市化进程的不断加快，噪声污染作为世界四大环境污染之一，已经成为城市环境污染的主要来源，噪声污染防治与监测问题迫在眉睫。本章分为噪声污染及其危害、噪声污染防治措施、噪声污染治理技术、噪声环境监测技术四部分。主要内容包括噪声污染的概念、噪声污染的来源、噪声污染的危害等方面。

第一节　噪声污染及其危害

一、噪声污染的界定

（一）客观视角的噪声污染界定

国家针对噪声制定了相应的标准，根据这些标准来衡量噪声是否超标。鉴于每个人对噪声的敏感及容忍程度的轻重、所身处的环境以及噪声排放对象等不同，在现实生活中，国家噪声排放标准明确了何种程度的噪声为法律的管控对象。国家针对不同区域制定了一系列相对应的噪声排放标准，如《声环境质量标准》《社会生活噪声排放标准》《建筑施工场界环境噪声排放标准》，通过这些标准衡量某区域内行为人的噪声是否已经超过规定的限值。国家规定的排放标准不仅是衡量噪声能否达到污染标准的重要定性依据，也是测量、管控噪声污染的政策考量因素。

（二）主观视角的噪声污染界定

噪声是干扰他人正常生活、工作、学习的声音。受害人认为噪声已经对自己的日常生活产生了干扰与影响，自己对这种声音是不能忍受的。根据立法定义，如果噪声超标，但没有对人们生活产生影响，这种情况下是不构成噪声污染的。例如，在无人居住的偏远地方的工厂所产生的噪声，因其没有对人的生活产生干扰，不构成噪声污染。

从立法的条文来看，只有在满足“超标 + 扰民”两方面的条件下，才能定为噪声污染，两要件必不可少。在司法案例中，认定噪声污染也广泛采用双重标准。

二、噪声污染的界定局限

根据《噪声污染防治法》的规定，对噪声污染的界定采用的是“超标 + 扰民”的双重标准，只有满足上述规定时，才构成噪声污染。实务中，认定噪声是否超过国家规定的限值，可以委托专业的机构进行检测，将检测的数值与国家规定的数值相对比，以此来认定噪声排放行为是否超标。

实践中，法院一般采取此方法来认定。对噪声污染界定采用双重标准的形式，虽然能在一定程度上化解纠纷，解决受害者的噪声困扰，但是现实生活中还存在着“超标 + 不扰民”的情况以及大量的“不超标 + 扰民”案件的存在。

“超标 + 不扰民”的情形多发生于偏远地区或者工厂向山区搬迁所带来的污染，虽然没有对民众产生不利影响，但是由于工厂地处偏僻，监管部门不能及时监督，会影响工厂附近的环境质量。虽然没有对人的身体健康或者财产造成影响，但是会对环境质量产生影响，也是与法律价值相违背的。

现实生活中“不超标 + 扰民”的情况更为频发，若行为人的行为没有超过相应的国家标准限值就不认为构成侵权，受害者因此得不到补偿。按照噪声污染的定义，并未说明针对这种情况该如何对受害者进行补偿。由于噪声污染未超过法律规定的限值而阻碍了受害者寻求补偿的途径，导致邻里冲突频发，不利于社会和谐。

虽然噪声未超标，但不能代表其对人体没有伤害。因噪声导致身体的损害会随着时间的积累伴随着某些症状慢慢呈现。针对出现“未超标 + 扰民”的情况，虽然人们对噪声有一定的容忍，但是当它确实对人们的学习生活造成干扰，对人们的健康和财产造成损失时，如何使被侵权人得到补偿，合理化解纠纷，这一问题值得我们思考。

此外，关于“扰民”因素的判断，主要是指对人类的正常生活会产生干扰，但是怎样定义扰民的程度，法律中并没有明确表述。司法实践中，法官会引用相邻关系等条款进行判案，容忍义务规则在噪声污染案件中也被广泛运用。但是由于没有具体的规定，导致案例中对扰民会有不一样的判定，易导致同案不同判。噪声为感觉型污染，对人体的损害往往不易察觉，每个人的身体差异导致不同的人对噪声的敏感程度也不同，“扰民”这一要件的界定模糊，也会给司法实务带来困扰。而且该定义只关注了人体的损害，并没有对财产的损失加以规定，显示出噪声污染定义涵盖范围窄。立法上的规定与现实生活情况的冲突映射出对于噪声污染的界定尚有不足之处。

相较于我国扰民程度规定模糊，德国《民法典》中对容忍限度做了详细规定。在德国《民法典》中，若噪声的排放超过了相邻人的容忍限度，这种行为是被法律所禁止的。被侵权人的容忍限度在噪声侵权案件中是一个重要的判断标准。关于扰民的界定，德国《民法典》对于容忍限度做出了详细规定。噪声规定为不可量物，对不可量物的容忍限度分为了三个层次，即对于噪声案件中容忍限度也按这三个层次进行衡量：①当不可量物没有造成受害者损失时，受害者需要忍受；②当不可量物对受害者造成了重大损害，符合生活需求的且不能不通过合理的方式加以阻止的，此时的受害者负有一定程度的容忍限度，但可以请求赔偿；③当不可量物对受害者造成重大损害，且可以通过一定的方式予以补偿时，此时受害者没有容忍义务，并且依据严苛的数值认定损害的程度，并将一般人的主观感受也纳入判断的标准行列。我国对于噪声污染的界定采用“超标＋扰民”的标准，其中对于扰民这一条款的判断因素并没有确切规定，德国对于一般人容忍限度的判断因素可以予以借鉴，完善我国在噪声污染侵权案件中对于扰民要件的判断，使案件审理更加合理。

三、噪声污染的危害

噪声污染会对人体、动物、精密仪器甚至建筑物等造成不同程度的危害。具体而言，噪声污染的主要危害包括以下几点。

（一）危害人体健康

噪声对人体健康的危害是多方面的，包括听觉和视觉器官、心脏血管、生殖能力、心理等。

首先，噪声会对人体的听觉和视觉器官造成危害。噪声会伤害耳毛细胞，耳毛细胞是人体听觉的感受器，对不同波长的机械波感应灵敏，强噪声和高频噪声都会对耳毛细胞造成永久性伤害。强噪声会导致听力疲劳，甚至暂时性的听力丧失，而如果听力疲劳难以得到及时恢复，就可能危害耳毛细胞，导致内耳器官发生器质性病变，从而形成噪声性耳聋。预防噪声性耳聋，关键在于防止听力疲劳，当生活工作环境超过 85 分贝时就需要及时采取防护措施。突发的超强噪声对人体听力器官的损伤更大，可能会导致鼓膜破裂出血，中耳听骨骨折，使人短时间内出现不同程度的听力丧失，从而出现爆震性耳聋。除听觉外，噪声甚至会危害人体的视觉，降低人眼视网膜的感光敏感性和视觉清晰度与稳定性。噪声对人体视觉的上述不良影响，往往会酿成各种安全事故。

其次，噪声还会诱发各种疾病。噪声可以通过听觉器官影响大脑中枢神经，进而可以将噪声的负面效应扩散至身体其他器官。研究发现，噪声能通过听觉传入大脑皮层和丘脑下部，显著提升人体交感神经兴奋度，增加肾上腺素分泌，引起人体血清中的胆固醇和甘油三酯升高，进而导致高血压。大规模的医学调查发现，地区噪声每增加 1 分贝，区域居民患高血压的概率就会增加 3%。其他医学研究还发现，长期处于噪声环境的人群患高血压、冠心病、动脉硬化等心脑血管疾病的概率要比常人高 2 ～ 3 倍。

此外，噪声还会对人体的肠胃消化系统产生影响，显著增加胃溃疡、十二指肠溃疡的发病率。长期的噪声污染还会扰乱人体内分泌系统，改变人体激素分泌，造成男性不育，女性月经失调。噪声对妊娠女性和胎儿的影响更大，会加重女性妊娠反应，增加妊娠高血压和胎儿流产的概率，影响胎儿身体、智力、听力的发育，严重的甚至会造成胎儿畸形。

最后，噪声还会降低人们的睡眠质量，引发焦虑、暴躁等负面情绪，危害人体心理健康。在噪声中，人们会出现失眠、多梦、易惊醒等多种睡眠质量问题，特别是突发性噪声对人们的睡眠影响更大，长期的噪声危害还会导致人精神萎靡、记忆力衰退甚至神经衰弱。

此外，噪声还会直接干扰人们正常的生活和工作。心理学研究发现，一次噪声干扰，人们就会丧失 4 秒精神集中状态。在噪声干扰下，人们的工作效率会显著降低 10% ～ 50%，长期处在噪声干扰下会导致人们的注意力不集中、反应迟钝、精神疲倦、工作错误率上升。对大量安全生产事故调查发现，噪声会掩蔽安全警报信号和设备运行信号，引发施工人员的焦虑烦躁情绪，同时降低其工作专心程度，从而引发安全生产事故。

总体而言，噪声对人体的影响是全方位的，它会危害人体的听觉和视觉器官，扰乱人体的神经系统、消化系统和内分泌系统，诱发一系列心脑血管疾病，同时引发人的多种负面情绪，危害人的心理健康。

（二）危害动物健康

噪声也会对动物的听觉、视觉、内脏器官和神经系统造成伤害。科学家们以豚鼠为例进行实验，发现在强噪声环境中，豚鼠的听觉会迅速下降甚至消失，解剖发现豚鼠的中耳和内耳器官受到不同程度的永久性损伤。

除了听觉器官受损外，豚鼠的内脏也会受到伤害，噪声场中豚鼠体温迅速升高，心电图和脑电图出现明显异常，肺叶、胃部和其他脏器出现不同程度的出血和水肿。另一项科学研究表明，在高分贝的强噪声场中，动物会出现眼部震动，视觉模糊，狂躁不安，行为失控，啮齿类动物甚至会出现生理性癫疯。

许多鸟类能发出悦耳动听的叫声，这些叫声实际上是鸟类吸引异性、保护领地的重要信号。而人为的噪声会掩盖、冲淡鸟鸣声，干扰和破坏鸟类间的信息传递，影响它们的求偶、筑巢、领地保护等行为。长远来看，噪声会侵害鸟类栖息地，影响鸟类的生存和种群发展。

除对人体和动物健康有影响外，噪声还会对精密仪器、建筑物造成伤害，导致精密仪器中的元器件失灵、损坏，并加速特殊材料的老化和断裂。超音速飞机、打桩机和爆破产生的强噪声还会损伤门窗、玻璃，导致墙体抹灰开裂震落，影响建筑物的正常寿命。

第二节 噪声污染防治措施

我国一直非常重视噪声污染问题。近年来，我国各级政府在噪声污染防治方面开展了大量工作，推动了我国城市声环境质量的持续改善。为加强噪声污染防治工作，未来我国还可以尝试在以下方面不断努力和完善。

一、噪声污染防治的理论基础

（一）环境权理论

环境权是指作为主体的人对作为客体的生存环境所享有的权利。早在20世纪六十年代，关于是否要在欧洲人权清单中追加公民环境权的讨论便拉开了序幕。在19世纪60年代末和70年代初，日本和美国等国家相继提出了环境权的主张。1972年的《联合国人类环境会议宣言》提出了“人类有权在能够过尊严和幸福生活的环境中，享有自由、平等和良好生活条件的基本权利”。自20世纪70年代以来，世界各国纷纷通过宪法或环境基本法确认了环境权或在环境资源类法律中规定有关环境权的内容。

理论上，环境权可以分为国家环境监督管理权和公民环境权。其中，公民环境权是基础。按权利所涉环境要素、环境功能或环境资源，又可将公民环境权分为清洁空气权、清洁水权、宁静权、眺望权、通风权、采光权等类型。而随着工业化与城镇化进程的加快，噪声污染已经成为一项新的环境问题，严重危害公民的生活环境与生活质量。如果环境权意味着公民有权在良好环境中生存与发展，声环境则是生活环境的有机组成部分，人们享有在良好声环境中生存与发展的权利，便是公民环境权的应有之义。

具体而言，这种在声环境领域的环境权表现为一种宁静权。它是确认和保证每个人都享有的、不被环境噪声所侵害的宁静生活的权利。社会生活中的噪声污染既是对良好声环境的破坏，也是对公民环境权的侵害。防治社会生活中的噪声污染，是维护声环境健康和谐的首要任务，是保护公民宁静权乃至环境权不被侵犯的必然要求。

（二）治理理论

治理与管理虽只有一字之差，但前者更突出主体的多元性。即改变了政府作为单一管理主体的状态，强调多元治理主体的参与，在多元主体内形成有效联动。亦即政府及其相关职能部门、社会组织、公众等都是治理的参与者，是多元治理主体的有机组成部分，分别承担着相应的重要职责。行政主体与社会组织已经呈现出“多元协商”和“自下而上”的共治格局，公众借助互联网等工具也都可以积极地参与到环境治理之中，发出理性、客观的声音。

社会生活中的噪声污染问题，既是环境问题又是社会问题，问题的复杂性便从治理的根本上决定了治理社会噪声污染的困难性。面对复杂问题就需要有更加有效的治理体系与治理模式，在社会生活中的噪声污染治理中最为重要的一点就是要探索多元主体共同治理的模式。政府原本就承担了大量复杂的公共行政事务，在治理社会生活中的噪声污染时又多以“运动”式进行，因而管理的效果不佳。而多元治理主体的参与可以弥补仅仅依靠政府管理的不足，从而实现政府管理和社会调节、居民自治的良性互动。

（三）外部性理论

外部性是经济学上的一个重要概念。最早由亚当·斯密（Adam Smith）在其著作《国富论》中提出，阿瑟·塞西尔·庇古（Arthur Cecil Pigou）通过提出构建“庇古税”来解决外部性问题，科斯（Coase）对庇古的理论提出了批判，并提出了“科斯定理”。所谓外部性，就是指一个人的行为对旁观者福利的无补偿的影响。外部性又可以分为正外部性与负外部性。其中，正外部性指一个人所从事的活动对旁观者产生有利的影响。例如，蜂农养蜂惠及周边的果农，而果农并不需为此付钱；而负外部性则指一个人所从事的活动对旁观者产生了不利的影响，例如，广场舞所制造的高分贝噪声破坏了声环境，而组织者并不需要为此买单。

显然，社会生活中的噪声污染是负外部性的一种表现。这种负外部性需要通过“内部化”的方式进行矫正。而最早由经济合作与发展组织所提出的“污染者负担”原则，就是通过政府的介入使污染者承担相应的责任，从而实现环境污染负外部性的内部化。根据这一原则，为了使社会生活中的噪声污染的负外部性内部化。一方面，政府应当承担相应的职责，通过采取必要措施预防、控制社会生活中的噪声污染，将声环境维持在一个良好的状态。另一方面，社会生活中的噪声污染的污染者也应当承担必要的污染防治成本，并且在给他人造成侵害时承担相应的法律责任。

二、国外噪声污染防治经验借鉴

（一）美国

为解决社会生活中社区的噪声污染问题，美国于1975年由地方法律办公室制定了《社区噪声控制法规样本》，为各地的社区噪声污染防治提供明确的法律依据。作为一个联邦国家，美国各州政府为治理社会生活中的噪声污染也都积极制定法律法规，最为典型的是纽约市于1963年制定的《反噪声法规》。在这部法规中，“任何喧闹声或不合理的吵闹声及噪声、令人不舒服的、不必要的声音以及具有这类性质与强度的和持续性的使人健康受到影响的环境噪声的产生”都将受到严格限制，为社会生活中的噪声污染的防治提供了最为有力的支持。

与此同时，这部法规以详细著称，以至于对社会生活中可能产生的每一种类型的噪声进行了列举式的规定，针对每一种噪声都规定了特别的控制标准，并规定了严格的法律责任，违反者将面临被逮捕的风险。

（二）德国

德国政府关于社会生活中的噪声污染防治的立法始于20世纪中后期，制定的法律文件主要有：《噪声技术导则》（1968），《联邦（噪声）辐照防治法》（1974）及与之配套的法律实施细则。《噪声技术导则》于1998年由德国政府修订，将噪声污染的限定范围再次扩大；为从源头上治理噪声污染提供了依据。

此外，社会生活中的噪声污染防治领域还有如《餐饮业法》以及《运动设施噪声防治命令》中的条款，分别规定了对工商业产生噪声、运动或娱乐休闲产生噪声的防治措施。德国在通过立法对于环境噪声污染加以防治的同时，还通过许多其他方法结合科技手段对社会生活中的噪声污染进行治理。例如，通过种植合适的植物打造“绿色隔音带”、分区域进行管理设置步行区禁止交通工具驶入、安宁区内禁止交通工具鸣笛、在夜间严格禁止飞机在居民住宅上空飞行、投资建设隔音围墙、向环境噪声污染者征税等。

（三）日本

日本的《噪声控制法》于1968年制定，制定初衷是为了对工厂和建筑噪声予以控制。随后1970年对《噪声控制法》加以修订，社会生活中的噪声也成了该法的防治对象。其中将交通运输工具噪声污染防治写入此法律文件中，并在原来的立法基础上扩大了对工厂、企业、服务行业的生产活动、建筑施工所产生的噪声的限定范围，并制定了更加严格的环境噪声污染监测标准。此外，当发生噪声污染侵权纠纷案件时，日本法院通过在司法实务中创设“平稳生活权”来维护被侵害人的利益。

三、噪声污染防治的策略

（一）加强城市功能区优化

加强声环境功能区的优化调整，是解决我国环境噪声污染特别是工业噪声、交通噪声的重要手段。一方面，我国要在未来的城市发展中前瞻部署、科学规划，强化噪声污染预防在城市规划决策中的权重；另一方面，是推动现有城市不断优化和调整功能区，最大限度降低噪声污染。

（二）增设隔音措施，用绿化带降噪

近年来，出于城市化需求，建筑工程持续增加，使得绿化范围逐渐被压缩，进而使噪声难以得到切实阻隔。同时，绿化范围的缺乏还将引发一定的环境问题。因此，环境保护部门需要在公路两侧建筑周边增添绿色植物，一方面，这能够阻隔噪声传递。另一方面，这对环境保护也具有积极意义。

（三）加大环境噪声污染监督管理力度

1. 配备齐全的执法装备

在查处环境噪声污染这一违法行为时，应做好数据收集，为执法工作落实提供可靠依据，做到以法服人，以理服人。为此，各基层环保部门需加大投资力度，购置先进的环境噪声监测仪器设备，为执法部门提供充足且可靠的证据，进一步加强执法工作的落实效果。

2. 加强环保执法队伍建设

专业团队建设对各项工作开展有着重要的促进作用。相关部门需做好执法人员的培训活动，提高执法人员的专业素质，加深人员的服务意识和法律意识，加大执法力度，从而及时找出存在的污染问题并加以制止。要开展思想教育活动，坚持为人民服务的基本原则，强化执法人员的职业道德素养。不仅如此，还要全面推行人性化的奖惩考核机制，增强执法人员的责任意识，调动执法人员的工作积极性。

3. 做好环保宣传

环保宣传可帮助群众认识到环境保护的重要性，树立环保意识，使其可以积极参与到环保工作中来。由此，做到现代化城市建设与环境噪声污染控制的相互结合，达到互相监督、互相促进的目的。再者，利用各种各样的传媒渠道和手段，从根源上化解矛盾，维护社会关系的稳定。

（四）完善噪声污染行为的认定标准

1. 科学界定噪声污染

噪声污染的界定是追究侵权行为人责任的前提。如果侵权人的行为不能达到噪声污染的标准，被侵权人也不能通过噪声污染侵权寻求救济。只有将噪声污染的界定规定明晰，才能更好地认定因噪声污染导致的法律问题。准确界定噪声污染是追究侵权人责任的前提，也更加有利于对噪声污染的防止。

根据目前《噪声污染防治法》的立法规定，构成噪声污染需满足双重标准。如果侵权人的噪声排放行为不符合上述界定，受害者的损失也就不能通过相关法律得到救济。由此可以得出，立法规定的范围过小，使得一些噪声问题无法得到妥善解决。另外，通过实践也发现，此种界定存在着局限性，一些噪声污染问题不能涵盖其中。因此，科学定义噪声污染，是使受害者的合法权益得到保护的首要前提。建议噪声污染的定义不必同时符合“超标＋扰民”的双重限制。对噪声干扰的行为应当加以法律规制，把一般人的容忍限度作为判断“扰民”这一要件的参考因素。

在实务中要完善容忍限度的判断标准，判定某一噪声行为是否超过了受害人的忍受限度，可以根据以下几个方面来衡量：①噪声侵权案件发生的地点。例如，在企业厂区生活的居民的忍受限度要明显高过在居住区的。②噪声排放行为持续的时间。相同等级的噪声持续时间不同对人的影响也是不同的。③侵权人是否采取了相应的噪声防控措施。若侵权人对噪声排放尽量采取降低对受害人造成影响，减少损失的措施，这种情况下忍受限度将相对高一些。对于是否超出容忍限度的判别，应由法官依据法规并结合具体案情合理地进行认定。

另外，生活中还会出现噪声导致受害人饲养的动物出现生产率下降、甚至死亡等情况，为了更好地保障受害人，要将财产受损纳入噪声污染保护的范围。

综上所述，在解释“噪声污染”这一概念时，应修正现行法律中将噪声限定为“超标”且“扰民”的标准，扩大噪声污染防治的范围，可以把一般大众的忍受限度作为考量是否符合“扰民”这一要件的参考因素。因此，应当将《噪声污染防治法》中“噪声污染”的定义修正为：环境噪声污染是指所产生、排放的噪声超过国家规定的排放标准或干扰他人正常生活、工作和学习，致使他人遭受人身、财产损害的现象。

2. 制定新型噪声污染源标准

噪声排放的相关标准是衡量侵权人的行为是否构成噪声污染行为的主要依据。噪声排放标准对于测量、管控噪声污染至关重要。实践中，纠纷当事人之间往往因测评标准的不同而产生争议，法院对类似案件因适用不同的评价标准，也易出现不同判的情况，因此，应加快制定新型噪声污染标准。建议相关部门及时完善《声环境质量标准》以及《环境噪声排放标准》，将低频噪声相关的限值纳入其中，避免因适用何种标准发生争议，也可使得受害者寻求补偿时有法可寻；也可以出台针对住宅区的低频噪声问题的专门制定标准，如《住宅区公共基础设施噪声排放标准》，合理规定噪声排放量的限值，对白天与夜晚的数值有所区别，明确测量方法，以便更好地解决住宅区内发生的纠纷。我国应逐渐完善新型噪声排放标准，这对于管控噪声污染、提高声环境质量、提升居民生活幸福度有着重要意义。

（五）加强噪声污染防治宣传和科研工作

一方面，我国要通过多种渠道和方式向公众宣传噪声污染的危害和相关法律法规，提升公众噪声污染防治素养，引导公众主动遵守我国噪声污染防治法律法规；另一方面，我国还需要加强噪声污染防治科研工作，积极绘制噪声污染地图，研发新型噪声监测装置，不断提升噪声污染防治工作的时效性和科学性。

（六）加强环境噪声污染的监测范围和频率

2020 年生态环境部印发了《关于推进生态环境监测体系与监测能力现代化的若干意见》，提出了完善我国噪声环境质量监测网络，提升监测自动化、标准化和信息化水平的要求。未来，我国要在该政策的指导和要求下不断扩大噪声监测网络，提升噪声监测技术水平，进一步扩大城市噪声污染的监测范围和监测频率，及时发现和整治新噪声污染源。

（七）加强噪声污染防治的法律和制度建设

噪声污染易发现，但治理难度大的关键在于环境执法的法律和政策依据不充分。目前，我国城市噪声污染以社会生活中的噪声为主，特别是随着我国逐渐进入老龄社会，作为老年人主要娱乐方式的广场舞开始在各个城市兴起。由于老年人特殊的群体性质，以及法律和政策层面的缺失，导致环境执法面临不少困境。因此，地方政府应根据本地区情况，适时出台针对广场舞噪声、公用设施噪声等方面的具体管理方法，并加强政策宣传，引导市民积极遵守。

第三节　噪声污染治理技术

一、吸声降噪技术

吸声技术是利用某种材质来降低室内的噪声，而我们通常会把这种材料用于墙壁和天花板，当声波反射到这些材料的表面的时候，就会直接被这些材料吸收到孔隙里，噪声在孔隙中的细小的纤维和空气之间产生了摩擦，于是就把原来的声能变成了热能，而且会很快地被吸收和消耗掉。吸声材料所应用于室内的面积越大，那降低噪声的效果肯定就会越好，如果只是想要对一般的房间进行消音，就可以使用 3 ～ 8 dB 的降噪量，而如果房间原来的吸声性能较差，那么就可以选择用 8 ～ 12 dB 的降噪量。

二、消声降噪技术

当需要对管道内传播的噪声进行控制时，一般会选用消声技术。消声器会让水流或者是气流通过管道时的噪声大幅降低，一般情况下，像这种消声装置都是会被安置在管道进出口的位置，这样的操作确实可以有效降低噪声在空气或管道内的传播。消声技术和消声器的使用原理是消声原理，可以分为阻性消声器、阻抗复合式消声器、抗性消声器、微孔板消声器、耗散型消声器等。人们经常使用的消声器是阻性消声器，这种消声器的工作原理就是吸收声波中的能量来达到降低噪声的作用，再加上吸声材料是多孔且相互串通的，这样一来，声音在传播的时候就会受到更大的阻力和摩擦力，从而使得能量被转化和消耗，最终达到消减噪声的目的。

三、隔声降噪技术

应用隔声结构，阻碍噪声向空间的传播，使吵闹环境与需安静的环境分隔开，这种降噪措施称为“隔声降噪”。各种隔声结构，如隔声室、隔声罩、隔声屏等统称为“隔声围护结构”。隔声围护结构通常由许多隔声构件组成，如隔声室就是由隔声门、隔声窗、隔声墙以及隔声顶棚等组成的，考虑到通风的需要，还要有通风消声器。

四、隔振与阻尼技术

声音的本质是振动在弹性介质（如空气、水等）中的传播。振源直接与空气接触时形成声波的辐射，称为“空气声”。当振动经过固体介质传递到与空气接触的界面，然后再引起声波的辐射，称为“固体声”。因此，隔绝振动在固体构件中的传递，改变固体界面声辐射部分的物理性质，都是有助于控制噪声的，前者称为“隔振”，后者称为“阻尼”。

（一）隔振

机器产生的振动直接传递到基础，并以弹性波的形式从基础传递到房屋结构上，引起其他房间结构的振动和声辐射。许多隔声材料，如钢筋混凝土和金属虽然是隔绝空气声的良好材料，但对固体声却难以减弱。隔振的原理是用弹性连接代替刚性连接，以削弱机器及其之间的振动传递。隔振按使用场合可分为积极隔振和消极隔振两种。前者用于减弱机器与基础之间的振动传递，后者用于减轻基础振动对其所承载的精密仪表的工作影响。

各种弹性构件，如弹簧、橡皮、软木、沥青、毛毡、玻璃纤维等，可以减少振动的传递。为了减弱沿房屋传播的振动，不仅要在机器基座下要安装弹性构件，也要在墙壁和承重梁之间以及在房屋的钢架和墙壁之间安装弹性构件。控制振动传递的弹性构件称为“减振器”。减振器有以下三种：①钢弹簧减振器；②橡胶减振器；③减振垫层。

（二）阻尼

阻尼就是材料在承受周期应变时，能以热量方式消耗机械能的本领。用金属板制成机罩、风管以及飞机、汽车、轮船的壳体时，常因机器振动的传递而发生剧烈振动，导致噪声辐射。这种由结构振动引起的噪声称为“结构噪声”。控制结构噪声除了用减振器减少机器与结构之间的振动耦合外，还要减少噪声辐射面积，去除不必要的金属板面。对于不可避免的金属结构和板面，要涂覆阻尼材料，以抑制其振动。

利用阻尼材料能有效地抑制结构振动和结构噪声。例如，在火车、汽车、飞机的客舱内壁涂覆阻尼材料，可有效降低舱内环境噪声；地铁电车的车轮采用五层约束阻尼层，噪声由 114 dB 下降到 89 dB；锯片在采用约束阻尼后，噪声由 95 dB 下降到 81 dB。

第四节 噪声环境监测技术

一、噪声环境监测的意义

（一）保障人民生活质量

城市化建设不断加快的背景下，人口数量不断增加，居住密度越来越大，人们也越来越重视生活环境质量问题。由于人口居住密度过大，不可避免地会出现噪声，进而对正常生活造成影响。通过加强噪声污染监测工作，能够及时明确噪声来源，并及时展开治理，为人们营造更加安静的生活环境，提高人们的生活质量。

（二）符合可持续发展的要求

可持续发展理念的提出，对当前环保工作提出了更高的要求。当前，噪声污染的问题越来越严重，不利于城市和社会的可持续发展。落实噪声污染监测工作，及时控制噪声，提高全社会噪声污染治理意识，有利于营造适宜的生存环境，有利于助推城市与社会可持续发展。

二、噪声环境监测的要点

（一）明确厂界

厂界被定义为业主在判决文件（如土地使用权证、不动产）中规定的所有权（或使用权）的场地或建筑的边界。根据法律，厂界比较容易界定，因为相关法律规定，厂界是由城市规划建设单位或土地规划单位划分的。在具体的工作上，看似简单的厂界定义问题变得越来越复杂。此时，在噪声环境监测工作中不能简单地用工业区的最外围来确定，必须综合监测类型、客观事实、厂界边界等层面，进行综合考虑，布置定位点。

随着我国环保工作的不断推进，建立工业区以保证与居民小区有一定的距离，对于环保企业、公司管理、公司自我管理来说，都是具有前瞻性和现实性的。

对于工业区、厂中厂等，对它们的法律界限的界定很可能存在一个或几个不明确的问题。同时，对于这些类型的公司，虽然它们的法律界限可能基本相同，但它们的工厂、办公场所等是明确的，即它们有客观的事实边界。根据参考资料，公司的厂界是法律规定的厂界或客观事实的厂界。对于此类情况的监测，可以选择客观的事实边界作为监测的边界点，以保障人民群众的合法权益。

（二）环境噪声监测

根据《环境噪声监测技术标准噪声精确测量值调整》（HJ 706-2014），当噪声精确测量值与背景噪声值的距离小于 3 dB 时，应采取一定的有效措施，降低背景噪声，再进行精确测量，提升噪声精确测量值与背景噪声值相差 3 分贝以上，再进行调整。它们的意思是，当具体工作中无法监测背景噪声时，可以采用改时间或改地址的方法进行监测，不得乱用此类条件。例如，当交通噪声非常影响时，可以选择避开白天，选择夜间监控，但这类状况只有在企业晚间生产制造时应用。

（三）噪声测量值的调整

根据相关规定要求，当噪声精确测量值与背景精确测量值相差 3 dB 时，调整值为 -3 dB；相差 4 ～ 5 dB 时，调整值为 -2 dB；当值为 6 ～ 10 dB 时，调整 -1 dB。这里有以下两个地方需要注意。

一是当差值小于 3 dB 时，必须采取一定的有效措施，降低背景噪声，重新测量准确，使差值大于 3 dB。如果仍达不到差值，则必须将准确的测量值与环保标准限值进行比较。若实测值与环保标准限值之差≤ 4 dB，则调整结果定量研究小于标准限值，评价合格。如果准确测量值与环保标准限值相差≥ 5 分贝，则不能进行评价，必须重新准确测量。

二是先对精确测量值与背景精确测量值的差值进行四舍五入，再明确调整值。例如，当噪声精确测量值与背景精确测量值的差值为 10.3 dB 时，先将差值修正为 10 dB，然后再进行明确调整。近似值是 -1 dB，而不是认为差异已经超过 10 dB，不需要调整。

（四）自然环境敏感区的澄清

自然环境监测的目的是保障人民群众合法权益，促进社会和谐发展。必须重点关注学校、住房和医院。由于此类企业涉及的群体众多，如果解决方案存在不妥当的地方，很可能会造成社会发展的不稳定。在自然环境监测方面，标准还对噪声敏感区提出了监测事宜。

但是在日常生活中，有很多房屋等，特别是在工业区、公司的开工，然后项目本身的基础建设就会影响到之前的工业区、公司的环境。完全忽略公司，只考虑敏感区的行为对公司来说也是不合理的，所以对于这类敏感区，必须根据实际情况进行深入分析。

（五）高声源监听

在噪声监测的整个过程中，应注意规范所要求的声源的特定排放。当无法监测到声源的特定排放时，设置一个通用点，即厂界外 1m，高度 1.2m，并在敏感区域外 1m 处设置一个点，以真实反映声源处的排放情况。

三、噪声环境监测的技术

（一）定位监测技术

在对城市当中噪声污染进行监控的过程当中，最早出现的技术就是定位监测。早在 20 世纪 80 年代，德国部分地区就在企业当中安装了一些噪声定位监测仪，对各个企业在市场生产活动当中产生的噪声进行监测，一旦超过相关标准将对企业采取相关措施。当今这种技术依然有着很大的使用价值，在一些拥有大型工业园区的城市，应用该项技术可以为工业园区的噪声污染监测提供很好的帮助。这种监测方法成本比较低，但是环境管理的效果比较高。该技术的缺点是能够监测的范围相对来说比较小，因此所能承担的监测工作也比较有限。

（二）分布式范围监测技术

该种监测技术的适用范围要比上种定位监测技术广泛得多，该项技术采用了当前高新的互联网大数据技术。在应用该项技术对噪声进行监测的过程中，首先利用计算机网络对待监测区域噪声分布的特点进行分析，然后根据分析来确定具体的监测工作的实施方法与实施框架。当监控方案确定之后，在一些人流量较大的步行街、开发区商业街等放置一些噪声收集器。通过分析处理收集器收集来的数据，实现噪声污染的有效监测。

（三）智能监测技术

该项监测技术是随着科学技术的进一步发展和应用而产生的，该项监测技术将定位监测技术和分布式范围监测技术结合应用，从而实现智能化监测噪声的目的。尽管目前国外已经有些地区采用该项技术进行噪声监测，但是由于我国一些现实问题的存在，该项技术的具体应用依然有待于进一步提升，在不断发展的过程中，如果未来能够把不同程度的噪声编辑成不同的程序导入计算机当中，通过计算机对这些数据分析处理之后，管理人员只需要将分析结果导出，就可以完成对噪声污染的智能监测。该技术的有效应用可以极大地减少治理噪声污染所需要消耗的人力和物力。

四、提升噪声环境监测效果的策略

（一）严格执行现有标准

环境噪声监测人员在日常工作过程中，需要对我国目前有关噪声的标准以及分类的相关内容进行熟悉，同时严格按照现有的标准和要求，以正确方式有效推进噪声监测，以此为基础能够保证监测数据的准确性和有效性，将地区各时段内的噪声水平进行有效的反馈。

除此之外，为了从根本上保证人员自身工作态度和积极性得到有效提升，需要对符合现实要求的制度进行科学合理的构建和落实。针对严格按照现有的标准和要求进行操作的人员，应给予适当奖励；对无法严格按照目前的标准要求进行有效操作的人员，应给予适当处罚。

以此为基础，能够保证环境分析监测质量以及规范水平得到有效提升，对我国社会和谐建设和发展具有非常重要的影响和作用。

（二）合理选择监测条件

对环境噪声的监测点位与时段等相关因素和条件进行确定，为监测数据的真实性和可靠性提供保证。在实践中要对监测点位进行科学合理的设置，通常情况下要结合目前监测的基本目的，在表示相对比较敏感的建筑物对应位置处布设监测点位，同时监测人员需要进入监测现场，深入了解实际情况，对多个位置的噪声情况进行客观分析，这样才能够保证点位布设的科学性和合理性。对监控点位进行选择和利用时，要尽可能排除现有的干扰影响，同时要保证噪声监测并不会受到天气等各方面因素的影响。

现阶段，我国噪声监测标准对于监测时段的整个区分缺少精准性，只是单纯以白昼和夜晚来进行区分，导致监测人员在对监测时段进行选择时存在非常明显的随意性特点。如果被监测声源属于废轮胎噪声，那么整个监测中，由于各种问题的影响，势必会导致监测结果存在严重的差异性。

所以对于监测人员而言，需要对被测噪声的变化有更加深刻的认识和了解，这样才能够将其作为基础，对符合现实要求的监测时段进行合理选择。在该特殊情况下，可以适当延长监测时间或者增加监测次数，这样能够保证获取到的噪声数据具有准确性和有效性。

结合目前实际情况展开分析时，要科学、合理地选择和使用监测仪器设备，结合目前我国现有一系列标准要求，通常需要利用精度为 2 型以上的积分平均声级计或者噪声自动监测。

在具体使用之前，需要保证达到合格标准要求的仪器设备能够在实践中得到合理的利用，保证其自身的偏差值可以控制在 0.5 mm 以上。监测人员要结合实际情况对噪声监测的声源以及目的进行分析，选择符合现实要求的监测仪器，以此为基础，最大限度地保证被测噪声的客观性，保证监测人员能够对监测设备是否处于正常运行状态进行实时有效的监测，以此保证监测的有效性。

除此之外，在实践中由于监测仪器设备在噪声监测中具有不可替代的影响和作用，所以要顺应时代发展要求，对现有技术进行改革和创新，同时还要及时更新现有的监测仪器设备。这样不仅有利于对新型设备进行合理利用，保证环境噪声监测工作的全面有序开展，而且还可以对设备进行定期、有效的维护和保养，以此保证监测结果的准确性和有效性。

（三）正确选择和校准监测仪器

结合实际需求，科学、合理地选择应用噪声监测仪器设备，明确不同型号声级计所适应的监测环境，并严格按照标准选择校准器，做好校准工作，将误差控制在 0.5 dB 内为宜。要定时、定期做好对噪声监测设备的检查工作，及时发现并解决故障问题。工作人员在噪声监测工作中，必须严格按照相应的规范、标准、流程落实监测工作，禁止违规操作。

噪声污染治理部门要加大资金投入力度，及时更新传统落后的仪器设备，引入并应用现代化噪声监测设备。例如，如引进全天候和网络化的现代噪声监测设备，实现对多个噪声监测点的实时化、动态化、同步化监测，进而获得更加及时、完整、准确的噪声监测数据。GIS 和 CDMAIX 等技术在噪声监测工作中发挥着至关重要的作用，借助 CDMAIX 能够为业务开展提供便利，通过合理设置监测仪器，借助 CDMAIX 即可自动化传输监测数据。工作人员要学习掌握新型监测仪器设备的操作标准，定时、定期保养和维护噪声监测设备，制定、完善保养维护制度和计划，将保养维护工作落到实处，减少仪器设备故障问题的发生概率，提高仪器设备的使用性能，满足新时期噪声监测工作的需求。

（四）正确评价监测结果

诸多因素会影响噪声监测数据的质量。在雷电、暴风雨等天气状况下，噪声监测数据会出现偏差。在这种情况下，噪声监测工作的开展应重视对极端恶劣气象因素的规避，进而获得更加真实、有效的噪声监测结果。

认真采集和分析噪声监测期间获得的各项数据，严格按照规范标准落实数据采集工作，保证数据采集的完整性，合理分析监测数据，进而掌握监测区域内噪声分布特点，并以此为基础，制定切实可行的噪声污染治理对策，减轻噪声污染，营造安全舒适的生活、工作、休息环境，提高人们的生活品质。

（五）对于不同噪声污染类别进行监测

监测交通噪声时，快速路和辅路要分开监测，最好设置两个监测点，可以同时得到两条路的监测数据，通过对比，总结出噪声监测的规律，以便更好地开展噪声监测工作。

在进行监测点选择时，严格按照选址标准进行，避免监测不到有效数据的情况，尤其要注意风速，风速的大小对于监测结果有很大影响。噪声监测点与噪声源头尽量不要太远，这样更有助于噪声监测工作的开展。

比如，在工业噪声测试中，也要采取以上方法，选择合适的监测点，并且保证足够的监测点数量。

第五章　土壤污染防治与监测

土地污染是一种隐蔽性高、危害性大、防治难度大的环境污染问题，也是受到社会各界、政府相关部门重点关注的污染问题。目前，我国的土壤污染问题已经取得了一定的成效，但更重要的是预防土壤污染的形成，这是土壤环境保护工作的重中之重。本章分为土壤污染及其危害、土壤污染防治措施、土壤污染治理技术、土壤环境监测技术四部分。主要内容包括土壤污染的现状、土壤污染的原因、土壤污染的危害、土壤污染防治的意义、国内外土壤污染防治的经验等方面。

第一节　土壤污染及其危害

一、土壤污染的原因

在人们生活水平不断提高的同时，人们对食品安全更加关注。土地污染及粮食安全与人们的日常生活有直接关系，如果土壤污染问题得不到有效解决，将会对耕地和粮食安全造成严重威胁，无法保证我国农业的稳定发展。我国现有耕地面积在世界总耕地面积中虽然占比较小，但却满足了我国的农业需要，只有保证土地安全，才能保障好人类生命的健康与安全，使社会和经济稳定发展。

（一）不合理使用农药

在种植农作物的过程中，种植人员为了保证农作物的生长质量，往往会采取相应措施，如喷洒农药。相关研究发现，我国农业每年要消耗 50 万～ 60 万吨的农药，并且所涉及的土地面积高达 200 万公顷。这些农药大部分会被直接排放到自然环境中，导致农药在消除病虫害的同时污染土壤环境，破坏生态系统。

另外，农业种植人员在施用农药时，部分农药会残留在空气中，导致空气质量下降。在农业生产中，过量使用农药会影响土壤的整体结构，导致农业生态系统出现混乱，若不及时调整，会导致整个地区出现严重的生态问题。农业土地污染会导致农作物生长率降低，品质下降，影响农民的经济效益。

（二）不合理使用化肥

化肥可以帮助农作物稳定生长，因此被多数农业种植人员应用到日常生产过程中，提高农作物生长速度，保证农作物品质。但是由于化肥中含有大量化学物质，如硝酸盐、磷硝酸等，如果种植人员不合理使用化肥，不仅不能提高农产品的生产效率和质量，还会导致农业环境恶化，农业土地质量下降。同时，化肥还会污染水资源，化肥中的磷硝酸长期在土地中累积，一旦下雨或者灌溉，就会随着雨水以及灌溉水进入水域，进而对社会大众的身体健康造成严重威胁。

（三）生活污水、工业用水排放不达标

造成土地污染问题的因素比较多，其中污水灌溉在众多污染因素中占据极大比重，目前我国已经有 2 000 万公顷土壤因污水灌溉而被污染。虽然工业污水和生活污水中含有部分对农业生产有利的成分，如氮、磷、钾等，但是农业种植人员利用污水灌溉时都是直接进行灌溉，并未对其进行处理，导致污水中的有害物质滞留在土壤中，如有机盐、重金属、病原体等，随着时间的推移，土壤中有害物质逐渐积累，影响农作物的整体种植及质量。

（四）气体溶液和雨水污染

根据我国农业环境发展现状来看，大气污染也是导致我国大部分耕地环境恶化的主要因素之一。这主要是因为被污染后的空气中含有大量有害物质，如有害颗粒物、重金属物质，这些污染源会随着降雨、风霜落入土地，导致土壤出现污染；其次就是大气中的二氧化硫、氮氧化物会和雨水产生化学作用，从而形成酸雨，落到地面，引起土地污染。

（五）空气污染对土地造成间接污染

目前，工业企业已经成为我国社会经济发展的主体，虽然有效带动了整体经济的发展，但是它们长时间的燃烧煤炭会使大量废气排放到空气中，且这些废气中所含的有毒气体会利用空气大范围传播，继而出现酸雨。酸雨会严重污染环境质量，制约人们对土地的利用。而当土壤中的矿物质与酸雨中的酸性物质混合时，所产生的化学反应更是会对土壤结构造成严重破坏，无法为农作物生长创造良好的条件。

二、土壤污染的危害

农田土壤中的重金属元素不仅会破坏生态环境，而且还会改变土壤结构、影响生物生长、破坏生态系统等，对生态环境有着较大影响。

（一）影响土壤理化性质

1. 破坏土壤结构

铅、铜、砷、汞等重金属元素在农田土壤中富集，达到一定浓度后会深刻影响土壤结构，改变土壤结构及其有效成分，破坏农田土壤内部平衡，导致土壤出现板结、孔隙度降低等问题，进而影响农田土壤的通透性及含水量，使农田土壤出现贫瘠。

2. 影响物质转化

农田土壤重金属元素会影响土壤物质中的生物与非生物间的反复运转及交换，既包括无机物质的有机质化，也包括有机物质的无机质化，影响土壤的结构组成及营养成分，如土壤的碳、氮及磷循环，最终影响农田土壤的质地、pH值、孔隙度等，破坏土壤物质循环，造成土壤中的生物营养不良、减产等。

（二）影响土壤生物生长

农田土壤重金属污染主要是由于人类的活动引起动态变化，随着重金属元素污染源输入农田土壤以及农田土壤中的农作物吸收、流水等作用，从而对农作物、微生物及人体产生不利影响。

1. 农作物

灌溉水源及土壤中的重金属元素会随着质外体通道或共质体通道进入农作物，从而影响农作物的品质，导致农产品中的重金属元素超标。此外，重金属元素超标也会破坏农作物酶系统、阻碍叶绿素合成及改变核酸代谢水平等，影响农作物产量。

2. 微生物

土壤中的真菌、放线菌、藻类等微生物，对土壤的硝化、硫化、固氮，以及有机质分解和养分转化发挥着重要作用。但当农田土壤重金属元素含量过高，会抑制微生物代谢、死亡，造成微生物群落结构发生改变。

3. 人体

农田土壤重金属元素会经过农作物，并经过食物链最终影响人体的消化道等机体，产生骨痛病、铅中毒等。此外，在农田作业过程中，因农药化肥的过量使用，大量重金属元素浮沉于空气中，经人体口腔、鼻腔等，影响呼吸道及肺部，长期富集，会造成机体病变。

第二节　土壤污染防治措施

一、土壤污染防治的意义

（一）保障人居环境健康的前提条件

土地污染问题是多种因素导致的，包括城镇化发展社会政策、经济水平与自然环境因素等。城市的发展建设过程中，土地的承受能力与社会的发展速度不匹配，导致生态环境受到破坏，对城市的发展有着反作用力，甚至会直接导致生态系统的退化。

不仅如此，土地污染问题在一定程度上加剧了土地资源的不足问题，使城市发展的空间与时间相违背，严重威胁我国整体的土地安全，更无法保障人居环境健康情况。由此可见，解决土地污染问题至关重要。土地污染直接危害着人体的健康，也影响着生态环境的保护，土壤肥力下降，无法正常转化养分，影响着整个土地食物链的健康程度。

同时，商业用地、公园用地、住宅用地产生的土地污染物能够通过口鼻、皮肤进入人体内，对人体健康产生直接的危害。因此，解决土地污染问题是保障人居环境健康的前提条件，有着不可替代的重要作用。

（二）推动我国城镇化建设的主要战略

我国是一个工业大国，无论城市还是农村，都存在着较为严峻的土壤污染问题。其中，城市土壤污染问题主要源于工业生产，随着城市的快速建设与发展，城市规划发生调整，越来越多的工业企业开始迁入较为偏远的地区，而这些企业都存在一定的污染性。近年来，我国各个城市在发展规划政策中开始频繁提到土壤污染防治的重要性。通过治理被污染的土地，将工业用地从原本不宜居的情况转化为宜居的城市用地，从而有效地解决城市土地资源紧缺问题。

（三）保障城市建设用地安全的基础

土壤污染具有极为明显的积累性、滞后性与不可逆转性等特性，土地污染不同于大气污染，从污染的产生到污染的暴露需要经过很长时间的积累，因土地的密度较大，污染物质无法快速迁移，也无法快速扩散或稀释。土壤污染的不可逆转主要是重金属污染造成，其通过污染土地，进而污染地下水，对人体健康产生间接的危害。并且在绝大多数的情况下，土壤污染都会伴随着复合污染问题，很难通过切断污染源来达到彻底消除土地污染的目的。

也就是说，一旦发生土壤污染问题，那么在很长一段时间内，土壤都不会恢复到原有的肥力水平，甚至需要换土才能消除污染，导致土地污染治理成本大幅度增加。历史上因土壤污染导致发生疾病的新闻并不少见，例如，日本民众在20世纪60年代初因食用被“镉”污染的稻米、饮用被“镉”污染的水而暴发的“痛痛病”。

因此，解决土壤污染问题是保障城市安全的基础，是降低生态风险的重要途径。2019年1月1日实施的《中华人民共和国土壤污染防治法》，是我国首次制定专门的法律来规范和防治土壤污染，也被业内称为“最强”土壤保护法，对建设用地污染预防提出了更为明确的新要求，更加契合城镇化进程需要。

二、国内外土壤污染防治的经验

（一）荷兰土壤污染防治做法

荷兰是最早对土壤保护进行立法的国家之一，早在1970年就起草了《土壤保护法》，其设定的土壤修复干预值和目标值在欧洲影响极大。下面就荷兰对于土壤污染防治工作的具体措施总结如下。

第一，通过完善修订法律，不断改进土壤管理理念。1983年荷兰发布的《土壤修复（暂行）法案》要求制定统一的土壤修复标准，土壤修复后要满足多种用途，这一管理理念最终导致修复成本增加，修复的土壤难以达标。1987年修订的《土壤保护法》则改变了管理理念，将统一设定修复标准值改为基于特定场地利用风险确定的土壤修复标准值，开始融入风险管控理念。到2008年发布了《土壤质量法令》，引入了土壤可持续管理理念，并考虑了土壤治理的成本和治理目标的可行性。

第二，拥有完善的修复标准体系。荷兰在《荷兰土壤质量法令》中设立了土壤修复的目标值和干预值，目标值是基于风险评估所确定的土壤中污染物含量的限值，当污染物含量低于这个限值时土壤的质量是良好的，且满足植物所需的全部要素。干预值则是基于人类的健康和生态系统的潜在威胁而设定的，当污染超过了干预值的限值时，就暗示着土壤中存在着风险。

另外，荷兰还制定了严重污染指示值，以针对尚未制定干预值或毒性未确定的部分污染物，截至2013年，荷兰修订发布的《土壤修复通令》中共设定了6大类、83种指标的土壤干预标准，这为土壤的风险评估提供了一定的标准。

第三，建立了包含调查监测、风险评估、治理修复、后续管理等土壤污染治理修复工程的程序。自1983年至今，荷兰已研发建立了多种土壤污染修复技术，基于法律法规不断地修订和完善以及长期的实践，荷兰在土壤污染治理方面有着自己完整的操作规程，对疑似污染土壤进行风险评估，根据判断存在的风险是否可接受来制定不同的管理修复方案，以降低土壤污染问题的发生。

（二）日本土壤污染防治做法

日本是世界上最早发现土壤污染的国家，后经历了一系列土壤污染事件后，日本颁布了多项关于土壤污染治理的相关法律，并且逐步建立了完善的土壤污染防治管理制度，以更好地解决土壤污染问题，具体做法如下。

第一，日本分别制定了专门法与相关法，且对不同用途的土壤以及引发土壤污染的潜在污染源进行了分别立法。日本通过《农用地土壤污染防止法》和《土壤污染对策法》，分别为农用地以及城市土壤污染的治理提供了专门的法律保障，而对于容易引发土壤污染问题的如农药、化肥、水、大气等污染源进行了相关的法律规定，如已颁布的《大气污染防治法》《水质污浊防止法》《废弃物处理法》《肥料取缔法》和《矿山保安法》等。

第二，建立了专门用于土壤污染治理和修复的整治基金。在日本，当土壤污染者不明或土壤所有者、污染者无法支付治理和修复费用时，可以申请土壤污染整治基金，这样可以避免土壤污染者因为资金短缺而不能进行土壤污染治理和修复，但土壤污染治理和修复的基金将保留对污染者追偿治理费用的权力。而基金的来源一部分为政府提供的专项治理资金，另一部分则为社会资本，日本将受污染的土地进行收购和治理，待修复完成后再将土地卖给企业，最后按基金出资比例对获利的5%进行分配。

第三，公开指定土壤污染区域。日本如果检测出某块土壤含有有毒有害物质致使土壤遭受污染，那么就会将该区域指定为受特定有害物质污染的区域，并将此情况记录在特有的土壤污染区域登记簿中，只有当土地所有者采取措施治理和修复了土壤，使其达到法定的土壤环境标准的允许范围内才可以申请删除记录。而土壤污染区域登记簿对社会是公开的，每一个公民都可查阅，以此来了解土壤污染的情况。在受到社会、公众监督的情况下，土地所有者为了维护自身的利益以及土地未来的价值，一般会积极地治理污染。

（三）湖北省黄石市土壤污染防治做法

湖北省黄石市是典型的资源性城市，它以采掘、煤炭、冶金为主，过去由于这些选矿、冶炼、化工企业排放超标的废水、废气和废渣使得农田的土壤耕作功能减退，为了修复农田，改善土壤环境，黄石市依照“制度先行”的思路，逐步形成了“黄石模式”。其具体措施如下。

一是建立了土壤污染防治管理体系，黄石市在确定了土壤污染防治目标和任务后，就将任务分派到各个县（市、区）人民政府、农业、环保、国土资源、林业等相关部门，并且设立了土壤污染防治工作领导小组，由市长任组长，政府的主要负责人和市直各职能部门任成员。同时还形成了可以推广和复制的土壤污染防治机制，建立了“预防—监测—预警—风险管控—治理修复—应急”的管理体系。

二是严格控制污染源头，避免新增污染的产生，逐渐减少已污染土壤的面积，形成政府主导、市场推动、企业担责、公众参与、社会监督的土壤污染防治体系。

三是实施了“引智引技”项目，为了加强全市的土壤污染防治技术，不断地与高校和研究机构建立了科研合作，在湖北师范大学建立了土壤污染防治技术中心，并且先后引入了中国节能环保集团和生态环境部环境规划院落户黄石，这些均为黄石做好土壤污染防治工作提供了技术支持与保障。

四是针对当地的土壤重金属污染情况，通过生物手段种植超富集型植物，利用其根系对重金属元素的吸附能力以降低其在土壤中的浓度，示范成功后并进行了大面积的推广，按照“宜农则农、宜花则花、宜草则草”的思路，积极推广花生、玉米等重金属低积累的农作物。

（四）广西壮族自治区河池市土壤污染防治做法

广西壮族自治区河池市是我国著名的有色金属之乡，对矿产资源的频繁采选冶炼导致当地的土壤重金属污染非常严重，在其土壤污染防治基础薄弱的情况下，河池市通过一系列的探索最终形成了“河池模式”，为当地的社会经济与生态环境带来了非常可观的效益。

1. 做好顶层设计

2016 年，河池市成为全国 6 个土壤污染综合防治先行区之一，面对建设初期的人力、财力、技术缺失的困境，政府采用了政府购买服务的做法，引入权威咨询机构，让专业的人士为土壤污染防治政策与技术上的研究提供设计，最终建设了一套“总设计师 + 政府管家 + 专业智库”的服务模式，具体来说是邀请生态环境管理部固体废物与化学品登记管理中心作为技术支撑的“总设计师”对建设模式进行顶层设计，编制出台相关的方案，确定目标任务和职责分工等，并邀请了国内知名专家组建咨询委员会，为土壤污染防治建设项目提供指导和技术把关，同时政府通过招标确定总承包单位，作为“政府管家”垫资组织项目的前期技术服务工作。

2. 构建风险管控

河池市创新采用了“分区分类分级”的风险评估理念，增加了对前期的土壤污染调查费用，通过规范调查的标准，采用风险管控措施，不仅切断了重金属污染物进入农田的路径，还极大地节约了财政资金并且节省了大量的时间。最后，构建水土统筹监测网，实现信息化建设。河池市在规模化的畜禽养殖场、采选冶炼企业周边、矿山周边以及蔬菜种植基地等重要点位布设土壤风险监控点，同时基于现有的地下水监测点位、尾矿库地下水监测点位以及园区地下水监测点位构建水土统筹监测网，以水为媒介，实现风险预警预测。此外，还建设了土壤信息化平台，将水、大气等环保信息与土壤调查监测相集成，最终实现大数据分析能力。

三、土壤污染防治的策略

（一）坚持生态恢复原则

土地污染防治工程比较复杂，并且是一项相当耗费时间的工程，其要求较高。相关工作人员必须了解土地污染源头，从源头上对其进行解决。土地污染源头较多，是土地污染防治工程中的难点及重点。

相关人员在进行防治工作时，必须以生态恢复防治为主要依据，在保障农业经济效益的同时对其进行有计划、有规律的防治。工作人员要基于生态恢复原则对土地污染进行防治，充分协调土壤污染的各项因素，并对其进行合理规划，从而提高土壤生态综合性。在防治过程中，可以使用农家肥料对土壤进行改良，农家肥料具有极强的生态特性，农业种植过程中应用农家肥不仅可以保障农作物的产量及质量，还能改善土壤内部环境，让土壤进行自我修复，从而使土壤生态环境得到恢复。

（二）坚持整体优化原则

当前，相关工作人员在进行土地污染防治时，要将整体优化原则作为重要依据。整体优化原则主要是指对土地进行整体的污染防治。因此，相关人员在以整体优化为原则对土地污染进行防治时，要尽量避免土地污染范围扩大，将土地污染控制在最小范围内，从整体上提高农业生产效益，实现效益最大化。同时，相关人员还必须对污染物进行有效控制和清洁处理，就土地污染整体防治而言，相关人员进行相应作业时要对清洁生产足够重视，避免污染物进入土壤中对其产生严重影响。

另外，相关工作人员还需要重视整体生态效益最大化，以整体优化为主要原则，实现土地污染最小化，以零污染为工作目标，将土地污染的不利影响降到最低，从而保护我国农业生态环境。

（三）加大节能减排的宣传力度

相关部门必须大力整治随意排放工业废气的企业，进一步提高污染排放标准，使旧能源可以被新能源所替代。另外，绝对不能在人员比较密集的地区建立污染性较强的企业，工业园区必须建立在无人居住的地方。而污水处理厂可以高效处理污水，保证污水处理的合理性，国家需要对污水处理厂建设更加重视，保证污水得以快速处理，避免这些污水对土地造成污染。有些工厂虽然具备污染物的相关处理设备，但其将经济利益作为考虑重点，很少应用这些设备，一般只会在应付检查时才会使用，相关部门要对这种情况进行严厉惩罚。

（四）制定耕地土地环境保护制度

根据我国目前的农业发展现状来看，我国大部分地区农业已经实现现代化生产，农业相关技术水平也有所提升，农业发展极为迅速。但是在这一过程中，农业种植人员对农业环境保护有所疏忽，重视程度不够。尤其是最近几年，由于现代化农业快速发展，农业种植人员在日常生产过程中会使用相应辅助手段以保证农作物质量，但对其没有进行合理利用，进而导致农业环境质量急剧下降，对农业生产的可持续发展极为不利。因此，相关工作人员要想保护农业环境就必须建立相关保护制度，如农业用地土壤环境保护制度，并将其全面落实。

另外，相关部门必须对农业用地使用加以规定，将其基本使用原则以及各级政府之间的责任进行明确划分，地方政府可以进行分级管理，从而根据当地实际情况、污染因素采取相应措施。

（五）加强土壤污染修复治理行业监管

在按照“土十条”和《土壤污染防治法》要求开展土壤污染防治工作的同时，建议地方政府还需在治理方式、管理体制等多方面进一步加强土壤污染修复治理行业监管工作。

1. 尽快构建土壤修复行业费用定额体系

费用定额是行业发展的基础，能规范行业内各种成本费用支出，也是实施成本责任考核、提高经营绩效的重要手段。由于土壤修复行业是新兴行业，环节多，如土壤污染状况调查、风险评估、修复技术方案设计、修复施工、环境监理、修复效果评估、检测分析等环节。

目前，没有政府和行业定额、费用体系，造价存在不透明现象，无法准确估价、预算和审核。为此，建议地方政府指定专业部门调研、起草、制定土壤和地下水治理修复行业定额、费用体系，进一步完善行业发展的基础工作。

2. 完善土壤修复工程招投标体系和评标专家库

前期开展的土壤污染治理修复实践活动时，可能在立项、招标等方面面临着重重困难，通过积极与政府有关职能沟通、呼吁，推动了部分环节招标纳入了监管。目前仅仅把修复工程施工和工程监理招标纳入住建部门监管，而其他环节招标监管仍处于空白。

现有的招标体系也是套用住建系统工程来制定招标公告、招标文件和评分标准，完全没有体现土壤修复是技术含量高、施工复杂、专业性强的行业特点，而且评标专家库也是市政工程评标专家库，土壤修复专家没有进入评标环节，严重影响投标质量。建议指定专业部门予以监管，将整个土壤污染防治体系纳入政府监管范围，进一步完善招标体系，丰富评标专家库。

3. 明确土壤修复工程开工许可或审批部门

现在土壤修复工程施工许可没有专业部门监管，无法办理施工许可手续，仅仅是由施工现场的环境监理机构、工程监理机构出具相关意见，仅靠建设单位批复同意开工。建议指定专业部门，纳入统一监管，完善施工许可手续。

4. 强化土壤修复治理工程全过程监管

土壤修复工程开工后，在施工过程中不像市政工程、房屋建筑等建设工程那样有专门的监管部门，能够规范监督、管理、指导现场施工，仅仅是依靠现场参建单位自行监管，缺乏政府监管约束力。建议指定专业部门，纳入统一监管，完善施工监管手续。

5. 进一步加大资金支持力度

由于污染地块大多是历史上环保意识不强、法律监管不严等遗留问题造成的工业退役场地，且是无法确定权利义务承受人的地块，完全由收储单位来承担土壤污染治理任务，资金投入巨大。建议政府应加大资金补助投入力度。

（六）完善我国土壤污染防治基金制度

从制度的完善上看，土壤污染防治基金属于政府性基金与公益性基金，其设立不仅要依据《土壤污染防治法》《土壤污染防治基金管理办法》，还需要按照《预算法》《审计法》《政府性基金管理暂行办法》等规定进行制度顶层设计以及细节上的完善。

1. 土壤污染防治基金顶层设计的思路

（1）明确土壤污染防治基金的目的

我国政府在土壤污染防治措施和基金设立目标等方面进行了不断探索，但以往相关工作均集中在有关防止污染的事后补救，即对受污染土壤的修复方面，难以起到很好的土壤污染预防作用。结合有关学者的理论分析，土壤污染防治应该集中精力于预防阶段。我国有将近 80% 的纯净土壤没有受到污染，下一步的基金规划需要解决这类土壤未来确保不受污染的问题。因此，土壤污染防治基金的设立目标，应从对受污染土地的治理和追责转移到兼顾对纯净土壤的防护和预防土壤风险上来。

（2）构建土壤污染防治基金制度的原则

我国土壤污染防治基金制度的构建，首先需要明确其运作的基本原则，其作为我国土壤污染防治的重要内容，不仅需要遵循环境保护法律制度的要求，更要体现土壤污染防治的特点。

第一，污染担责原则。污染治理一直以来是采用“谁污染、谁治理”的原则。污染担责是污染主体对污染土壤、破坏生态有治理义务，在土壤污染防治基金制度的构建上需要将污染担责贯穿于始终，污染担责是让污染主体对自身的污染行为承担责任，即对责任主体采取罚款、征收环境保护税作为土壤污染防治基金的主要来源，以彰显公平与正义。在使用土壤污染防治基金对污染治理进行资金填补后，基金管理者应当保留对未被追究污染担责主体的责任追究权。

第二，市场参与为主原则。市场参与为主原则，是指必须明确土壤污染防治基金制度运作的市场化方向。不仅要求社会资本参与到土壤污染防治基金制度中，而且还要求社会公众介入基金的监督中，这是基金健康运行的重要保障。目前，我国《土壤污染防治法》以及《土壤污染防治基金管理办法》都明确了基金运作的市场化方向，这就要求合理设计资金筹集、使用、回收机制，保证基金市场化良性运转。与此同时，还应当充分利用网络化时代的社会监督，将社会参与原则运用到土壤污染防治基金制度的各个环节，尽可能保障基金的健康发展。

第三，政府出资为辅原则。土壤污染治理与修复需要大量的资金，也需要攻克大量的技术难题，对于污染责任主体而言，其可能无法对土壤进行技术上的攻克，有时候还难以承担全部的治理修复费用。因此，需要政府承担公共产品供给的责任。政府掌控大量的社会资源，其在土壤污染防治上有着天然的优势，在必要的情况下，比如基金设立初期、在基金用于公益性用地或者农用地修复时，政府财政可以直接出资，对土壤污染防治基金的构建和运作提供必要的支持。但是这种直接出资支持从长远来看应当是辅助性的。

2. 明确土壤污染防治基金的来源

根据《土壤污染防治行动计划》，我国中央财政部门设立了土壤污染防治专项资金。未来除了加大政府资金支持以外，还需要拓宽社会资本进入专项资金。

同时，我国《土壤污染防治法》对各地方政府关于设立地方性的土壤污染防治基金也有了相关规定，形成由中央到地方的全方位的基金支持体系，为中央统筹地方对土壤污染状况进行整体把握、科学防控以及风险排除等多种项目提供了坚实的保障。

2020 年 1 月 17 日，财政部、生态环境部、农业农村部、自然资源部、住房城乡建设部、国家林业和草原局联合发布《土壤污染防治基金管理办法》，明确划定土壤污染防治的概念为：由各省级的财政部门经过财政预算，由政府主导下的单独出资或合资，按照市场方式建立的政府投资基金。该规定强调，市场化模式有利于盘活社会资金，引导社会资金加入土壤防治的社会公益实践。基金应当按照市场化要求设立、运作、终止和退出，并遵循公开、公正、安全、效率的原则。由此可见，根据当前我国政策制度安排，土壤污染防治基金来源主要包括以下方面。

（1）政府财政

土壤污染防治基金来自政府财政及公益性资金，通过政府转移的方式，进入土壤污染防治基金体系中。具体来说，基金中政府财政来源主要为税费以及一定比例的土地出让金等。

第一，土壤污染防治基金中的政府财政资金主要是包括政府财政资金、企业上缴的污染处理费、受污染土壤修复后带来的实际土地收益等。也就是说，这些是纳入政府财政的资金池，通过一定的政策安排和相关的法律制度，由中央政府及各地方政府按一定比例进行土壤污染防治基金的财政支持。

第二，“一定比例土地出让金”，指政府部门在耕地征收为国有建设用地并向市场出让土地使用权等情况下，在土地出让金中按照比例提取防治基金，用以支持耕地等土壤污染修复。在当前我国经济社会发展的整体视域下，农业用地转为建设用地的出让金的总额是比较大的，也是地方政府财政的主要来源之一，而为了更好地拓宽目前仍在承担农业生产的农用地土壤污染防治基金的来源，从法理上、制度上及行政管理工作的内在联系方面，可以从中提取资金纳入基金。

（2）社会资本

根据土壤污染防治基金市场化运作原则，在保证政府财政拨款的同时，还要依据“谁污染、谁治理”“谁受益，谁负担”的原则吸纳社会资本，提高企业和社会公众对土壤污染防治的重视度和参与度。基金管理者也可以通过各种渠道实现社会资本的吸纳。如修复的污染土壤运营转让，在保障污染防治效果的条件下，引入专业机构对土壤污染防治工作的参与、投资，减少成本的投入，这也是社会资本融入的一种有效途径。

近年来，随着土壤污染问题的显现，一些以土壤污染修复为业务的企业盈利而生，这些企业可以帮助政府相关部门对土壤污染进行有效预防和治理，提供专业技术手段和治理模式。但政府部门要想借助土壤污染修复企业进行土壤污染基金防治，需要承担大部分的成本，加上本身土壤污染防治基金缺口较大，这在一定程度上加重了资金压力。而借助合同形式将土壤收益转让给治理企业，或者通过合同的形式要求完成污染修复地块的受让人分担一部分治理成本，不仅弥补了资金缺口，同时将土壤污染防治部分责任转移，促进企业参与，加强社会公众的重视力度，使得政府对土壤污染防治压力分散，形成多方协同治理理念，政府部门也可以通过金融机构的融资形式获得资金的支持和保障。

近年来，环境保护一直是热门话题，通过出台绿色信贷制度、绿色融资制度，各地部分金融机构依照国家规定，对符合条件的土壤污染防治项目、企业进行融资、信贷，不仅可以促进社会经济的融合，同时对提高金融企业形象具有重要作用。

由此可见，社会资本在土壤污染防治基金来源中占据着重要地位，资金来源仅依靠财政支出的支持只能是一时的，不能提供未来常态化的治理保障。因此，对社会资本的吸纳，应当成为土壤污染防治基金的重要来源。引入市场力量能够有效避免政府失灵现象，使得基金管理更具专业性和商业性。基金管理的专款专用也将对土壤污染行为起到预防和遏制的作用。

（3）公益性资金

环境保护基金与其他领域的公益性基金运作的区别在于，公益项目中存在“眼泪指数”说法，即扶贫、教育等公益性的项目容易吸引社会公众、社会企业捐款捐物，而环境保护类项目的对象不是弱势的群体，很难在社会中引发帮扶的欲望，对于社会公众的感召力比较有限。基金的市场化运作必须要吸引社会资本投资，但是土壤污染防治基金的项目难点在于其无法落实到具体的个人或者是特定的群体，无法以具体的受益者对象设计项目吸引社会资本。在土壤污染防治基金吸纳社会资本投资上需要解决的问题是如何让投资人明确受益者，同时国内的环境保护基金在筹款上与国外的机制不同，通过社会平台筹资需要明确开展的项目，而土壤污染防治项目落实存在难度。社会捐赠是土壤污染防治基金的重要来源，《慈善法》第 3 条也规定对于环境生态保护可以进行善款的筹集。

近年来，随着环境污染现象的严重，社会公众对于环境保护的意识不断加强，因此要鼓励社会公众参与土壤污染防治工作中，设立专项的土壤污染防治公益捐赠点，构建社会公众对土壤污染防治基金使用状况监督平台，逐步将社会捐赠根据项目不同进行分类，将与土壤污染防治具有直接关系的社会捐赠纳入土壤污染防治基金中。

仅靠政府财政和市场资金，对土壤污染防治基金的支持仍然有限，发行社会福利彩票也是“开源”的一个选择。比如，设置相关彩票类的防治基金来源项目，或按照收益率不同合理分配包括耕地污染防治基金在内的基金项目的设立。

例如，在当前我国彩票体系中，也可以将土壤污染防治作为其中的一个重要内容，通过每年定期开展一至两次集中宣传、销售行为，将募集的资金专项用于土壤污染防治，同时也有利于提升全民的土壤污染防治意识，推进生态文明建设。由于福利彩票等方式对资金的筹集具有不稳定性，因此只能作为辅助资金的来源。

3. 明确土壤污染防治基金的使用范围

（1）污染者不明

由于历史遗留的问题，很多污染土壤无法认定污染责任人和使用权人，或者即使可以认定污染责任人，但是由于该责任人在土壤污染治理阶段已经破产或者消亡的，该地块的治理应当可以申请土壤污染防治基金，这部分土壤的治理申请应当由当地的政府机构作为申请主体，当土壤治理完毕后，应当将该地块的土地使用性质重新进行定性和划分，符合农用地条件的，划归为农耕用地，符合建筑用地条件的，划分为建筑用地。如果符合土地市场流转条件的，可以由当地政府对该地块进行挂牌拍卖，让该地块重新进入市场。一旦拍卖成功，政府应当将拍卖所得地价款按比例偿还土壤污染治理的费用。针对突发的严重的污染危机事故和无法确定污染责任人的土地，也可以申请适用土壤污染基金。

（2）农用地修复

《土壤污染防治法》将农用地放在了基金适用的首位，可见国家对于农用土地的重视。农用土地的污染不仅会危害粮食安全和公民健康安全，对于国家安全也会造成一定的危害。农用地的污染，一部分是工矿企业生产排污造成的；一部分是土地耕种方式不合理造成的，对于农用地的修复，个体无论是在技术还是在资金方面都存在较大困难，这也是国家设立土壤污染防治基金的重要原因之一。

对于农用地申请土壤污染基金的情况分为两种：一是污染企业造成土壤污染，但是责任人无法确定或已破产消失的企业，可以申请土壤污染防治基金；二是因为农户在耕种过程中不当使用化肥农药等物品造成土壤污染的情况，可以申请土壤污染防治基金。但是第二种情况有一种例外，就是农户使用的化肥和农药是不合格的，其生产厂家和销售方应当承担土壤污染防治的责任。土壤污染防治基金对该地块修复之后，可以对该生产企业和销售方追偿土壤防治费用。

（3）污染者难以承担修复责任

土壤污染的修复需要大量资金，对于普通的污染者而言，往往难以承担污染的修复费用，如果在穷尽行政或者民事、刑事手段对污染者进行追责的基础上依然无法获取足够的金额对污染土壤进行修复时，由土壤污染防治基金替代污染者支付修复费用，能够保证污染土壤能够及时得到修复，避免污染土壤造成更大的环境问题或者是对人体造成损害。土壤污染防治基金的支付费用过重，污染修复者以无力承担作为借口而推卸责任，可以提出追偿的诉求，如通过采取污染修复责任者申请禁止财产转移的保全措施。

4. 明确土壤污染防治基金的日常管理制度

（1）明确基金监督机关与职责内容

土壤污染基金的使用必须受到严格的监管，才能保障资金的使用符合法律的规定，这就要求通过立法明确基金监管的主体，对基金进行有效监管，以便对违反基金使用规定的行为依法进行严格处理。

1）监管的主体

第一，政府主导监管。土壤污染防治基金是政府性基金，土壤污染防治基金的管理和运行都离不开相应的政府组织机构，政府部门对基金监管应当有主导权，应当通过法律明确各个机构之间的职责范围。财政部联合多个部委下发的《土壤污染防治基金管理办法》明确各地的生态环境部门和财政部门作为基金的监管机构，对土壤污染防治基金的使用情况进行监管。因为基金的重要来源是政府财政拨款，财政部门对资金具有一定的监管权，而基金治理的土壤项目归于生态环境部门管理，对于土壤防治情况，生态环境部门具有专业的监管能力，二者共同监管对于基金的防治效果有良好的监督作用。

但是《土壤污染防治基金管理办法》对于基金各方面管理所涉及的机构权责分工并未有明确的规定，从域外基金管理的机构规定上看，需要设立专门的基金管理机构对基金进行管理。这样有利于确保对基金管理的专业与高效。除了各级部门和下级政府相互配合，全方位、多层次地进行土壤污染防治的政策性基金预防工作外，还可以由财政部牵头成立相关政府土壤污染防治基金的基金管理中心（如基金管理委员会），这样可以保证有关土壤防治的决策具有时效性和应用性，以便更有效地开展内部自查和外部监督。这样可以充分调动政府的政策实施号召性和强制性，驱动各专业人才投入土壤污染防治工作中去。

此外，对于基金发放和监管，要明确各个层面的审核和发放以及过程监管体系的建设，土壤污染防治基金应当采取独立核算管理体系。而且任何制度的实施必须有监督机制——绝对的权力导致绝对的腐败，对于土壤污染防治基金必须设立完善的监督机制，才能保障土壤污染防治基金用途的合法性。

因此，应当由审计部门介入，进行专业的金融监管，确保基金的使用效率。相关法律法规应当将审计部门纳入基金的监管体系当中，加强基金的监管力度。对于基金违规使用的情况，首先要加强监管和审计，及时发现违规行为。另外，还要对违规行为进行严厉处罚，对违规使用基金的单位和个人要进行严格的经济处罚和行政处罚，对违反相关法律规定的行为，还应当提交司法机关进行处理。通过严格的处罚方式，确保基金审批的程序和使用用途的规范化和合法化。

第二，社会团体参与。土壤污染修复的程度，关系着国家土壤质量安全和经济发展。土壤污染治理的复杂性和长期性，使得污染治理的过程极其漫长，仅仅依靠政府的力量，很难在短时间内对受到污染的土壤地块进行有效治理，不仅资金上需要引进社会资金的参与，在土壤污染治理的过程中，也需要社会团体的参与，通过社会团体的专业技术和公益力量，促进土壤污染治理的快速推进，有利于我国土壤的恢复性建设，重新发挥土壤的资源功能。如果发现存在挪用基金、浪费资源等问题，社会公众有权通过检举、诉讼或其他方式要求收回资金，同时对相关部门进行追责，即追究相关主体的责任。

2）监管的内容

第一，申请主体适格的监督。在土壤污染防治基金的审批阶段，必须对申请主体的资格进行严格的审查，在土壤污染防治的过程中和结束后，监督机构对于申请土壤污染防治基金的主体需要进行严格监督，对于符合申请主体条件的地块，依照基金管理规定进行资金投入，对于不符合基金使用、管理规定的主体，要及时停止资金投入，并对前期投入的资金及时进行追偿。

第二，资金使用过程的监督。土壤污染防治基金是政府性基金，其资金的出资、管理和使用应当严格按照预算制度的相关规定。土壤污染防治基金属于公益性质的基金，资金主要来源之一是财政拨款，对基金的支配和使用，就是对国家财政拨款的使用，其审批程序和适用项目应当严格按照我国财政法领域基金收、支方面的相关规定。

第三，土壤治理效果的监督。土壤污染治理的周期长，对于土壤污染治理的效果要及时跟进，严格监督，基金投入量应当与土壤治理效果成正比，并阶段性地跟踪调查土壤治理效果，对其治理效果进行监督。对于达到治理目标的土壤地块，要及时停止资金拨付，对于超出预算的土壤地块，要进行审计监督，符合条件的应当及时投入资金，对于达不到治理效果的土壤地块，要及时寻找原因，防止基金滥用。

（2）基金审批与使用的监管内容

土壤污染防治基金涉及部门众多，因此其审批和使用流程较为复杂。要想提高管理效率，还要完善基金审批和使用的规范性，明确审批和使用流程，依据相关法律制度对整个基金的使用进行监督和约束。对于违法行为要追回款项，并依法追究法律责任。在基金审批与使用的管理内容分析中，主要从基金的申请、基金的审核以及资金的发放三个方面进行分析。

第一，基金的申请。基金申请需要严格遵守相关法律法规，具体应做到以下几点。①基金申请人要明确申请基金的适用范畴。原则上，我国土壤污染防治基金的适用范围涉及多方位的土壤防治领域，必须在符合法定领域的情况下，如农用地污染修复、责任人不明污染地块修复等情况下才可以申请基金。②关于要明确土地使用权人的基金申请主体资格认定。《土壤污染防治法》规定土壤污染责任人难以辨别或者无证据证明时，修复活动应交与土地的实际使用人，这种规定虽然明确了责任人身份，但是没有考虑到实际过程中的实际使用人的经济收入情况。因此，为完善土壤污染防护基金的发放制度，应将土地实际使用人纳入申请人范围。可以建议申请人提前申请基金用以及时修复受污染土壤，经过一系列的审核后，第一时间下拨防护资金进行土壤修复治理。待事后土壤恢复产能，再进行相关责任人的追责调查。同时，受污染土壤所在地政府站在土壤污染防治的公益性层面也具备申请条件，并应该被列为第一申请人序列，即当与土壤污染有密切联系的公众和政府同时提出申请时，应优先考虑政府的申请要求。

第二，申请的审核。基金管理委员会的职责是对基金申请人提交的申请材料进行全方位的审核，一个基金项目的审核一般需要按照污染程度分出最优、次优以及最不紧急三类。对基金审核小组的任命也有严格的规定，我国的审核小组一般是从土壤污染防控专家委员会中抽选技术骨干，并配置专门的财政和监督小组协同完成。具体工作如下：第一步，由技术小组对上交的申请资料进行初步鉴别和判断，并且出具专业鉴定报告，为下一步财政审核做前提准备；第二步，财政小组在技术小组的基础上对涉及的具体防治措施和相关费用进行一一匹配，有关个别修复难度和预防项目的不确定性，须与技术小组磋商后再进行财政拨款；第三步，监督小组的职责分布在整个审核流程，不仅要对申请人进行资格监督，所有审核的内容需要出具专业性的鉴定报告以备存档，而且还要对技术小组和财政小组的操作规范和拨款流程进行监督，以确保基金的有效使用。

第三，基金的发放。按照基金申请程序，申请人通过审核后，就可以安排相应的发放事宜。虽然此时的初步材料已通过审核，但并不意味着申请人以及基金委员会便可以直接接收或发放申请基金。

首先，责任人必须提供来源真实的土壤污染治理与修复方案并且确定方案实施主体。其次，申请人委托第三方修复或者实施替代性修复的，在申请之前应进行公开招标，并向基金委员会提交第三方的关于专业资质、修复方案、所需费用评估等一系列材料，交由基金委员会以及生态环境等部门对所提供的材料的真实性、方案的可行性等方面进行严格审核。审核同意后即可发放基金。在基金审核通过的前提下，委员会便按照政府性基金领域的法律法规进行基金的发放。有关防治基金的发放方式，实际应用中有两种方式可做参考。一是先行发放，待污染控制后进行索赔和追责。该方式从保护环境的角度考虑，一旦发生土壤污染事件，则应在第一时间采取防治措施，防止污染恶化以及危害自然资源和人类生命安全。先申请基金发放可以起到高效防治的作用，最大限度地降低损失和污染。但是也应该看到其弊端为容易让责任人和利益相关人产生懈怠心理和依赖心理。二是由相关责任人进行污染防治，后期超出自身能力后才申请防治基金。这种方式能对责任人起到警示作用，促使其在日常土壤污染防护上尽心尽力，因为一旦发生事故，自己要承担连带责任且无期限。但不容忽视的是，当真正发生土壤污染事件后，往往不是个人能够承担得起的。所以申请基金之前会浪费修复时间和防护最佳时机，最终导致额外二次伤害。

综上，基金委员会应视具体情况，合理开展基金发放工作。为了顺利地发放防治基金，建议基金委员会在固定银行开立专门的银行账户，统筹资助和放款，对基金的财政收支情况实现精确记录和核算。同时，为避免私下交易和贪腐现象，基金的发放应由财务小组和监督小组共同完成，按照土壤污染治理与修复方案实施阶段及实施情况定时发放，对每次的发放凭证都封存备查。基金的收支明细、发放过程应当受到社会公众以及相关政府部门的监督。基金的发放应当尽早高效，以便土壤污染防治快速进行，实现生态可持续发展。

（3）明确违反基金管理规范所承担的法律责任

首先，在基金审批发放环节上，基金委员会不仅要制定基金审核和发放过程中的相关规范，还要兼顾违反基金审核和发放的行为追责制度。对于责任人和利益相关人来说，应对上报材料的准确性、真实性负责，严禁虚报和谎报土壤污染情况，以免引起审核小组的误判；对相关负责人而言，既要保证基金发放过程的公正性和透明性，做到按照规范推进审核工作，同样也应该加强自身守法和遵守程序的要求，实现自我监督。在土壤污染的责任人或土地使用权人明确或其责任人有能力承担责任时，应当要求基金管理委员会追偿相关的治理与土壤修复费用，社会公众有权监督追偿，以此保障基金回流，提高基金的使用和管理效率。

其次，在基金使用这个最重要的环节上，委员会的各部门需要确保其合规性和合法性。应当实时对基金使用进行监督，确保严格实施和严密监控，切实保障土壤安全和有效防止土壤污染事件的发生。全过程监督包括以下内容：首先对基金发放的数量进行监督，确保每一笔费用的花销都能够找到来源和项目的落脚点；其次基金在部门间相互转移的过程中要密切监督各个环节的部门履职情况，做到公开、透明，并严格自查；最后在落实到具体项目上，要和相关责任人确定，确保资金真正用在了有效防控土壤污染的关键之处。

5. 土壤污染防治基金使用的外部监督机制

财政部下发的《土壤污染防治基金管理办法》中明确各地的生态环境部门和财政部门作为基金的监管机构。但是对于基金的监管，还应当由审计部门介入，进行专业的金融监管，才能确保基金的使用效率。相关法律法规应当纳入审计部门的监管，加强基金的监管力度。

新《预算法》规定如下: 有关政府的全部收支均属于当年度的政府财政预算，应对其进行统一口径的财政预算管理。同时，对诸如一般公共预算、社会保险基金预算、国有资本经营预算、政府性基金预算等进行新的范畴规定。外部监督机制主要分为社会监督和行政机关监督两个部分组成。

（1）社会监督机制

社会公众和社会组织力量作为监督工作的重要力量，对土壤污染防治基金管理和监督起到至关重要的作用。由于当前的出资方较为分散，对该项基金的主要来源、基金的使用状况以及如何高效运营等各个环节都应该引入社会监督体系。通过社会监督体系，可以弥补当前由政府监督带来的执行力不足和内部监督不完善等弊端。

更为重要的一点是，市场能够发挥决定性作用，这种社会监督体系也在一定程度上体现了对社会出资和社会监督的重视，以便其更好地服务于土壤污染防治工作。作为基金出资人，公众有权及时了解该笔污染防治资金的来源、去向及其管理和使用的效果等，以便及时消除出资人的疑虑，增强对该笔土壤污染防治基金使用的认识和信心。

（2）国家监督机制

第一，审计部门要建立土壤污染防治基金审核体系，主要职责是对防治基金的使用、防治工作的开展、科学有效管理以及土壤质量改善进程做全方位的审计监督，从基金筹集到申请、审核、发放、使用等全过程进行监督。首先，审计部门要密切关注基金的种类和数额，定期检查基金的具体收入和开支的数额以及事项。其次，对基金审核、发放和分配进行严格审查，杜绝各个环节的潜在贪污腐败行为。最后，基金要用在关键问题的解决上，避免滥用。如发现挪用基金、浪费资源等现象，应授权审计部门通过诉讼或其他方式追回发放基金，并且对相关部门进行责任纠察。

第二，人大作为立法机关，应该对违反土壤污染防治基金制度的法律责任进行明确，同时还可以发挥人大的监督作用。在土壤污染防治基金的法律制度中，人大部门应该对违法行为以及承担的责任、承担责任的形式、责任所适用的情况以及具体的适用范围等内容加以明确。

另外，人大对政府的工作具有监督职权，政府也必须将履行职责情况向人大报告，各级人大代表在日常工作中，也可以对土壤污染防治基金管理违法行为进行检举，要求改正。所以应当发挥各级人大及人大代表对土壤污染防治管理工作的全方位监督。

第三，监察部门应根据《监察法》对土壤污染防治基金进行监察和监督。基金委员会是土壤污染防治基金制度有效运转的核心机构，因此该委员会必须秉持公正清廉的工作原则，监察部门也可以依法对基金管理委员会及其他部门的工作进行监督。

最后，土壤污染防治还要接受法院和检察院的监督，借助司法手段来获得赔付费用。司法机关的裁判具有专业性和法律性，依据法律规定公平、合理地做出裁判，能够使污染者赔付治理和修复费用更加快速，将相关费用有效地应用于治理土壤污染的长效机制中。

（七）发挥公众参与在农用地土壤污染修复中的作用

1. 加强信息公开披露

信息公开披露是公众参与的基础，信息公开披露的真实、充分、准确、及时关系到公众知情权的行使，这是公众参与在农用地土壤污染修复中的重要体现。加强信息公开披露有利于公众参与的实施，从而有效督促农用地土壤污染修复工作的开展。

加强信息公开披露首先应当完善相关制度体系，尽管目前法律法规对信息公开披露的主体、内容和方式等都进行了规定，但是制度规定不够具体，导致实施中出现诸多问题。细化信息公开披露规范，并且提高制度的可操作性，是加强信息公开披露的首要任务。

具体来看，应当明确信息公开披露的主体。信息公开披露存在成本而且可能对披露主体造成负面影响，尤其农用地土壤污染污染修复活动涉及多方主体，某些披露主体出于各种目的并未完全履行相应信息公开披露义务，因此明确信息公开披露主体是保障信息公开披露效果的关键。

除此之外，应当扩大信息公开披露的主体范围与内容范围。农用地土壤污染修复涉及公共利益，应当充分运用信息公开披露这一维护公共利益的重要支持手段。信息公开披露主体范围与内容范围也应当有所突破，这与农用地土壤污染修复信息公开披露的公共属性有关。涉及农用地土壤污染修复的所有主体都应当进行信息公开披露，信息公开披露应当包括农用地土壤污染修复相关的全部内容。

信息公开披露主体范围与内容范围的扩大将导致公开披露的信息大量增加，对于有关个人隐私及商业秘密的信息都应当进行严格管理，防止相关信息被非法使用而导致权利人的权益受到损害。信息公开披露在实施中应当增加强制性披露的比例，强制性披露有助于防止披露主体对应当披露的内容进行选择性隐藏。由于土壤污染修复是一个持续性过程，信息公开披露也应当确保披露的持续性。全国土壤环境信息平台为持续性信息公开披露提供了基本条件，通过信息平台的构建与完善，可以有效提高信息公开披露的效率与效果。此外，还应当引入针对信息公开披露的评价制度，并根据评价结果对披露主体给予相应的激励或惩戒，从而规范披露主体的信息公开披露行为。

农用地土壤污染修复的技术性强，技术障碍可能导致信息公开披露的不充分和不及时，这是目前限制信息公开披露的客观因素。因此，农用地土壤污染修复技术的提升有利于信息公开披露的实施，另外对信息公开披露方式加以技术改进，也能在一定程度上解决农用地土壤污染修复技术障碍造成信息公开披露出现的问题。传统的信息公开披露手段无法完全适应农用地土壤污染修复的特征，增加科技手段的运用有助于实现对农用地土壤污染修复相关信息进行公开披露的目标，只有这样，公众参与才具备实施的基本前提。

2. 强化公众参与的运用

公众参与关系到公民知情权与监督权的行使，强化公众参与在农用地土壤污染修复中的运用，既保障了公民基本权利，又可以有效提高修复效果从而维护环境公共利益。加强信息公开披露，为公众参与的实施提供了基本前提，在完善的信息公开披露体系基础之上进行公众参与的制度层面以及实施层面的改进，能够发挥公众参与在农用地土壤污染修复中的重要作用。

公众参与作为环境保护法的基本原则，已经在《环境保护法》中有所体现，尽管也已经出台了《环境保护公众参与办法》，而且在《土壤污染防治法》中也强调了公众参与作为土壤污染防治的基本原则，但相关法律法规针对公众参与的规定都较为笼统，并未提供公众参与运用的有效路径。制度设计是公众参与实施的基础，因此通过细化法律法规中的公众参与相关规定，可以为公众参与的现实运用提供指引与依据。由于农用地土壤污染修复具有明显的地域性，公众参与应当充分结合行政区域内农用地土壤污染现状与需求，地方政府规章以及地方性法规应当强化公众参与在农用地土壤污染修复中的法律地位，以促进公众参与制度的运用。

公众参与应当体现在立法、执法、司法等多个环节，其中参与立法是体现公众参与理论内涵的重要手段。在农用地土壤污染修复相关法律法规的制定中应当充分听取公众对于农用地土壤污染修复的建议，而目前听取公众建议的规定有时流于形式，因此构建可实施的公众直接参加到立法过程的途径，有助于发挥公众参与在立法中的作用。

此外，我国《立法法》强调应当保障人民参与立法活动的途径，公众参与在立法中的运用是体现人民意志的过程，是社会主义民主的基本要求。而且农用地土壤污染修复关系到社会公共利益以及特定群体的私人利益，相关法律法规的制定与修订更应该充分贯彻公众参与原则。

第三节　土壤污染治理技术

一、土壤污染修复治理技术

我国土壤污染修复技术的特点是成本高、种类多、难度大等，并且污染情况不同采用的技术也不同。若土壤污染不能得到有效和及时的治理，长此以往会对土地造成更为严重的污染而且会加大污染的范围。并且，含有害物质的污染土壤会向大气中释放污染气体，进而造成空气污染。若污染土壤中的污染物进入周边水域，有害物质将会污染整个水域，并且会随着水的流动不断扩大污染面积，不仅对水中的植物和动物的生存产生严重威胁，而且还大大降低了水资源的可利用量。

我国在土壤污染修复中，根据污染情况的不同采用相应的修复技术，以实现土地污染的良好恢复，满足农作物生长的基本环境条件。下面对几种主要的土壤修复技术分别进行分析。

（一）物理修复治理技术

物理修复技术主要是对土壤的物理过程进行调整，将其中的污染物转化为无毒或者是低毒的过程。具体技术方法有以下几种。

1. 土壤蒸汽浸提取修复技术

该技术在使用过程中，通过降低土壤空气中的蒸汽压，将土壤中的污染物转化成蒸汽，进而排出到外部。土壤蒸汽浸提修复技术是在污染土壤的内部引入清洁的空气产生驱动力，这时利用土壤固相、液相以及气相之间的浓度梯度降低气压，将土壤中的污染物转化为气态的污染物排出土壤。在使用过程中较为简单，对土壤结构的破坏力较小。然而，该技术只能处理不饱和的土壤，无法处理饱和土壤和地下水。

2. 玻璃化修复技术

该技术在使用过程中主要是利用热能在高温下将固态污染物熔化为玻璃状，主要应用于原位处理，不适用于异位处理。原位玻璃化是指在污染土壤中插入电极，对土壤固体组分施加 2 000 ℃的高温，使得有机污染物和部分的无机污染物挥发，进而将其从土壤中去除。熔化物冷却之后会形成玻璃体，将无机污染物进行包裹，使其失去了迁移性，原位玻璃化技术在使用时可用于破坏去除污染土壤、污泥等。在实施过程中需要控制尾气中的有机物和挥发性的重金属，再进一步地处理玻璃化后的残渣，避免二次污染。

3. 固化稳定化处理技术

该方法是通过物理或化学方法将土壤中的有害污染物进行固定，进而形成化学性质稳定的状态，阻止其在环境中的迁移扩散，能够有效地降低污染物的毒害程度。该方法可以应用在重金属或者是放射性物质污染土壤中，对土壤进行后续的修复和固化，全面发挥该技术的净化能力。该技术一般需要应用三至六个月左右，具体情况应该根据修复目标来调整，而且需要重点分析待处理土壤的体积、污染物浓度、地下土壤特性等。

4. 热力学修复技术

该方法是应用高温产生的物理化学作用，将土壤中的有机物挥发燃烧和热解。该技术主要应用于处理含有有机污染物的土壤，如常见的挥发性有机物、农药、高沸点氯代化合物等。热力学修复技术，它并不适用于大多数的无机污染物和有腐蚀性的有机污染物。它通过直接或者是间接的热交换，将污染介质以及所含有的有机污染物加热到足够的温度，最高温度可达 540 ℃，将污染物从介质中挥发或者分离出来。常见的热处理技术的热源有空气、明火以及和土壤能直接或间接接触的热传导液体。

5. 电力学修复技术

该技术最早是由美国路易斯安那州立大学研究的净化土壤污染的方法，可以在土壤中施加直接电流，在迁移、扩散、电渗透等共同作用下，使得土壤溶液中的离子向电极附近富集，进而对污染物进行去除与后期利用。在污染土壤两端添加低压直流电场能很好地除去无机污染物、放射性的物质以及吸附性较强的物质，该技术适用于地下水以及土壤中的金属离子去除，还可以吸附胶体颗粒。影响电力学修复效率的因素是多种多样的，常见的有电压以及电流大小、污染物性质、电极材料、电极的结构等。该技术具有速度较快、成本低的特点。除此之外，也可以使用换土技术、冰冻修复技术等方式进行土壤污染物的治理。

（二）化学修复治理技术

化学修复技术主要是使用化学制剂和污染物发生化学反应，进行氧化、还原、裂解、中和、固化等反应，进而去除土壤中的污染物。

1. 化学淋洗技术

该技术在运用过程中，主要是借助土壤环境中污染物溶解、迁移的液体来淋洗污染的土壤，让其吸附固定在土壤颗粒上的污染物，然后利用淋洗液化学助剂与土壤中的污染物进行融合，最后洗脱收集污染物。

2. 原位化学氧化技术

该方法是将化学氧化剂注入土壤中，氧化其中的污染物质，使污染物降解转化成无毒或者是低毒的产物。化学氧化技术不需要将污染土壤全部挖掘出来，只是在固定的污染区域进行钻井，通过泵将氧化剂注入土壤中，发生化学反应，并将废液进行抽提，且所产生的氧化剂废液可以循环使用。除此之外，该技术还可以修复严重污染的土地，对于污染物浓度较轻的区域，该技术的经济性较低。

3. 化学脱卤技术

化学脱卤技术主要是指向受氯代有机物污染的土壤中添加化学试剂，从而置换取代污染物中的卤素使其分解，属于异位化学修复技术之一，其局限在于一些脱卤剂能与水发生化学反应，加大了处理成本。

4. 溶剂浸提技术

溶剂浸提技术通过吸附或者粘贴土壤污染物，利用溶解度不同来分离有害物质。但是，该方法在使用过程中，处理难度较大，存在容易引发污染物迁移和需要过程调节等技术难题。

5. 原位化学还原技术

本方法主要是使用化学还原剂将污染物还原为难溶的状态。使用时通常是向土壤中注射液态的还原剂、气态还原剂等，并在土壤内形成具备化学反应的还原条件。常见的可溶还原剂有硫代硫酸盐、硫化氢等。

除此之外，实际治理中也可以使用土壤性能改良技术，此技术主要是针对重金属污染的土壤。不同的污染物在土壤中它的特性也是不同的，可以通过向土壤中添加石灰、堆肥、铁盐等改良剂，或者添加硫黄以及某些还原性的有机化合物，促进重金属形成硫化物沉淀，它能在一定的时间内固定污染物，但不能有效地去除污染物。需要注意的是，在改良剂添加时，虽然技术简单、取材容易、适应性极强，但是在使用过程中仍然存在一定的不足，如费用过高，处理不当会产生二次污染等。

（三）微生物修复治理技术

微生物修复技术主要是使用天然存在或者是特别培养的微生物，在可控的自然环境之下，将土壤中的污染物转化成无毒的处理技术。微生物修复能有效地消除减弱环境中的毒性物质，减少污染物对人体健康和生态环境产生的风险。常见的有自然微生物修复、强化微生物修复。自然微生物修复不需要借助任何工程辅助措施和生态调整措施，对污染土壤、地下水进行管控，确保土壤有充分和稳定的地下水流、营养物质丰富等，如果缺少某一条件，都会影响微生物技术的修复进程。强化微生物修复主要是通过人为手段促进微生物修复，也称之为“人工生物修复”，一般使用的是生物刺激技术、生物强化技术。在能够满足微生物生长所需的环境条件下，微生物不仅能够降解一些特殊的污染物，而且还能够利用该污染物作为碳源合成自身生长所需要的有机质，通过这一过程达到减少污染物含量的目的。

（四）植物修复技术

植物修复技术是一种新兴的污染治理技术。该技术主要是利用植物体自身特有的性质进行污染物的处理和转化，可以通过氧化还原或水解作用使污染物降解，也可根据植物特殊的性能加快土壤中微生物的生长，提高土壤有机物的分解能力，达到土壤修复作用。

二、修复后污染土壤的再利用策略

（一）提升修复后污染土壤应用的多样性

首先，可以将修复后的污染土壤应用在道路建设中，但不能应用在水源保护区附近的道路建设中，避免残留的污染物对水源造成污染。另外，要对土壤内的管线进行防腐和防渗漏处理，避免污染土壤中的有机物对管线造成不利影响。

其次，可以将其应用于农用地表层土的摊铺中，提升农用地的表层土壤厚度。污染土壤需要经过生物修复处理，避免化学物质对植被造成不利影响。污染土壤修复要有详细、明确的标准，根据不同类型的修复土壤，制定科学的利用方案。原位利用和异位利用有不同的利用方法，人们要参考实际应用目的，进行合理管理。在很多情况下，修复后污染土壤会被应用在城市绿化、建筑工地回填、道路路基填充等领域，人们要合理选择利用方式。与此同时，要重视污染土壤评估，在污染土壤达到相关标准后进行科学利用，提高污染土壤的利用效果。

（二）强化修复后污染土壤应用管理

有效的应用管理是保证污染土壤修复后得到合理利用的基础。首先，要组建专业管理团队，引导管理人员参与人才培训，重点宣讲污染土壤再利用原则、污染土壤修复后利用方法、污染土壤修复后利用要点、污染土壤修复后利用途径和管理创新策略等，与时俱进地提升其综合素质，满足污染土壤合理利用的要求。其次，要健全污染土壤再利用的管理制度体系，落实连带责任制度、奖惩制度和监督管理制度，明确各个部门的责任和管理权限，设置具体的奖惩标准，并委派专项小组监督污染土壤再利用的全过程，保证在出现问题后快速地找到责任单位和责任人，有效地提升污染土壤修复后应用的合理性。

（三）减少农用土壤应用限制

为了有效减少农用土壤应用限制，人们必须加大污染土壤修复后应用的宣传力度，推广农用土壤修复方法，创新土壤修复技术，保证不破坏土壤肥力。国家要积极扶持土壤修复技术研发机构发展，鼓励其进行技术创新，创造出污染土壤修复后可应用于农业生产的技术，减少农用土壤应用限制，提升污染土壤修复后应用的合理性。

（四）构建科学的污染土壤修复再利用程序

污染土壤修复后的再利用并不简单，要想达到理想的效果，必须做好资料审核和土地风险管理，对污染土壤实施跟踪。所以，人们要根据实际情况，构建科学的污染土壤修复再利用程序，并严格执行。首先，要确定污染土壤的修复方式和利用方式。其次，要做好土壤数据的调查与分析。再次，要对污染土壤修复利用进行科学评估，强化风险评估，确保土壤不会对周围环境和人体健康造成不良影响。最后，要对污染土壤修复后的再利用过程进行严格的风险监管，实现污染土壤修复利用的长远发展。

第四节　土壤环境监测技术

一、土壤环境监测现状

土壤环境监测方法标准是保障监测结果客观性及科学性的基础，可以确保监测工作的顺利进行。

（一）监测标准

《环境监测方法标准制订技术导则》（HJ 168-2020）是我国环境监测方法标准的统领性文件。土壤监测标准分为国家标准和行业标准两大类，主要包括国家标准、环保行业标准、农业标准和林业标准。

其中，国家标准和环保行业标准方法侧重于监测土壤环境污染，农业标准和林业标准方法侧重于监测土壤营养元素及其有效态、理化指标，它们共同构成了我国土壤环境监测工作的基本保障体系。

（二）监测方法

“十三五”期间，我国已建成 8 万余个土壤环境监测点位，基本实现了土壤类型全覆盖。根据采样后测定地点的不同，土壤监测方法分为原位测定和异位测定，前者是在现场完成采样及测定，后者是采样后将样品带回实验室测定。根据待测土壤污染物类型的不同，土壤监测标准方法分为无机物监测方法、有机物监测方法、放射性监测方法、理化指标及其他监测方法，表 5-1、表 5-2 和表 5-3 概括了我国土壤污染监测标准方法。

表 5-1　土壤中污染物测定标准方法（依据国家标准和环保行业标准）

类别	数量	监测内容	测定方法
无机物监测	55 种	元素总量（砷、镉、钴、锰等）、元素有效态（铜、铁等）、氧化物（二氧化硅、三氧化二铝等）、盐类（氰化物、硫酸盐等）	电感耦合等离子体 - 质谱法（ICP-MS）、波长色散 X 射线荧光光谱法、原子吸收分光光度法、原子荧光法、离子选择电极法、重量法
有机物监测	161 种	多环芳烃、多氯联苯单体、挥发性有机物、二噁英类、有机磷、有机氯、酚类、丙烯醛、丙烯腈、乙腈和毒鼠强等	气相色谱法（GC）、GC-MS、高效液相色谱法（HPLC）、高分辨 GC- 高分辨 MS 法、高分辨 GC- 低分辨 MS 法
放射性监测	3 种	元素钚和铀	放射化学分析法、固体荧光法、分光光度法
强化指标及其他监测	8 种	电导率、氧化还原电位、有机碳、可交换酸度、干物质、水分	电极法、滴定法、重量法、分光光度法、非分散红外法

表 5-2　土壤中污染物测定标准方法（依据农业标准）

类别	数量	检测内容	测定方法
无机元素及其有效态测定	21 种	元素总量（氮、磷、钾、硒、汞、砷、铬、钙等）、元素有效态（磷、硫、硅、硼、钼、锌、锰等）、盐类（碳酸盐、硫酸盐等）	联合浸提－比色法、半微量开氏法、王水回流消解原子吸收法、二乙三胺五乙酸（DTPA）浸提法
理化指标测定	15 种	pH、机械组成、容重、有机质、水分、水溶性盐总量、水稳性大团聚体、最大吸湿量等	电极法、滴定法、重量法、焦磷酸钠－氢氧化钠提取重铬酸钾氧化滴定法

表 5-3　土壤中污染物测定标准方法（依据林业标准）

类别	数量	检测内容	测定方法
无机元素及其有效态测定	15 种	元素总量（氮、磷、钾、钠、硫等）、元素有效态（硫、硅、硼、钼、锌、铁等）	联合浸提－比色法、王水回流消解原子吸收法、二乙三胺五乙酸（DTPA）浸提法
理化指标测定	13 种	pH、有机质、水分、土粒密度、交换性酸度、水解性总酸度、阳离子交换量、水溶性盐分等	电极法、滴定法、重量法、分光光度法

（三）存在的问题

我国土壤环境保护工作起步较晚，与发达国家相比，土壤环境监测方法体系存在一些不足之处：一是统一规划性有待提升，多元化的监测体系各成一体，影响其整体性和系统性；二是技术特色性有待发展，现有土壤监测方法大多借鉴水质监测技术，不能满足土壤技术特色要求；三是监测标准化有待加强，土壤监测方法仅占总监测方法的 1/6，远低于水或大气监测方法占比；四是监测方法多样性有待扩大，要不断探讨和开发新技术、新方法，以满足监测需求。

二、土壤环境监测技术的分类

目前，土壤环境监测技术中常用的有 3S 技术、生物技术、水平定向钻进技术、信息技术等。这些技术在土壤监测工作中的应用效果较好，一定程度上促进了土壤环境监测工作的开展。但这些技术应用的实践经验较少、应用特点不一，只有了解各技术的应用现状，才能结合当地的实际状况，合理选择监测技术，提高土壤环境监测工作的效率。

（一）3S 技术

3S 技术，即 RS（遥感技术）、GPS（全球定位系统）、GIS（地理信息系统），3S 技术原本是应用于测绘领域的高新信息技术，但随着时代发展和技术进步，3S 技术也逐渐涉足其他领域，其中包括土壤环境监测。在土壤环境监测中，借助遥感的卫星影像、GPS 的定位以及 GIS 强大的空间数据管理及处理功能可以获得区域的土壤信息及环境质量信息，这些信息可以反映到遥感卫星影像中，并通过 GIS 地理信息系统软件的数据处理和分析，了解土壤的状况。

在 3S 技术应用中，相关人员可以科学、有效地设置土壤环境监测点，通过土壤样本采样为 3S 技术提供先验的样本知识和土壤信息，经卫星成像、现场信息采集、数据处理等过程，分析出监测区域的土壤信息分布特征。专业技术人员根据 3S 技术提供的土壤特征信息，及时提取土壤环境变化区域，并给出有效的解决措施。

（二）生物技术

生物监测技术是土壤环境监测技术中常见的技术之一。随着科技进步和社会发展，生物技术也得到了一定的完善和推广，并且生物技术可以与其他环境科学相统一，共同发挥作用。目前，生物技术在很大程度上缓解了我国土壤环境质量下降的问题。常见的生物技术有生物芯片和 PCR 技术等，这些技术相较于传统监测手段，环境监测效果较好，但其资金投入较大，限制了生物技术的应用。因此，在实际应用中，要对经济性问题、环境问题进行全面分析，确保能充分发挥该项技术的优势与价值。

（三）水平定向钻进技术

水平定向钻进技术常用于土壤采样和调查工作中，该技术应用简单，技术人员可根据土壤特点开展钻井作业，通过钻井采样得到与土壤环境相关的数据，该技术具有效果好、成本低等优点。

（四）信息技术

近年来，计算机和互联网技术的发展突飞猛进，并逐渐在各行各业中占据重要角色。在这种背景下，土壤环境监测也顺应信息时代的潮流，引入了信息技术。信息技术中最重要的是无线传感器技术，该技术能够打破时空界限，将监测到的各种类型的土壤数据进行无线传输和存储，相关人员通过信息传输实现对土壤监测系统的控制。该项技术提升了土壤环境监测工作的灵活性。

三、土壤环境监测质量管理重点要求

（一）监测人员及能力要求

土壤环境监测人员的能力决定着土壤监测质量的高低。监测人员可以分为进行技术业务的人员和进行环节掌控的管理人员。技术人员根据土壤环境监测的环节，可以在编制方案、采样、运输、分析、数据审核、报告编制等环节分设不同的技术人员，提高整体流程的专业性。监测人员必须经过专业培训，监测能力要得到确认及授权，以高素养和高技术水平完善监测的各个环节，降低监测质量风险。

（二）合理配置仪器设备

监测仪器作为监测的主力军，有着至关重要的作用，仪器的配备需要根据所需土壤环境监测的指标来设置。要配备检定或校准合格的必要监测仪器，包括采样仪器、预设处理仪器、便携式分析和实验室分析等仪器。

（三）试剂耗材和关键试剂检查

监测过程需要设备仪器的辅助，完成监测同时需要消耗一定的试剂与实验室用品，这些需要满足标准化要求，保证其清洁性，降低对样品的污染程度，提高监测的准确性。可在进行样本收集之前，对容器及耗材进行相关指标的监测，把握好关键试剂检查环节，以减少误差。

（四）监测方法和方法验证

土壤环境的重要性，意味着监测方法的制定需要通过极高要求的标准，综合考虑不同情况的需求，选取合适的标准方法，采取方法验证的方式保证实验室的能力能够满足要求，结合实验室人员能力和标准差异制定作业指导书，提高监测的精确程度，降低误差的产生率和生产成本。

（五）监测环境的影响

土壤环境监测的过程根据需求不同，可能会在不同的区域进行开展，而周边环境条件对于监测的过程有着相应的影响。首先，环境条件不满足可能导致检测设备不能正常运转，产生较大实验误差。其次，土壤样本的采取需要在规定监测区域进行，如果出现意外的环境变动，需要及时停止监测。最后是样品的转送问题，环境的波动可能会在输送途中影响或改变原样本的固有性质。

四、土壤环境监测技术的发展趋势

（一）以监测有机污染物为主

土壤污染问题分为多种类型。其中，由有机物超标或有机物成分异常引起的土壤污染是一种非常棘手的类型。这一污染的污染程度日益严重、种类日益丰富，解决问题的速度赶不上问题出现的速度，成为目前治理的难题。

目前，有机物土壤污染对人们的侵害主要是由食物引起的，食品安全是社会稳定的基础，因此，必须解决有机物土壤污染。对此，相关人员应给予高度重视，将监测工作作为中心环节，同时要加强对监测技术的研究。

（二）监测分析精度向痕量发展

精确的数据报告是正确实验结果的基础，这就对数据采集提出了更多的要求。因此，必须要提高监测的精准度，引进现代化设备，接受新型治理观念。此外，领导层应带头创新，被领导者也应加强学习意识、创新意识与责任意识，提高土壤方面相关的数据报告的准确度与真实度，做到精益求精，避免出现研究工作受阻、资金投入浪费的情况。

（三）现场快速分析技术将得到广泛运用

随着时代的发展，更加有效和更加先进的治理技术与治理设备层出不穷，利用 X 射线的重金属快速监测技术就是众多新生技术的代表之一。该技术使用方法简单，大大提高了监测效率，同时可以实现现场快速分析，减少了工作人员的工作量，还提高了整个土壤防治工作的效率。

第六章　固体废物污染防治与监测

固体废物污染具有较强的危害性，也是当前环境污染中的主要危害之一，因此要加强对固体废物污染的防治与监测。本章分为固体废物污染及其危害、固体废物防治措施、固体废物污染治理技术、固体废物监测技术四个部分。主要包括固体废物污染的概念、特点及危害，土体废物环境影响评价，我国固体废物防治策略，固体废物跨国转移，我国固体废物监测技术的发展、标准、技术及应用情况等内容。

第一节　固体废物污染及其危害

一、固体废物污染概念及特点

固体废物作为在错误时间放错位置的资源，其背后蕴含着大量的可利用价值，是不容错失的资源，为了能够将其价值充分挖掘出来，变废为宝，要针对固体废物进行监测，以实现循环利用。

（一）固体废物的概念演变

在生产生活或者其他活动中制造出来的已经失去了原有使用价值，或者虽然还残有一定使用价值但是已经被丢弃了的那些固态、半固态和放置在容器里面的气态物质以及法律法规当中纳入固体废物范畴的物质被称为“固体废物”。这个定义其实非常宽泛，所包含的种类也十分复杂。对于这些固体废物，我国实行的处理原则是将其资源化、减少化和无害化，希望能够减少它们的危害，将它们变废为宝，实现对它们的二次或者多次利用，充分利用可用资源。

1. 国内对于固体废物的界定

从中国法律对固体废物的界定来看，官方对固体废物的释义逐步明确，整体以强调固体废物的“废弃”特征为主。

1995 年颁布的法律附则中将固体废物定义为“在生产建设、日常生活和其他活动中产生的污染环境的固态、半固态废弃物质”，意在强调其污染特性。

在 2004 年固体废物被定义为“在生产、生活和其他活动中产生的丧失原有利用价值或者虽未丧失利用价值但被抛弃或者放弃的固态、半固态和置于容器中的气态的物品、物质以及法律、行政法规规定纳入固体废物管理的物品、物质”。这一定义在不再单纯强调固体废物的污染特性，而从固体废物本身的物理特征及其废弃状态出发进行概念界定。

在 2020 年最新修订的《中华人民共和国固体废物污染环境防治法》中，对固体废物的界定除沿用 2004 年的基本定义外，法律附则还增加了例外条件的界定，即“经无害化加工处理，并且符合强制性国家产品质量标准，不会危害公众健康和生态安全，或者根据固体废物鉴别标准和鉴别程序认定为不属于固体废物的除外”。排除这两种例外情形，意味着官方在法律框架内将“固体废物”与“固体废物产品”和“无害化固体废物”予以明确区分。也就是说，在符合中国国家法律与相关标准的前提下，能够作为资源产品的固体废物或经过无害化处理的固体废物均不属于固体废物的范畴。

整体而言，中国法律定义下的固体废物具有“废弃”特征，“废”指物品丧失原有工业、公共设施和居民日常生活使用价值，“弃”指物品所有者放弃所有权，重点强调固体废物的负面特征。然而，《中华人民共和国固体废物污染环境防治法》中关于“固体废物”内涵的变迁表明中国政府对固体废物概念有了更加深入且全面的理解。

特别是 2020 年修订版中两种例外情形的区分，在定义上厘清了一般固体废物与固体废物产品的差别。相应地，中国政府定义下的进口固体废物也都包括“垃圾”成分：物品所附着的污物及回收和运输过程中所携带的污染物。中国政府与民间社会将进口固体废物俗称为“洋垃圾”，泛指所有的进口固体废物，既包括正规国际贸易渠道进口的固体废物，也包括走私夹带等方式进口国家禁止进口的固体废物或未经许可擅自进口属于限制进口的固体废物；有时特指后者。这些概念定义与类别区分为固体废物治理相关政策的执行提供了基本依据，配套政策的出台进一步表明了中国政府鼓励固体废物综合利用的基本态度。

2. 国际社会对于固体废物的界定

从国际社会对于固体废物的界定和解读来看，大体可划分为两个阶段：第一阶段的定义重点关注固体废物的污染特征及其给人类健康和生态环境带来的负面影响；第二阶段的定义则从关注其污染特征逐渐转向兼顾固体废物的污染与资源特征及其综合利用。

20 世纪 90 年代初，国际社会普遍强调固体废物的环境污染属性。随着固体废物研究的深入和国际贸易的兴起，国际社会与学术界对于固体废物的解读发生转变，越来越关注其作为“二手资源”的经济特性。

1990 年 9 月，联合国环境规划署制订了解决世界固体废物 10 年计划，修改了废物的定义，认为人们称为“废物”的物品并不是无用之物。

2011 年，《巴塞尔公约》缔约方通过的《新战略框架》（2012—2021 年）认为应当重新界定“废物”的定义，特别是要更加重视其资源属性。

2015 年，联合国环境署发布《全球废弃物治理展望》，认为《巴塞尔公约》中废物的定义错将一般废物和可作为资源的废物混为一体，忽略了废物作为“错置资源”的属性，建议区分传统废物中的弃置废物部分和可利用 / 可修复部分。从这一视角出发，研究者将“废物”定义为“人类活动具有负面价值的可处置剩余物，由市场对其进行外部化并将其转化为正价值”。

3. 中外对于固体废物界定的综合分析

通过比较中国与国际官方对于“固体废物”的界定，可以发现中外对于“固体废物”概念的界定都经历了逐步发展和演变的过程，从强调其污染特征转向关注其兼具污染和资源的复合特征。然而，中国语境与国际社会语境下的固体废物仍存在以下区别。

第一，中国政府定义的固体废物具有“废弃”特征，并清晰地将其与具有资源属性的固体废物产品予以区分；国际上官方对于废物的界定则相对模糊，认为大多数废物都属于“错置资源”。

第二，从类别上讲，中国政府对于固体废物的讨论包括危险废物（危废）及农业固体废物，国外语境下的固体废物则主要指城市固体废物，危废及农业固体废物不在其讨论范畴内。

具体而言，中国语境下的固体废物主要包括工业固体废物、生活垃圾、建筑垃圾、农业固体废物、危险废物等。国外语境下的固体废物包括生活垃圾、工业废弃物、商业与公共机构的废弃物，建筑工地垃圾、公共服务废弃物、制造业流程废弃物等七类，其中并不包括危险废弃物和农业废弃物。

（二）固体废物的分类

固体废物具有危险性和时间性等特征，因此需要加强对于固体废物的管理工作，这是固体废物有别于其他种类废弃物的地方。对于当前的科学技术和经济条件来说，有些固体废物无法被加以循环利用，但是相信随着时代与科学的进步，假以时日，这些今天的废物会变成明日的资源。而其空间特征是因为固体废物只是在某种方面失去了使用价值，但是其在别的方面依然存在使用价值，还有待人们发掘和使用。

1. 工业固体废物

工业废物是指在工业生产过程中由于丧失原有价值而被抛弃的垃圾和物体。从当前的工厂生产来看，随着生产效率的提高，它所生产出来的固体废物数量也在提升，影响着当前的环境。工业固体废物根据工厂用途的不同有着相应的特点。冶金工业的废物包含重金属等元素，经过冶炼等操作后排放的残渣，具有极强的腐蚀能力，在堆积的过程中会融入土壤中，引发土壤酸碱度等性能上的改变。工业固体废物还包括化工行业所产生出来的一些垃圾废物，它们具有不同的化学特性，如果流入水体中，不但会影响水生动植物的生存，还会对人们的日常用水造成一定的破坏。

工业固体废弃物，即在工业生产活动中或者交通工具产生的工业废渣或工业垃圾。固体废弃物不仅自身具有污染性，在处理过程中还会产生二次污染，并且难降解或难处理，如若处理不当，废物中的有害成分通过空气传播以及经雨水侵入土壤和地下水源、污染河流，对生态环境危害极大。当前我国已经采取采用清洁生产工艺、发展物质循环利用工艺和综合利用技术循环利用固体废物中的有价值部分等控制措施和一些处理技术来尽量减少固体废弃物的污染性，但这些处理技术成本过高且尚不成熟，当前工业固体废弃物对我国生态环境带来的破坏仍很严重。我国工业固体废物排放量这十几年间整体上处于不断上升的趋势。从 2007 年起，每年工业固体废物排放量逐渐增多，2017 年我国工业固体废物排放量达到了 38.7 亿吨，与 2007 年的排放量相比，增加超过两倍。

因此，从工业固体废物的排放量上来看，短时间内这一状况难以改变，不仅需要加强针对工业固体废物的处理技术，更要关注我国粗放式经济增长对环境造成重大危害，才能长远解决工业固体废物排放带来的环境污染问题。

2. 农业固体废弃物

（1）生活垃圾

随着农村经济的发展，生活垃圾类型也随之转变，塑料制品、电子垃圾及固体包装等固体废弃物的排放量不断增加。据社会调查研究报告显示，农村居民每日垃圾产量在 1 千克左右，基本与城市居民生活垃圾产量持平。但是由于农村地区的基础配套设施不完善，农民群众的环保意识淡薄，大量生活垃圾直接排放到自然环境中，对自然环境造成了一定的危害。

（2）生产废物

目前，农业生产废物是农村常出现的污染垃圾，且随着农业发展速度的加快，农业技术日益完善，难以在短时间内自然降解或根本无法自然降解的化学制品被广泛应用到农业生产中。尽管这些化学制品的使用对提高农业生产效率、农作物产量具有一定作用，但也加重了生态环境污染。相关研究报告显示，我国农业种植中，化肥农药的使用量、农用薄膜使用量较大，这些废物会对土壤、水环境带来较大的污染和破坏。

3. 危险固体废物

在固体废物中，它包含一些特殊的有害物体，它们具有易燃易爆、传染性等特点，在堆积的过程中会迅速地对周围环境和生物造成影响。在现代社会中，在处理工业废水，废气污染物时会产生污泥、吸附过滤物等，它们有着极强的危险性，需要对其进行分析后选择合适的处理方法。

4. 城市垃圾

城市垃圾具有大量性、区域性等特点，主要包括居民垃圾、道路垃圾以及公共垃圾等，成分具有复杂性，大多没有经过系统的分类，许多不同特点的垃圾物品掺杂在一起，为后续的治理工作提高了难度。随着人们生活水平的提高，城市垃圾中的有机物含量也在增多，包括一些油脂物品，它们对于土壤来说有着非常严重的破坏性，还会深入地下水源中，引发生态危机，如何对城市生活垃圾的分布规律以及特点进行研究，是污染治理的主要内容。

二、固体废物污染危害

固体废物对生态环境会造成的影响与废水、废气是不同的，它主要是通过水、空气和土壤这些介质来对环境造成影响，固体废物之中的污染成分对环境的影响是比较缓慢的，可能需要很多年才会产生明显的影响被人类所发现。而且有些固体废物，是很可贵的二次资源，对其最好的处理方式就是资源化，转化为原材料或者产品。而废水、废气中的污染物经过不同的处理工序，有时候也能转化成为固态物，这也是当前固体废物数量较多的原因之一。

（一）水源污染

如果将固体废弃物直接排放到水体中，有害物质就会随着水生态系统循环扩散，对水生动植物的生存繁衍构成威胁。如果大量的水生动植物死亡并腐烂，则会降低水质，造成严重的水体污染。

（二）大气污染

固体废物中有很多颗粒状的物质，这些物质在风力作用下会飘散在空气中，给大气带来污染，即使有部分物质可通过降解处理，但时间周期较长，且分解后还会产生大量的有害物质。如果这些有害物质进入大气中，不仅对动植物的生存繁衍造成不利影响，还对人们的生理健康构成威胁。尤其是大量农业废物的燃烧，会产生高浓度的烟尘也、雾霾，降低空气质量。

（三）土壤污染

在通常情况下，固体废弃物都是直接接触地表的。随着接触时间的延长，固体废弃物中的有害成分会渗入地表中，破坏土壤成分，导致土壤中的微生物数量减少。同时，土壤肥力的降低，也会影响农作物的产量和质量。

固体废物是环境污染的源头，也是环境治理的主要对象，它具有不同的类型，在不同的环境下会体现出不同的特点。对于固体废物来说，它不会在短时间内实现迁移和扩散，具有一定的堆积特性，在某种程度上降低了土地的利用率，有些地区的固体废物由于无人管理，导致堆积在山头等人烟稀少的地区，长此以往，会对土壤造成不可逆转的破坏。为了实现对固体废物的处理，有些国家选择将其倒入海洋中，不仅会造成水体的污染，还会由于水环境的迁移和扩散，引发更为严重的后果。在城市的规划建设中，固体废物既污染当前的环境，还影响市容市貌，它的治理工作有着非常重要的作用。

三、城市固体废弃物产生的原因及污染的危害

（一）城市固体废弃物产生的原因

产生城市固体废弃物的原因有很多，综合来讲可以分为以下几点。

第一，城市化进程的不断推进和工业化的发展，虽然让人们的经济实力和生活质量得到了有效的提升，但是由于在发展过程中缺乏绿色环保的意识，致使人们在生产和生活过程中不注重保护环境，使得固体废弃物的数量急剧增长。由于意识的不到位，导致政府面临“先污染后治理”的尴尬局面，经济效益的一味提升是以生态环境被破坏为代价的，城市雾霾、沙尘暴、气候变暖等现象都是在提醒人类在发展的过程中不能肆意妄为，只有在保护的基础上实施绿色发展战略，才能够真正为人类家园的发展做出有效贡献。

第二，在工业化发展过程中，人们除了没有对环境保护加强重视以外，自然资源的浪费问题也非常严重。在工业开发工作中，人们对自然资源进行无节制开采，导致部分资源被过度开发，且在资源使用过程中，由于工作人员缺乏

节能减排的意识，导致能源浪费现象极为严重，不仅加大了生产成本，为能源使用企业带来严重的经济损失，而且也让当前自然资源出现了严重的匮乏现象。通过对城市固体废弃物的能量进行分析可以得知，如果人们能够在处理过程中对其实现有效的资源化利用，充分开发城市固体废弃物的潜力，不仅能够有效降低自然资源的损耗，而且还能够为城市发展带来极大的经济效益。

第三，由于我国的废弃物处理工艺还处于发展阶段，虽然部分发达城市已经开始采用先进的处理技术，但是多数城市在处理过程中仍然采用传统的填埋法和焚烧法。这对废弃物治理来说只是治标不治本，所以在城市化发展进程中，政府需要改变治理思想，不断加大研发力度，挖掘城市固体废弃物的资源化利用价值和发展潜力，将发展困境转变为发展契机。在提高固体废弃物处理工作质量的同时，降低对自然环境的污染，为绿色低碳城市的可持续发展提供强大动力。

（二）城市固体废物污染的危害

在城市化发展进程中，城市人口数量的飞速增长也给固体废弃物处理工作带来了极大的挑战。简单来说，固体废弃物是指社会群众在生产生活的过程中产生的固态以及半固态的废弃物质，其中主要包括污泥、生活垃圾、生产废料、动物尸体、人畜粪便等。由于固体废弃物的来源广泛，且产量大，其内部结构复杂，可能含有各种有毒、有害物质，能够对人们的生活环境乃至自然界带来严重的危害。总结来讲，城市固体废弃物的危害可以分为以下几个方面。

1. 造成了各种资源的大量浪费

由于工业化进程的发展以及人口数量的飞速增长，固体废弃物的产量也逐步增大，这不仅需要投入大量的人力资源和物力资源对其进行处理，还需要占用大量的土地资源来进行合理堆放和处理工作，“垃圾围城”的现象已经成为部分城市的发展困境。

2. 对生态环境造成了极为严重的破坏

城市固体废弃物中包含生活废弃物和工业固体废弃物，相对来说，生活废弃物的处理安全性较高，这是因为工业废弃物中可能含有多种有毒、有害物质，如汞、砷、铅、氰以及放射性物质等。在对废弃物进行处理的过程中，如果处理方式不当，导致污染物质进入城市化生活系统中，就会对水生生态和陆生生态带来污染问题，不仅如此，如果处理人员工作不当，严重情况下可能会引发中毒、灼伤、放射污染等突发性事故，从而造成人员伤亡。

3. 给人们带来精神污染

城市固体废弃物除了物理污染之外还能够给人们带来严重的精神污染。由于废弃物的不稳定性和危险性导致人们避之不及，不仅能够给人们带来视觉污染、嗅觉污染等，也会直接影响当地的经济发展，在损害周边生活居民身体健康的同时带来物质损失。

第二节　固体废物防治措施

一、我国固体废物防治策略

（一）健全相关法律法规

国家要健全对废弃物防治的法律法规，应从下面几个方面考虑。首先，对有关资源的调配实施控制。其次，带动所有部门共同合作处理废弃物，提升处理的流程化、规范化。另外，还要出台有关的扶持政策，从法律层面为从事废弃物处理的企业提供支持及保护，提高企业的效益和积极性。此外，还要强化废弃物管理基础设施建设，建立信息平台，优化交通情况，促进废弃物管理水平的提高。

而对于农村固体废物污染防治，要从几个方面考虑。首先，从法律层面来说，结合农村地区发展的特殊性，健全各项相关的法律法规。其次，借鉴发达国家农村固体废物治理经验和技术，结合本国国情制定新的治理方法，提高农村固体废物污染的整治效率，恢复农村生态环境。最后，禁止焚烧秸秆，应将秸秆转化为其他领域的可用资源。

（二）运用技术优化生产工艺

工业生产中会出现众多的固体废物，有关责任人应该了解污染问题产生的原因，形成具有针对性的防治策略，降低污染程度，从而提高企业的经济效益。企业人员需要对各种生产工艺进行全面优化，促进资源的充分利用及经济利润的增加，同时，安装有害固体废物的监测设备，还可以对各种废弃物进行循环利用，降低废弃物的污染程度。

此外，企业要开展清洁生产，消耗较少的能源，还应进行科学投资，对各项工艺进行革新，当形成科学的生产工艺后，将此项技术向其他工业企业进行推广。若企业中的固体废物数量庞大，还应该落实强制性的清洁生产审核制度，并对各种污染状况开展评估，且企业的经营模式应发生转换，将各种处理结果规范到实处。

另外，企业应当科学开展各种经营活动，了解固体废物的生产现状，并逐步改变废物的处置思路，降低废弃物的储存量，当开展新的生产项目时，需预测可能产生的废物数量，企业还应对各种处置流程进行风险评估与合理的监督管理，淘汰不规范的处置装置。

（三）确立废弃物处理模式

每个地区的经济及自然条件都不尽相同，运用的废物处置方法也存在差异。针对发达地区，可通过收集、转运、处理的方式，让固体废弃物处理实现规模化以及产业化，兼顾各方效益。针对经济发展水平较为落后的地方，可以对固体废弃物自觉收集、集中处理，进而保护环境，减少资源浪费问题。

每种固体废物应分门别类地放置，可以在工业生产中运用废弃物收集装置，从而对每种废弃物进行分类的处理，生产中产生的金属残渣，可以将其制成合金，固体废物会获得二次回收利用。

此外，对加工完成的废弃物进行检测，金属含量应该与国家规定的标准吻合，如果污染程度微乎其微，可以将其排放到河流中，每类工业废物都应被规范的储存、科学的处置，处置过程符合环保的理念。并将各种废物的处理结果进行公开，提高民众的参与度，企业还需搭建有利的沟通平台，制定污染信息防治的公开办法，促使民众知晓固体废物的处理效果。在制定各种固体废物的处理政策时，还应广泛征询民众的意见，民众可以对处理过程提供合理的建议。最终，固体废物才能被妥善处理。

对于农村固体废物防治，要优化产业结构调整，大力发展循环经济。在减轻环境污染的前提下，实现农业经济效益的最大化。首先，要减少化肥和农药的使用量，切断非循环性、非安全性物质源头；其次，促使生物链末端与首端联合，确保末端排放的固体废弃物能够经过一系列中间环节的处理作为可利用资源重新进入生物链中；最后，购置先进的技术设备，为循环经济的持续发展奠定基础。

（四）加强农村环保基础设施建设

现阶段，我国大力倡导协调解决三农问题，即创建农村宜居环境，推动农业经济发展，提高农民经济收入。在这样的大环境背景下，相关人员需大力拓展融资渠道，为农村环境保护基础设施建设提供必要的资金支持。

（五）增强公民的环保意识

政府和环保管理部门都要改变思维，组织开展宣传教育活动，让人们了解到更多的固体废物处理的知识和方法，让其意识到处理的重要性。针对没有及时处理的固体废物集中堆放区，应该设置警示牌，警告人们不要乱丢废物，同时警示居民远离，减少废物的危害。

农民群众的环保意识淡薄也是农村地区环境污染问题加重的主要原因。为此，相关部门应加大环保宣传力度，引导广大农民群众认识到环境污染的危害，以及开展环保工作的重要性，调动农民群众参与环保工作的积极性。首先，增强广大农村干部的环保责任意识，养成良好的卫生习惯，充分发挥模范带头作用；其次，将环境保护纳入村民教育体系，定期组织开展各种各样的环保宣传活动，从而创造良好的村落环保风气。

二、固体废物跨国转移

自 20 世纪 90 年代以来，全球固体废物贸易快速兴起。从 1992 年起，全球固体废物交易量从 0.456 亿吨增长至 2011 年的 2.226 亿吨；其中，出口至发展中国家的固体废物从 1997 年的 18.7% 增到 2009 年的 40%。这一现象引起学术界的广泛关注：为什么会出现固体废物跨境转移的现象？什么原因导致固体废物全球交易量的快速增长？从已有研究来看，学术界观点可以大体划分为两类：一类研究认为，固体废物的跨国流动有利于促进全球层面的资源有效利用，因而其存在具有合理性和必要性；另一类研究认为，固体废物跨国流动的动力主要来源于发达国家环境负外部性转移的需要，这客观上正在造成发达国家和发展中国家环境治理负担的不平等。由此，固体废物的资源化利用和环境负外部性转移构成了固体废物跨国转移的两套基本逻辑。

当前，作为主要的固体废物进口国，中国在全球固体废物贸易市场中发挥极为重要的作用。自 1996 年以来，中国进口固体废物快速增长并于 2009 年达到峰值。2009 年，中国进口固体废物 5 517 万吨，接近发展中国家进口固体废物的 50%、全球总贸易量的 20%。2017 年国务院宣布年底前禁止四类 24 种固体废物的进口；2020 年也明确指明“国家逐步实现固体废物零进口”。随着中国政府洋垃圾禁令的颁布，中国进口固体废物的规模随之快速下降，2019 年固体废物进口比 2016 年减少了 71%。这一决策对全球固体废物回收行业产生巨大冲击，如国际回收局主席阿瑙德 · 布吕内（Arnaud Brunet）所言，“中国的固体废物进口禁令使全球回收体系几乎陷入瘫痪”。

2020 年 6 月，生态环境部宣布自 2021 年起，中国全面禁止固体废物进口。

然而，中国在固体废物全球流动中的角色不会因此而终止，一方面，中国政府的洋垃圾禁令与全球回收贸易体系之间存在客观的紧张关系，国家政策规制因素与全球市场激励因素均对固体废物的流动产生影响；另一方面，随着经济的发展，中国未来存在从固体废物净进口国向净出口国转变的可能性。因而，研究和分析固体废物的跨国转移对于中国参与全球废物治理具有重要的意义。

（一）机遇与挑战

固体废物跨国转移的动力机制既包含对消除或转移环境危害的考虑，也包含对固体废物处理成本及资源收益的考量。20 世纪 90 年代以来，全球固体废物贸易快速兴起。固体废物交易量从 1992 年的 0.456 亿吨增长至 2011 年的 2.226 亿吨，20 年内增长超过 5 倍。以塑料为例，全球废弃塑料交易量从 1950 年的 150 万吨激增至 2018 年的 3.59 亿吨。全球贸易逐渐上升为固体废物跨国流动的主流模式，与其相悖的是，固体废物的污染转移逻辑却在国际社会话语体系中渐显式微。为什么全球贸易会成为当前固体废物跨国流动的主流逻辑？这可能为全球固体废物治理带来哪些机遇和挑战？

1. 固体废物实现跨国转移的机遇

全球贸易成为固体废物跨国流动的主流模式，本质上是市场逻辑，但也与学术界和国际社会两方面影响密不可分。

一方面，学术界对于固体废物的认知发生较大变化，相应地，固体废物管理策略也发生重大转变。其基本认知的变化在于，固体废物不再被看作“无用的废物”，而被视为“错置的资源”。在这套认知体系的支撑下，学术界提出废物综合管理系统，设立具有不同优先级别的废物处置策略。20 世纪 90 年代中期，国际社会开始积极倡导循环经济理念。新的认知体系和管理策略推动固体废物作为可回收利用物品加速实现跨国流动，这为全球废物贸易模式的兴起提供了基本的科学依据和理念支持。

另一方面，从全球治理视角来看，自 20 世纪 70 年代以来，在“新自由主义”的标签下，以美国为首的西方国家进一步推动全球范围内的市场开放与全球化。随着区域化与全球化的兴起，固体废物逐渐被纳入“全球化”的范畴。从固体废物转移机制的设计构想来看，为其设立基本的国际环境标准并通过市场竞争配置资源的方式实现作为“二手商品”的全球流动，能够成为解决固体废物污染问题的市场化手段。基于以上两方面原因，全球贸易逐渐成为主流的固体废物跨国流动机制。

2. 固体废物实现跨国转移的挑战

虽然全球贸易逻辑存在一定的优势，但也存在明显不足。从理论上来讲，完备的固体废物市场交易制度确实能够实现全球范围内资源回收利用，从而减少全球生态资源消耗的总量。然而，在实际运行中，国际社会倡导的市场化工具既为固体废物治理问题提供了解决方案，也为废物污染的跨国转移提供了合法化依据，并没有从根源上解决或消除废物的环境负外部性。固体废物跨国流动的污染转移机制与全球贸易机制看似兼容，实际上具有一定的内在冲突。其根本冲突在于：在固体废物跨国流动过程中，全球贸易逻辑对于污染转移逻辑产生吸纳作用。由于贸易逻辑符合当前全球经济市场化范式，处于主流地位，更加容易受到国际社会与发达国家的支持。但在实践中，基于客观存在的国家间环境制度差异、国际环境协定规制力低等客观原因，污染转移在一定程度上成为贸易流动的结果，难以被有效规制。具体表现为以下三个方面。

（1）不成熟的国际市场环境

不成熟的国际市场环境导致真正的环境成本难以充分有效地体现在固体废物的定价及贸易过程中。由于参与全球固体废物贸易的不同国家之间存在环境标准、环保执法、环境信息公开等方面的差异，这些制度差异难以有效反映在全球贸易的固体废物产品定价机制中。

例如，废物由 A 国出口至 B 国，B 国的环境标准、执法力度和环境信息公开程度均低于 A 国，当 A 国按照 B 国标准支付出口固体废物的转移成本时，虽然满足市场公平规则，但却难以满足两国间的环境公平准则；A 国与 B 国之间的环境制度成本差异难以合理有效地反映在全球贸易的产品定价机制中。也就是说，固体废物贸易对进口国生态环境和居民健康产生的代价并没有公平地被计入全球贸易成本之中。

（2）国际环境协定对于全球废物贸易的规制能力很低

研究表明，《巴塞尔公约》等国际环境协定对于固体废物跨国转移的约束力和影响力非常弱。一项对于属于统一海关编码同类固体废物贸易研究发现，来自不同出口国的同类固体废物相互之间可替代性较弱、具有高度的异质性。这表明，跨国流动中的同类固体废物仍存在较大差异，这意味着《巴塞尔公约》等国际环境法难以对跨国固体废物中的污染属性实现精准有效的规制。此外，全球回收市场秩序存在一定程度的失范现象，跨国走私、夹带屡禁不止。

（3）国际政治经济格局的宏观影响

在固体废物跨国流动双重逻辑的背后，固体废物跨国转移还受到国际政治经济格局的宏观影响。

一方面，发达国家与发展中国家对于固体废物贸易的讨价还价权力和能力不同，发达国家拥有更大的议价权。从全球治理来看，以美国为首的发达国家对于国际制度的规则制定具有重要影响。然而，美国并未参与签署《巴塞尔公约》，并退出《巴黎气候变化协定》等一系列国际环境公约，这对环境公约的有效履行形成较大挑战。

另一方面，发达国家与发展中国家的观点分歧还体现在对同一个国际协定的不同解读中。2011 年，《巴塞尔公约》缔约方通过了《新战略框架》（2012—2021 年），在对“废物”的解读中，发达国家认为应重视废物的资源属性，重新建立国际统一的废物定义；发展中国家则认为单纯强调废物的资源属性不利于打击非法废物走私与越境转移，并认为应强化固体废物转移配套的财政与技术援助机制，双方事实上产生分歧。由此，国际主流化的话语体系也对固体废物跨国转移机制产生重要的影响。

（二）对策

全球贸易为固体废物的资源化利用创造了新的路径，从而使全球层面上的废物减量与控制成为可能，进而促进全球生态环境质量的整体提升。然而，从区域视角来看，国际环境规制的缺乏和各国环境标准的不平衡导致环境污染转移加剧，进而可能造成国家之间环境资源分配不平等和环境正义缺失等问题。

在全球贸易的主流话语体系下，固体废物跨国流动的根本动力在于固体废物处理的价格成本与比较优势，市场机制成为助推固体废物跨国流动的核心要素，污染转移在一定程度上成为全球固体废物贸易的伴生物。在无规制或弱规制的全球贸易框架下，与固体废物贸易伴生的环境负外部性转移构成全球固体废物治理的核心挑战。具体而言，有三个关键问题尚待研究。

第一，如何有效设定全球贸易中的固体废物标准，并实现有效监管？这个问题涉及固体废物作为“二手资源”的标准化设置，以及国家之间有效监管的协调机制。

第二，如何合理地为全球贸易中的固体废物进行定价？由于国家之间存在环境制度差异，有效地将环境负外部性内化于固体废物的定价机制，是兼顾市场公平与环境公平的关键环节。

第三，如何有效提供固体废物处理的跨国技术转移与援助计划？由于废物进口国需要在不同程度上消纳环境负外部性，出于环境公平的考虑，废物出口国应当向进口国提供污染处理相关的技术援助与财政支持。

上述三个方面均是在固体废物全球化的背景下尚待回答的关键问题，只有这些问题得到有效解决并被纳入固体废物市场，才可能真正实现贸易公平与环境公平。此外，在全球贸易逻辑下，还需要严厉打击未被纳入全球市场的走私等违法行为，严禁非法固体废物的越境转移。

中国在全球固体废物贸易市场中占有举足轻重的地位。作为传统固体废物的进口大国，在固体废物的全球贸易中扮演着至关重要的角色，中国国家决策对于全球市场发挥着关键性作用。随着中国在国际政治经济体系中地位的变化，全球可持续发展的实现离不开中国的参与和积极作用的发挥。

基于对固体废物基本属性及其跨国转移动力机制和运行逻辑的剖析，实现全球固体废物治理的核心在于公平、有效地推进废物资源化利用，并解决其跨国转移过程与处理过程所产生的环境负外部性。为推进全球废物治理，有效参与全球废物治理体系改革和制度建设，有以下建议值得思考。

1. 完善国际公约的履行与监管制度

积极参与并支持废物治理相关的国际公约，推动完善国际公约的履行与监管制度。增强《巴塞尔公约》《水俣公约》《斯德哥尔摩公约》等国际公约的执行能力与机构建设，提升国际公约制度的有效性与可持续性。降低固体废物出口转移的环境风险，按照国际公约以环境无害化方式利用或处置出口废物；重新制定进口废物的鉴别标准并完善执行配套措施，将符合环境与资源相关标准的固体废物纳入允许进口的范围内。

2. 建立公平、合理的全球固体废物贸易市场

推动建立公平、合理的全球固体废物贸易市场，将环境成本有效纳入废物贸易体系内。积极参与全球性或区域性的固体废物回收行业的标准制定工作，提升国际固体废物回收标准；推动完善全球废物贸易监管制度，促进国际废物回收标准执行的规范化；研究明确不同类别废物的环境成本，并将其纳入交易体系，实现全球固体废物贸易市场的经济公平与环境公平。

3. 鼓励固体废物处理技术转移

鼓励多种形式的固体废物处理技术转移与国际环境援助计划。

一方面，促进和规范固体废物技术转移制度，鼓励科研机构、废物回收行业、技术企业等废物处理机构的国际合作，鼓励多元主体在全球废物治理中发挥各种优势，推动形成国际废物治理共同体。

另一方面，倡导多种形式的国际环境援助计划，对于发展中国家提供固体废物处理与处置的技术支持、能力培训与资金援助，开展目标导向的制度化援助项目，共同实现固体废物跨国转移的实施。

4. 严厉打击固体废物的国际走私行为

严厉打击固体废物的国际走私行为，严禁非法固体废物的越境转移。我国要积极与固体废物贸易国加强合作，鼓励各种形式的废物贸易监管举措，为非正式监管举措设置信息交流渠道与信息公布平台，提升国际监管能力，完善国际监管制度。共同采取严厉措施惩治固体废物非法走私行为，控制危险废物跨境转移，共同保护人类健康与环境安全。

三、我国固体废物防治发展趋势

（一）减量化

减量处理，就是在固体废物排放量、体积、数量、种类、危险性方面，都从源头上实施减量控制，减少处理压力，合理开发和利用好各种资源、能源，从各个方面促进我国固体废物防治的发展。

（二）无害化

无害化处理的固体废物防治的发展中，除了要减少固体废物对环境的影响，还要把握好处理方式，减少处理中各种污染物的影响，选用诸如生化处理、热解化处理等比较理想的固体废物防治技术，实现环境可持续发展。

（三）资源化

对固体废物实施资源化处理，就是利用先进的技术措施，把能够回收再利用的固体废物实施资源化处理，并形成可再生资源，给人们的生活以及生产创造价值。常用的资源化处理方式主要有两种：一种是循环利用；另一种就是变废为宝。资源化处理能够缓解资源危机问题，同时减少环境问题治理导致的资源浪费。

总之，我国固体废物防治要从污染物的源头抓起，提高生产工艺，减少其产量。针对已经产生的固体废弃物，应该尽量实现减量化、无害化和资源化，对其进行科学的处理和利用，降低其对环境的影响，同时促进经济发展。

第三节　固体废物污染治理技术

一、固体废物的处理技术

固体废弃物处理通常是指通过物理、化学、生物、物化及生化方法把固体废物转化为适于运输、储存、利用或处置的过程。目前采用的主要方法包括压实、破碎、分选、固化、焚烧、生物处理、环境生物、微波技术等。

（一）压实技术

压实是一种通过对废物实行减容化，降低运输成本、延长填埋场寿命的预处理技术。压实是一种普遍采用的固体废弃物预处理方法，如在对汽车、易拉罐、塑料瓶等的处理中通常会采用压实的方式进行处理。适于通过压实的方式来减小体积的固体废弃物，还有垃圾、松散废物、纸带、纸箱及某些纤维制品等。对于那些可能使压实设备损坏的废弃物不宜采用压实处理，某些可能引起操作问题的废弃物，如焦油、污泥或液体物料，一般也不宜作压实处理。

（二）破碎技术

为了使进入焚烧炉、填埋场、堆肥系统等废弃物的外形尺寸减小，必须预先对固体废弃物进行破碎处理。经过破碎处理的废物，由于消除了大的空隙，不仅使其尺寸大小均匀，而且质地也均匀，在填埋过程中更容易被压实。

（三）分选技术

一种通过分选将有用的充分选出来加以利用，将有害的充分分离出来；另一种是将不同粒度级别的废弃物加以分离。例如，利用废弃物中的磁性和非磁性差别进行分离、利用粒径尺寸差别进行分离、利用比重差别进行分离等。

（四）固化处理技术

固化处理技术是通过向废弃物中添加固化基材，使有害固体废弃物固定或包容在惰性固化基材中的一种无害化处理过程。理想的固化产物应具有良好的抗渗透性，良好的机械特性，以及抗浸出性、抗“干—湿”、抗“冻—融”等特性。这样的固化产物可直接在安全土地填埋场处置，也可用做建筑的基础材料或道路的路基材料。

（五）焚烧和热解技术

焚烧法是固体废物高温分解和深度氧化的综合处理过程。由于固体废弃物中可燃物的比例逐渐增加，采用焚烧方法处理固体废弃物，并利用其热能已成为必然的发展趋势。以此种方法处理固体废弃物，占地少、处理量大，在保护环境、提供能源等方面可取得良好的效果。欧洲国家较早采用焚烧方法处理固体废弃物，焚烧厂多设在10万人口以上的大城市，并设有能量回收系统。日本由于土地紧张，采用焚烧法逐渐增多。焚烧过程中获得的热能可以用于发电，利用焚烧炉发生的热量，可以供居民取暖，用于维持温室室温等。日本及瑞士每年把超过 65% 的都市废料进行焚烧而使能源再生。但是焚烧法也有缺点，例如，投资较大、焚烧过程排烟造成二次污染、设备锈蚀现象严重等。

焚烧、热解和气化等热化学转化技术路线可回收蔬菜秸秆中的能量。国内使用焚烧手段来处理蔬菜秸秆的比例约为 30%。由于蔬菜秸秆含有大量水分，使得加热使水汽化或达到超临界条件所需的高能供应是废物热处理的一个严重缺点。废弃物热处理除了会产生有害空气污染物外，还大大增加了大气中的二氧化碳净排放量，不利于环保。直接还田技术处理简单、技术要求低、便于操作，是目前蔬菜秸秆资源化利用使用比较广泛的方法。但在实际操作中，由于我国大部分蔬菜采用常年连作的种植方式，病虫害问题难以得到根治，蔬菜秸秆中多包含病虫害组织，以及含水率高的特质使得其极易腐烂，更加促使病菌传播，因此直接还田利用有较高的污染风险，因此需要加强灭菌，可进行烟雾剂熏蒸和高温高湿灭杀，在不适用熏蒸和高温灭菌的大田，可以配合施用生物菌，加快蔬菜秸秆的发酵腐熟和分解转化。此外，直接还田如果用量过大或者使用不均匀，容易发生与作物争夺养分的矛盾，甚至出现死苗减产现象，使用时也要注意使用量和使用时间的控制。

（六）生物处理技术

固体废物的生物处理技术主要是利用生物体或生物体的某些组成部分或某些功能，来处理固体废弃物，使其无害化，或者采用生物方法和技术在使废弃物无害化的同时来生产或回收有用的产品。简言之，凡采用与生物有关的技术来处理利用固体废物的方法，都可称为“固体废物生物处理技术”。它是固体废物稳定化、无害化处理的重要方式之一，也是实现固体废物资源化、能源化的系统技术之一。与非生物处理方法相比，生物处理技术具有成本低廉、能耗低、简便易行、没有或很少的二次污染、生产效率或物质转化效率高等优点。

利用微生物进行的生物处理技术有好氧堆肥技术、厌氧发酵技术（沼气化），糖化、蛋白化和乙醇化技术、饲料化技术（将有机废弃物转化为食用菌栽培基质并形成担子菌发酵饲料）、有机废弃物制氢技术、尾矿和低品位矿石的微生物湿法冶炼提取金属技术等。

利用植物或动物进行的生物处理技术有：重金属污染土壤植物修复技术，利用植物吸取土壤中的重金属，使土壤得以净化；有机废物的蚯蚓处理技术：利用蚯蚓将城市垃圾、污泥和农林废弃物转化为优质肥料，并获得蚯蚓蛋白饲料的技术等。

1. 好氧堆肥处理技术

好氧堆肥是在有氧条件下，好氧细菌对废物进行吸收、氧化、分解。微生物通过自身的生命活动，把一部分被吸收的有机物氧化成简单的无机物，同时释放出可供微生物生长活动所需的能量，而另一部分有机物则被合成新的细胞质，使微生物不断生长繁殖，产生出更多生物体的过程。在有机物生化降解的同时，伴有热量产生，因堆肥工艺中该热能不会全部散发到环境中，就必然造成堆肥物料的温度升高，这样就会使一些不耐高温的微生物死亡，耐高温的细菌快速繁殖。生态动力学表明，好氧分解中发挥主要作用的是菌体硕大、性能活泼的嗜热细菌群。该菌群在大量氧分子存在下将有机物氧化分解，同时释放出大量的能量。据此好氧堆肥过程应伴随着两次升温，将其分成三个阶段：起始阶段、高温阶段和熟化阶段。堆肥过程的影响因素包括生物挥发性固体、通风供氧、水分、温度、碳氮比等。通常要经过物料预处理、一次发酵、二次发酵和后处理过程。

废弃物经过堆肥处理后，结构蓬松无臭，病原菌能被大幅度灭绝，体积减小，水分含量降低。另外，废弃物腐殖化程度极大提高，农地利用不会出现烧苗和烧根的现象。而且，能极大地改善土壤结构性能，提高土壤的保水保肥能力，堆肥本身富有大量的微生物，因而施用堆肥可明显提高土壤的生物活性，可有效加速土壤物质的生物化学循环。

好氧堆肥处理步骤简单，可以将蔬菜秸秆中的有机物转变为腐殖质，适用于各类蔬菜秸秆的资源再利用，但由于蔬菜秸秆含水率高、碳氮比低等特殊性质，好氧堆肥处理时仍会产生臭气，堆肥过程中需添加高碳氮比膨松物质调节含水量，持续通风和翻堆以防止局部厌氧，增加了堆肥成本。同时，好氧堆肥过程中菌种鉴定、堆肥工艺和机理等方面研究还不完善，各项技术参数（物料配比、接种技术、温度参数、水分参数、通风参数）还存在进一步探讨和改善的空间，细化好氧堆肥过程的关键影响因子参数值，开展配套装备研发，实现对堆肥进程的控制和堆肥质量的预测是蔬菜秸秆好氧堆肥及其推广应用面临的重要问题。

好氧堆肥是在有氧条件下，好氧微生物通过自身的分解代谢和合成代谢过程，将一部分有机物分解氧化成简单的无机物，从中获得微生物新陈代谢所需要的能量，同时将一部分的有机物转化合成新的细胞物质的过程。堆肥的结果是废弃物中有机物向稳定化程度较高的腐殖质方向转化，腐殖质的形成十分复杂。

（1）好氧堆肥的微生物学过程

好氧堆肥的微生物学过程可大致分为以下三个阶段，每个阶段都有其独特的微生物类群。

第一，产热阶段。堆肥初期（通常在 1 ～ 3 天），肥堆中嗜温性微生物利用可溶性和易降解性有机物作为营养和能量来源，迅速增殖，并释放出热能，使肥堆温度不断上升。此阶段温度在室温至 45 ℃范围内，微生物以中温、需氧型为主，通常是一些无芽胞细菌。微生物类型较多，主要是细菌、真菌和放线菌。其中细菌主要利用水溶性单糖等，放线菌和真菌对于分解纤维素和半纤维素物质具有特殊的功能。

第二，高温阶段。当肥堆温度上升到 45 ℃以上时，即进入高温阶段。通常从堆积发酵开始，只需 3 天时间肥堆温度便能迅速地升高到 55 ℃，1 周内堆温可达到最高值（最高温可达 80 ℃）。此时，嗜温性微生物受到抑制，嗜热性微生物逐渐被取而代之。除前一阶段残留的和新形成的可溶性有机物继续分解转化外，半纤维素、纤维素、蛋白质等复杂有机物也开始强烈分解。在 50 ℃左右进行活动的主要是嗜热性真菌和放线菌；温度上升到 60 ℃时，真菌几乎完全停止活动，仅有嗜热性放线菌和细菌活动；温度上升到 70 ℃以上时，大多数嗜热性微生物已不适宜，微生物大量死亡或进入休眠状态。高温对于堆肥的快速腐熟起到重要作用，在此阶段中堆肥内开始了腐殖质的形成过程，并开始出现能溶解于弱碱的黑色物质。

第三，腐熟阶段。在高温阶段末期，只剩下部分较难分解的有机物和新形成的腐殖质，此时微生物活性下降，发热量减少，温度下降。此时嗜温性微生物再占优势，对残留较难分解的有机物做进一步分解，腐殖质不断增多且趋于稳定化，此时堆肥进入腐熟阶段。降温后，需氧量大量减少，肥堆空隙增大，氧扩散能力增强，此时只需自然通风。在强制通风堆肥中常见的后续处理，即是将通气堆翻堆一次后，停止通气，让其腐熟。

（2）好氧堆肥影响因素

好氧堆肥是一个复杂的过程，在堆肥过程中受到诸多因素的影响。这些因素制约着反应条件，从而决定了微生物的活性，最终影响堆肥的速度与质量。影响堆肥过程的因素很多，其中主要因素有温度、颗粒度、pH、C/N、含水率、有机质含量、氧含量等。好氧堆肥中微生物的活性和有机物的降解率可以通过调控这些因素得到改变，从而达到优化堆肥的目的。

第一，温度。在堆肥化过程中，堆料中微生物的活性受到温度重要影响。根据堆体温度的不同将堆肥分为高温堆肥、中温堆肥和自然堆肥。中温堆肥温度和自然堆肥温度比较接近。温度不宜过高，温度过高会过度消耗有机质，导致堆肥产品质量过低，甚至失去肥效。堆体温度控制在 55 ～ 60 ℃时（高温堆肥）比较好，不宜超过 60 ℃。一般来讲，高温堆肥比中温堆肥的效果要好一些，但也有许多堆肥综合能耗、实际可操作控制反应条件等其他因素选择中温堆肥，用远低于高温堆肥所需能量达到的堆肥效果略低于高温堆肥。

第二，通风。在好样堆肥过程中的作用有供氧、去除多余水分、散热及调节堆体温度，除此之外，还可以控制堆体的温度和氧含量。因此，通风被认为是堆肥系统中最重要的因素。合理的通风不仅可以提高堆肥产品质量，而且可以节省能耗；过高过低的通风速率都会对好氧堆肥过程造成不利影响：通风速率过低会造成供氧不足而导致成堆体局部厌氧，生成一氧化碳、甲烷等有害气体并产生异臭味，给周边环境带来危害；反之，过高的通风速率不仅造成通风损失过大，不利于维持堆体温度，而且会造成大量的氮素损失，减低堆肥产品的肥效，增加堆肥能耗。试验表明增大堆料孔隙率有利于提高通风供氧。

第三，C/N 比。这是影响堆肥过程的一个重要因素，C/N 比过高过低都会影响堆体中微生物对有机质的降解作用。C/N 比过高不利于堆肥过程中微生物的生长；C/N 比过低，则堆肥产品会影响农作物生长，还会造成氮素损失加重。研究表明，一般在 20 ∶ 1 到 30 ∶ 1 之间比较适宜。城市垃圾作为堆肥原料时，最佳的 C/N 为（26 ～ 35）∶ 1。

第四，pH 值。这是一个可以对微生物环境作为估价的参数，一般微生物最适宜的 pH 值为中性或弱碱性，适宜的 pH 值可使微生物高效地发挥作用，但 pH 值太高或太低都会使堆肥处理遇到困难。研究表明 pH 值在 6 ～ 9 之间时堆肥化得以顺利高效地进行。同样当堆料的 pH 值不在此范围时，可添加其他物料予以调节，如当 pH 小于 7.5 时，可添加石灰。pH 值在堆肥化过程中随着时间和温度的变化而变化。

第五，水分。微生物进行生命活动所必需的条件，无论什么堆肥系统，含水率均应不小于 40%，不大于 70%，最佳含水率应为 50% ～ 60%。含水率过低，微生物的代谢速率会降低，进而降解堆料的速率也降低；水分过高，则会堵塞堆料中的空隙，影响通风，导致厌氧发酵，减慢有机物的降解速度，延长堆肥时间。显然，水分对堆肥过程的影响也是不可忽视的。

（3）好氧堆肥技术优化

好氧堆肥指利用专性和兼性好氧细菌降解有机废弃物并产生生物肥料的过程。通过好氧堆肥对蔬菜秸秆进行处理所需设备简单，生产周期较短，高温堆体可最大限度地杀灭病虫害，可得到营养全面的有机肥料，是当前绝大多数蔬菜秸秆的资源化利用方式。席旭东等人对蔬菜秸秆快速堆肥方法进行研究，发现相较于地上厌氧、地下厌氧和地下好氧，地上好氧处理温度上升快，持续时间长，腐熟程度好，堆肥质量高，是一种高效节省的处理方法。

第一，田间堆肥技术。利用复合微生物在好氧条件下的高温发酵原理，实现蔬菜秸秆的快速分解腐熟，达到肥料化利用的目的，是蔬菜秸秆无害化处理的有效途径。堆肥时，选择通风、向阳、平坦的空地或田间地头，划出直径 3.0 ～ 3.5 m 的圆形或宽 2.5 ～ 3.0 m 的长方形处理地块，在地面铺上塑料防渗膜，防止渗滤液渗漏。对堆肥材料进行必要的筛选后，将 20 ～ 30 cm 的蔬菜秸秆废弃物层、0.1 ～ 0.5 kg 的菌剂层和 5 ～ 10 cm 的干土层均匀铺在地块上并重复五次，形成高度达到 1.5 ～ 2.0 m 的圆锥或梯形堆体，并在堆体表面覆一层 5 cm左右的细干土、覆塑料膜以密封保湿增温,防止堆制过程中挥发性成分损失。堆肥后 7 ～ 15 天堆内温度可达 50 ℃以上，保持 5 ～ 10 天左右，至堆体温度下降时，翻堆一次，均匀混合各层并保持堆体形状；需增加磷素时，每堆可均匀撒普通过磷酸钙 10 ～ 50 kg。制得堆肥颜色应呈黑褐色或黑色，略带有土壤的霉味，无刺激和难闻的恶臭，不吸引蚊蝇，质地松散，多团粒结构，出现白色或灰白色菌丝，具有较好的保水性、透气性及渗水性，最大限度上实现了无害化处理。

第二，联合堆肥技术。采用蔬菜秸秆与高碳氮比、低含水率的粮食作物秸秆进行物料混合，添加富含氮、磷的畜禽粪便，接种有机物料腐熟菌剂，进行高温好氧堆肥。单一原料堆肥腐熟进程慢，而混合原料堆肥可以加快腐熟进程。袁顺全等和龚建英等将蔬菜秸秆、畜禽粪便，及玉米、辣椒秧和小麦秸秆按一定比例混合，均可缩短腐熟时间。蔬菜残体、小麦秸秆、鸡粪、微生物菌剂混合，在第 24 小时就可使堆体达到最高温度 67.5℃，且水分脱除效果好。联合堆肥技术既解决了蔬菜秸秆含水率高、碳氮比低导致堆肥升温慢、温度持续时间短的难题，保证堆肥一次发酵期间物料升温快、堆体高温保持时间长，又充分利用粮食作物秸秆和养殖业畜禽粪便等废弃物，实现种养业废弃物无害化处理。在联合堆肥物料配比上对此技术进行优化。蔬菜秸秆选择上主选番茄、黄瓜、辣椒、茄子等秸秆类废弃物（用铡草机切碎成 58 cm 左右），畜禽粪便可以选择新鲜鸡粪、牛粪、猪粪，按照蔬菜秸秆、玉米秸秆、畜禽粪便和腐熟剂重量比（鲜重）1 ：1 ：1 ：0.005 至 2 ：1 ：1 ：0.005 的比例进行混料，分 3 至 4 层堆放在堆肥池中，每层厚度 30 ～ 40 cm。每层物料均匀撒上有机物料腐熟剂和畜禽粪便，从下层至上层的撒放比例为 4 ：4 ：2 或 3 ：3 ：3 ：1，并加入含秸秆腐熟功能的曲霉属、木酶属和芽孢杆菌类微生物菌剂，每吨堆肥物料加菌剂。好氯堆肥整个周期为30～35天，包括两次发酵过程和后腐熟过程，物料表面生长白色菌丝即表示完成堆肥无害化处理。

第三，快速堆肥技术。解决了蔬菜秸秆快速无害化处理的难题。该技术利用创新开发的机械装备，通过辅助加热升温的办法使物料快速升温直接进入高温发酵阶段，从而有利于微生物快速增殖分解蔬菜秸秆生成有机肥料。快速堆肥技术主要有以下四点优势：一是发酵时间短，6～24小时即可完成第一次发酵；二是人为快速加温杀灭了病原微生物和虫卵，实现了干净彻底的无害化处理；三是可在菜园就近、快捷的、不限批量的处理蔬菜秸秆，避免了二次污染；四是蔬菜秸秆经高温无害化处理后制成的有机肥可以回归到园区的菜地施用，实现了有机资源循环利用模式。该技术首先需要进行蔬菜秸秆的预处理，调节碳氮比至25 ∶ 1、水分至65%，进行80℃高温杀菌3小时，伴随搅拌。加入无病菌辅料使物料冷却到65 ℃，加入1%的发酵菌种，供氧恒温65 ℃发酵16～20小时（通氧、搅拌）。加入1%益菌和功能菌，恒温45℃供氧培养2小时，出料，转移至静态发酵场地进行后熟，堆面覆盖保温，每隔3～5天翻堆降温补氧1次。后熟7～15天，再经过干燥、粉碎过筛、质量检测、包装后，即可生产出合格的产品。

2. 厌氧消化处理技术

厌氧消化，或称“厌氧发酵”，是一种普遍存在于自然界的微生物过程。厌氧消化处理是指在厌氧状态下利用厌氧微生物使固体废物中的有机物转化为甲烷和二氧化碳的过程。厌氧消化可以产生以甲烷为主要成分的沼气，故又称为“甲烷发酵”。厌氧消化可以去除废物中30%～50%的有机物并使之稳定化。

厌氧消化技术具有以下特点：①过程可控性、降解快、生产过程全封闭；②资源化效果好，可将潜在于废弃有机物种的低品位生物能转化为可以直接利用的高品位沼气；③易操作，与好氧处理相比，厌氧消化处理不需要通风动力，设施简单，运行成本低；④产物可再利用，经厌氧消化后的废弃物基本稳定，可作农肥、饲料或堆肥化原料；⑤可杀死传染性病原菌，有利于防疫；⑥厌氧过程中会产生硫化氢等恶臭气体；⑦厌氧微生物的生长速率低，常规方法的处理效率低，设备体积大。

（1）厌氧生物处理生物化学过程

厌氧生物处理是一个复杂的生物化学过程，依靠三大主要类群的细菌，即水解产酸细菌、产氢产乙酸细菌和产甲烷细菌的联合作用完成，因而可粗略地将厌氧消化过程划分为三个连续的阶段，即水解酸化阶段、产氢产乙酸阶段和产甲烷阶段。

第一阶段为水解酸化阶段。复杂的大分子、不溶性有机物先在细胞外酶的作用下水解为小分子、溶解性有机物，然后渗入细胞体内，分解产生挥发性有机酸、醇类、醛类等。这个阶段主要产生较高级脂肪酸。由于简单碳水化合物的分解产酸作用要比含氮有机物的分解产氨作用迅速，故蛋白质的分解在碳水化合物分解后产生。含氮有机物分解产生氨气，除了提供合成细胞物质的氮源外，在水中部分电离，生成铵根、二氧化碳、硫化氢，具有缓冲消化液 pH 的作用，故有时也把继碳水化合物分解后的蛋白质分解产氨过程称为性减退期。

第二阶段为产氢产乙酸阶段。在产氢产氨细菌的作用下，第一阶段产生的各种有机酸被分解转化成乙酸和 H_2，在降解有机酸时还会生成二氧化碳。

第三阶段为产甲烷阶段。产甲烷细菌将乙酸、乙酸盐、一氧化碳和氢气等转化为甲烷。此过程由两组生理上不同的产甲烷菌来完成，一组把氢气和二氧化碳转化成甲烷，另一组从乙酸或乙酸盐脱羧产生甲烷，前者约占总量的1/3，后者约占 2/3。

（2）影响厌氧消化的因素

第一，厌氧条件严格厌氧产生甲烷菌要求的 Eh 为 -300 ～ -350 mV，而一些对环境要求不严格的细菌则 Eh 为 -100 ～ +100 mV 时就能正常生活。

第二，温度代谢速度在 35 ℃～ 38 ℃时有一个高峰，50 ℃～ 60 ℃时有另一个高峰。前者称为“中温发酵”，后者称为“高温发酵”。

第三，pH 值系统的 pH 值应控制在 6.5 ～ 7.5 之间，最佳 pH 值范围是 7.0 ～ 7.2。

第四，营养和原料处理厌氧发酵要求的碳氮比值并不十分严格，原料的碳氮比值为（15 ～ 30）∶1，即可正常发酵。磷元素含量一般要求为有机物量的 1/1 000。磷元素与碳之比以 5 ∶ 1 为好。

第五，搅拌的方法：机械搅拌；气搅拌；液搅拌。

第六，添加剂和有毒物质，在整个发酵系统中，必须隔绝有毒物质如重金属杀虫剂等的混入。这是因为产甲烷菌对这类物质甚为敏感，若系统内有毒物质超过允许浓度将阻碍产沼的发酵进程。

第七，停留时间及水分含量。

（3）厌氧消化工艺

一个完整的厌氧消化系统包括预处理、厌氧消化反应器、消化气净化与储存、消化液与污泥的分离、处理和利用。厌氧消化工艺类型较多，根据消化温度，厌氧消化工艺可分为高温消化工艺和自然消化工艺两类。根据投料运转方式，厌氧消化可分为连续消化、半连续消化和两步消化等。厌氧消化装置主要有水压式沼气池、方形的消化池以及红泥塑料沼气池。

水压式沼气池适用于多种发酵原料，基本结构包括进料口、发酵池、出料管、水压箱、导气管等几个部分。当水压式沼气池发酵产气时，发酵—贮气间内的料液面下降，沼气将消化料液压向水压箱，出现了液位差；当用沼气的时候，由于消耗沼气引起了料液从水压间内流入发酵—贮气间，发酵池内的压力减小，水压箱内的液体被压回发酵池，料液压沼气供气，水压箱内料液的自动提升使气室内的水压自动调节。水压式沼气池结构简单、造价低、施工方便；但由于温度不稳定，产气量不稳定，因此原料的利用率低。

方形的消化池的结构由消化室、气体储藏室、贮水库、进料口和出料口、搅拌器、导气喇叭口等部分组成。气体储藏室位于消化室的上方，与消化室通过通气管连接，设一个贮水库来调节气体储藏室的压力。若室内气压很高时，就可将消化室内经消化的废液通过进料间的通水穴压入贮水库内。相反，若气体储藏室内压力不足时，贮水库内的水由于自重便流入消化室，这样通过水的流动调节气体储藏室的空间，使气压相对稳定。

红泥塑料沼气池是一种用红泥塑料（红泥—聚氯乙烯复合材料）用作池盖或池体材料，该工艺多采用批量进料方式。红泥塑料沼气池有半塑式、两模全塑式、袋式全塑式和干湿交替式等。

（4）厌氧沤肥技术

厌氧沤肥技术通过沤制、发酵、腐熟，将蔬菜秸秆分解至可被植物吸收利用的肥分，节能又环保。但不严谨的操作规程和不精细的操作方式往往会出现许多基础性的技术问题，如堆制时间长、转化利用率低等，也极易导致沤肥产生恶臭，难以有效去除病原微生物，使成品存在生物毒性。经堆沤处理后的有机肥一般作基肥施用。为降低蔬菜秸秆及残菜携带病虫害的滋生和传播，还田前可用适量的杀菌剂和杀虫剂处理菜叶或堆沤肥，再结合翻地施入田中。堆沤肥时，底部要用塑料膜铺实底面及四周，并垫上 30 cm 的熟化土，防止腐熟过程中产生大量的营养液向下渗漏流失，造成养分损失及污染地下土层；上面要用塑料膜地膜盖严实，既能够通过高温腐熟杀死病虫害，又可抑制腐熟时产生有害气体挥发，防止污染环境。

厌氧沤肥指利用复合微生物在厌氧条件下的腐解，实现蔬菜秸秆的分解，达到肥料化利用目的的有机秸秆处理技术。高芬等人研究认为，沤肥生产成本低，产物含多种作物所需营养物质且对植物病害有一定的抑制作用，生物毒性较低。李吉进等人研究认为，经过一段时间的沤制处理后，秸秆中的氮、磷、钾等养分均能在一定程度上转移至液体有机肥中，并以易被利用的形态存在。刘安辉等研究蔬菜秸秆沤肥在油菜上应用，结果表明沤肥能显著提高油菜产量，替代化肥施用能降低氮淋洗的风险。然而在厌氧条件下，不精细的操作方式也极易导致沤肥产生恶臭，难以有效去除病原微生物，使成品存在生物毒性。针对厌氧沤肥原有操作方式对该技术进行优化，在各个环节实行标准化处理，以减少可能产生的恶臭及成品存在的生物毒性。

沤肥之前首先选择向阳、平坦的空地或田间地头开挖沤肥池（一般为长 2 ～ 3 m，宽 1.5 ～ 2 m、深 1.0 ～ 1.5 m 的方土坑），并铺上塑料薄膜。对蔬菜秸秆进行筛选和预处理（切成长度约为 10 cm 的段，并捡净其中不能腐解的有机、无机杂质）后，在池底垫入 30 cm 的干土（含水量为 10% ～ 20%，粒径小于 0.5 cm，下同）、干土上填入 50 cm 厚度的蔬菜秸秆，撒入碳酸氢铵 4 ～ 6 kg/m^3，普通过磷酸钙 4 ～ 6 kg/m^3，加 10cm 干土并踏实，重复直到高于沤肥池 40 ～ 60 cm 为止。最后需要在沤肥坑上的蔬菜秸秆上覆盖 5 ～ 10 cm 厚的干土，踏实顶部和边缘，然后用塑料薄膜密封发酵。整个腐熟期约 45 ～ 75 天，腐熟的沤肥有害生物被杀灭，达到了无害化处理的目标，是一种有机质较高的偏酸性有机肥，对改良碱性土壤有良好作用。沤肥成功后，沤肥池中间的沤肥颜色呈黑褐色或黑色，无原料形态特征，有臭味但风干后会迅速减弱。

（七）环境生物技术

环境生物技术在污染治理方面，发挥了重要作用。为了应对环境污染问题，国际上加大研究力度，分子生物技术、基因工程、微生物技术等生物技术不断革新，具有很大的发展潜力。生物为了适应自身生存，常常对环境有调节的作用，即微生物的代谢功能。生物领域与环境领域的对立性使生物调节表现出很多优势，可以有效地降低治理污染的成本，一次到位并且不会产生二次污染。

国际上普遍认为，环境生物的技术要点分为三部分。首先，该生物技术作用于生态环境。其次，可以通过生物技术在环境中拟定一个生物反应器。最后，生物技术所运用的材料，必须能够参与到环境中去。现如今，环境生物技术已经取得了突破性进展：①研究能够降解污染物的工程菌和能够抵抗污染的转基因植物；②研究使危险性化合物达到生物降解以及及时修补被污染场地；③研究有利于生物合成技术的环境友好型材料；④研究能够安全高效处理固体废物的方法。

环境生物技术法，是利用生物技术将固体废物视为有效资源加以利用，达到固体废物有效减量、节约能源以及无公害的目的。现如今，最受关注的则是环境生物技术法处理固体废物。

我国的固体废物构成中，大部分是居民生活垃圾，这些垃圾大多是可回收利用的有机物，如果能够对其进行有效处理，将会变废为宝，对环境和资源利用上做出相当大的贡献。生物技术法处理，主要是将固体废物分门别类，将可以利用的有机物转化为农业化肥，满足资源利用最大化的同时，促进生态系统的良性运转。堆肥技术是运用环境生物技术处理固体废物的最有效手段，经过专家学者的不断研究，实现了快速堆肥，取代了传统的漏填静态堆肥和半快速堆肥。国际上达到领先水平的是欧美国家，研究并开发了十余种快速堆肥技术。其中，达诺式回转圆筒形发酵仓是较为先进的设备。社会上关于这项技术也取得了新进展，比如，在有机固体废物中适当加土，并投放大量蚯蚓，利用蚯蚓生存需要消耗有机物，排出粪便这一特点，将固体废物转化成具有利用价值的蚯蚓粪土肥，不仅增加了土肥的利用价值，还能为医学院提供蚯蚓这种医学原料。

（八）微波技术

针对不同类型的固体废物，其处理方法也各不相同，微波技术作为一种新型、高效的固体废物处理技术，在含重金属元素的污泥处理、受持久性有机污染物污染的土壤治理以及烧结垃圾焚烧飞灰治理等领域的应用具有较为显著的优势。

现阶段，微波技术在固体废物污染物治理领域的应用还不是特别成熟，虽然在实验室环境中的试验取得了不错的效果，但是面对规模巨大的固体废物污染物其应用效果仍未可知。微波技术与其他固体废物污染物相结合的治理技术目前大多还没有投入实践应用，仍需要加强相关技术的理论研究，弄清诸如混合材料的介电性能、微波腔内电磁场分布、微波材料的相互作用、微波热效应与非热效应对化学反应产生的影响以及微波场中物质的温升特性等。此外，目前实验室研究使用的微波设备多是经家用微波炉进行简单改造的，运行工况波动较大且普遍存在微波泄漏的问题，与用于固体废物污染治理的专业微波设备存在较大差距，因此需要深化对微波加热设备的优化研究，增强微波技术对固体废物污染物的治理效果。

重金属污泥中含有较多的锌、铅、铜、镉、铬等元素与有毒化合物，若处置不当会造成严重的环境污染。试验发现，对含有铅元素与铜元素的污泥进行微波处理，可以使其中的铅离子与铜离子以氢氧化物的形式沉积，从而降低污泥中游离重金属元素的浓度。在固体废物污染物治理领域，传统电炉热解后形成的多孔结构容易发生重金属浸出，而使用微波技术处理固体废物污染物则不会出现类似的问题，玻璃基质能够有效地稳定重金属，防止重金属元素浸出，从而降低污泥的污染性。试验证实，在同样条件下铁粉能够有效缩短微波的处理时间，铝粉则可以强化重金属元素的稳定效果，其他吸波介质在微波技术中的应用也有一定的促进作用。

试验证实，使用微波技术处理受到持久性有机物污染的土壤，对于其中的挥发性与半挥发性化合物具有较好的去除和修复效果；并且，通过添加金属氧化物、活性炭等物质还可以进一步地提高土壤中有机污染物的分解效率。例如，添加二氧化锰能够加速土壤中六氯苯的分解从而实现较好的修复效果；添加活性炭则可以显著增强微波技术对氯毒素的分解效率，降低受污染土壤的毒性。此外，金属氧化物与颗粒活性炭等物质受微波辐射后可以在较短的时间里达到高温状态，从而起到加速苯、苯酚以及三氯乙烯等高挥发性有机污染物分解的效果。在高温条件下土壤呈玻璃化的状态，可以起到固定难以挥发的有机污染物的作用。

焚烧是传统的固体废物处理方法之一，但是固体废物垃圾焚烧会产生大量的飞灰，飞灰中的二噁英与重金属元素会对环境造成严重的负面影响。为了降低垃圾焚烧飞灰对环境的污染，实现固体废物的无害化、资源化与减量化处理，需要使用烧结与熔融等技术手段。相较于烧结技术，熔融技术的应用需要大量的资金投入，熔融设备价格昂贵，并且能耗等级过高，不符合现代化节能降耗的要求。此外，熔融还可能造成锌、铅、镉等重金属元素在氯盐的影响下因挥发导致二次污染。烧结技术在实践中的应用，具有明显的成本优势与能耗优势，一般性垃圾焚烧后产生的飞灰主要成分包括氧化铁、四氧化三铁、二氧化锰、氧化铝以及二氧化钛等氧化物，而这一类的氧化物对微波具有较好的吸收特性，能够在微波环境中迅速升温。试验证实，将飞灰、煤灰以及活性炭等物质充分混合后使用微波烧结，可以显著提高烧结产物的抗压强度。同时，微波还可以起到分解二噁英、固定重金属元素的作用。

二、固体废物的处置技术

固体废物处置是指对在当前技术条件下无法继续利用的固体污染物终态，因其自行降解能力很微弱而可能长期停留在环境中。为了防止它们对环境造成二次污染，必须将其放置在一些安全可靠的场所。对固体废物进行处置，也就是解决固体废物的最终归宿问题，使固体废物最大限度地与生物圈隔离以控制其对环境的扩散污染。因此，最终处置是对固体废物全面管理的最后一环。

固体废物处置一般来说可分为陆地处置和海洋处置两大类。所谓陆地处置，就是在陆地上选择合适的天然场所或人工改造出合适的场所，把固体废物用土层覆盖起来的一项技术。陆地处置的基本要求是废物的体积应尽量小，废物本身无较大危害性，废物处理设施结构合理。所谓海洋处置，就是利用海洋巨大的环境容量和自净能力，将固体废物消散在汪洋大海之中的一种处置方法。海洋处置具有填埋处置的显著优点，而又不需要填埋覆盖。

（一）固体废物陆地处置

根据废物的种类及其处置的地层位置，如地上、地表、地下和深地层，可将陆地处置分为土地耕作、工程库或储留池储存、土地填埋以及深井灌注等。

1. 土地耕作处置

土地耕作处置是使用表层土壤处置工业固体废物的一种方法。它把废物当作肥料或土壤改良剂直接施加到土地上或混入土壤表层，利用土壤中的微生物种群，将有机物和无机物分解成为较高生命形式所需的物质形式而不断在土壤中进行着物质循环。土地耕作是对有机物消化处理，对无机物永久“储存”的综合性处置方式。它具有工艺简单、费用适宜、设备维修容易，对环境影响较小，能够改善土壤结构和提高肥效等优点。土地耕作法主要用来处置可生物降解的石油或有机化工和制药业所产生的可降解废物。

为了保证在土地耕作处置过程中，一方面可以获得最大的生物降解率；另一方面可以限制废物引起二次污染，在实施土地耕作时，一般要求土地的 pH 值在 7 ～ 9 之间，含水量为 6% ～ 20%。由于废物的降解速度随温度降低而降低，当地温达到 0℃时，降解作用基本停止，因此土地耕作处置地温必须保持在 0℃以上。土地耕作处置废物的量要视其中有机物、油、盐类和金属含量而定，废物的铺撒分布要均匀，耕作深度以 15 ～ 20 cm 比较适宜。另外，土地耕作处置场地选择要避开断层和塌陷区，避免同通航水道直接相通，距地下水位至少 1.5 m，距饮用水源至少 150 m，耕作土壤为细粒土壤，表面坡度应小于 5%，耕作区域内或 30 m 以内的井、穴和其他与底面直接相通的通道应予以堵塞。

2. 深井灌注处置

深井灌注处置是将液状废物注入与饮用水和矿脉层隔开的地下可渗透性岩层中。深井灌注方法主要用来处置那些实践证明难于破坏、难于转化，不能采用其他方法进行处置，或者采用其他方法处置费用昂贵的废物。它可以处置一般废物和有害废物，可以是液体、气体或固体。

在实施灌注时，将这些气体或固体都溶解在液体里，形成直溶液、乳浊液或液固混相体，然后加压注入井内，灌注速率一般为 300 ～ 4 000 L/min。对某些工业废物来说，深井灌注处置可能是对环境影响最小的切实可行的方法。但深井灌注处置必须注意井区的选择和深井的建造，以免对地下水造成污染。

3. 土地填埋处置

固体废物的土地填埋处置是一种最主要的固体废物最终处置方法。土地填埋是由传统的倾倒、堆放和填地处置发展起来的。按照处置对象和技术要求上的差异，土地填埋处置分为卫生土地填埋和安全土地填埋两类。前者适于处置城市垃圾，后者适于处置工业固体废物，特别是有害废物，也被称作“安全化学土地填埋”。

卫生土地填埋始于 20 世纪 60 年代，是在传统的堆放、填地基础上，对未经处理的固体废物的处置从保护环境角度出发取得的一种科学进步。由于卫生土地填埋安全可靠、价格低廉，目前已被世界上许多国家所采用。卫生土地填埋工程操作方法大体可分为场地选址、设计建造、日常填埋和监测利用等步骤。

场地选择要考虑到水文地质条件、交通方便、远离居民区、要有足够的处置能力以及废物处置代价低，便于利用开发等因素。卫生土地填埋主要用于处置城市垃圾，处置的容量要与城市人口数量和垃圾的产率相适应，一般建造一个场地至少要有 20 年的处置能力。

场地建造工艺要有防止对地下水造成污染的措施和气体排出功能，可参考以下三点：①设置防渗衬里。衬里分人造和天然两类，人造衬里有沥青、橡胶和塑料薄膜，天然衬里主要是黏土，渗透系数小于 10 ～ 7 cm/s，厚度为 1 m。②设置导流渠或导流坝，减少地表径流进入场地。③选择合适的覆盖材料，减少雨水的渗入。

垃圾填埋后，由于微生物的生化降解作用，会产生甲烷和二氧化碳气体，也可能产生含有硫化氢或其他有害或具有恶臭味的气体。当有氧存在时，甲烷气体浓度达到 5% ～ 15% 就可能发生爆炸，所以对所产生气体的及时排出是非常必要的。工程上一般采用可渗透性排气和不可渗透阻挡层排气两种排气方法。可渗透排气是在填埋物内利用比周围土壤容易透气的砾石等物质作为填料建造排气通道，产生的气体可沿水平方向运动，通过此通道排出。边界或井式排气通道也可用来控制气体水平运动。不可渗透阻挡层排气，是在不透气的顶部覆盖层中安装排气管，排气管与设置在浅层砾石排气通道或设置在填埋物顶部的多孔集气支管相连接，可排出气体。产生的甲烷经脱水、预热、去除二氧化碳后可作为能源使用。

安全土地填埋是处置工业固体废物，特别是有害废物的一种较好的方法，是对卫生土地填埋方法的改进，它对场地的建造技术及管理要求更为严格：填埋场必须设置人造或天然衬里，保护地下水免受污染，要配备浸出液收集、处理及监测系统。安全土地填埋处置场地不能处置易燃性废物、反应性废物、挥发性废物、液体废物、半固体和污泥，以免混合以后发生爆炸、产生或释出有毒、有害的气体或烟雾。

封场是土地填埋操作的最后一环。封场要与地表水的管理，浸出液的收集监测以及气体控制等措施结合起来考虑。封场的目的是通过填埋场地表面的修筑来减少侵蚀并最大限度排水。一般在填埋物上覆盖一层厚 15 cm、渗透系数为小于等于 10 ～ 7 cm/s 的土壤，其上再覆盖 45 cm 厚的天然土壤。如果在其上种植植物，上面再覆盖一层 15 ～ 100 cm 厚的表面土壤。

土地填埋最大的优点是:工艺简单、成本低，适于处置多种类型的固体废物。其致命的弱点是：场地处理和防渗施工比较难于达到要求，以及浸出液的收集控制问题。在美国等一些发达国家，随着可供土地填埋用地的日趋紧张，固体废物的土地填埋处置比例正逐渐下降，而且从降低运输费用和处置费用角度考虑，固体废物在土地填埋前应尽量进行减容处理。

（二）固体废物的海洋处置

海洋处置主要分为两类：一类是海洋倾倒；另一类是近年来发展起来的远洋焚烧。

1. 海洋倾倒

海洋倾倒有以下两种方法。

第一，将固体废物如垃圾、含有重金属的污泥等有害废弃物以及放射性废弃物等直接投入海中，借助于海水的扩散稀释作用使浓度降低。

第二，把含有有害物质的重金属废弃物和放射性废弃物用容器密封，用水泥固化，然后投放到约 5 000 m 深的海底。固化方法有两种：一种是将废物按一定配比同水泥混合，搅匀注入容器，养护后进行处置；另一种方法是先将废物装入桶内，然后注入水泥或涂覆沥青，以降低固化体的浸出率。

由于海洋有足够大的接受能力，而且海洋又远离人群，污染物的扩散不容易对人类造成危害，因而是处置多种工业废物的理想场所。处置场的海底越深，处置就越有效。海洋倾倒无须覆盖物，只需将废物倒入海中，因此该方法被认为是一种最经济的处置方法。

2. 远洋焚烧

远洋焚烧是利用焚烧船在远海对固体废物进行焚烧处置的一种方法，适用于处置各种含氯有机废物。试验结果表明，由于海水本身的氯化物含量高，含氯有机化合物完全燃烧产生的水、二氧化碳、氯化氢以及氮氧化合物排入海中，海水并不会因为吸收大量氯化氢而使其中的氯平衡发生变化。此外，海水中的碳酸盐具有缓冲作用，也不会使海水的酸度由于吸收氯化氢发生变化。并且，由于焚烧温度在 1 200 ℃以上，对有害废物破坏效率较高。远洋焚烧能有效地保护人类的大气环境，凡是不能在陆地上焚烧的废物，采用远洋焚烧是一个较好的方法。为了使废物充分燃烧，焚烧器结构一般多采用由同心管供给空气和液体的液、气雾化焚烧器。

总之，海洋处置能做到将有害废物与人类生存、生活环境隔离，是一种高效、经济的最终处置方法。但对于有害固体废物，特别是放射性废物，不管采用何种方式投放海中，也许短期内很难发现其危害，长期并不加控制的投放必将造成海洋污染，危害海洋生物，最终祸及人类自身。

三、固体废物的资源化治理模式

固体废物经过一定的处理或加工，可将其中所含的有用物质提取出来，使其继续在工、农业生产过程中发挥作用，也可使有些固体废物改变形式成为新的能源或资源。这种由固体废物到有用物质的转化称为“固体废物的综合利用”，或称为“固体废物的资源化”。

固体废物综合利用的原则如下：首先，综合利用技术应是可行的；其次，固体废物综合利用要具有较大的经济效益，要尽可能在排出源就近利用，以便节省废物收储和运输等过程的投资，提高综合利用的经济效益；最后，固体废物综合利用生产的产品应当符合国家相应产品的质量标准，具有能够与采用相应原材料所制产品展开竞争的能力。

（一）能源与冶金工业固体废物

能源是人类赖以生存和发展的基础。化石燃料，即煤、石油、天然气等由地壳内动植物遗体经过漫长的地质年代转化形成的矿物燃料，是人类目前消耗的主要能源，也是造成环境污染的主要来源。在我国的能源结构中，今后十年乃至几十年内，煤炭仍将是主要能源之一。煤炭的采挖及燃煤发电过程都会产生大量的固体废物，如矿石、煤矸石、炉渣、粉煤灰等，对这些废物的综合利用，既可以减少对这些宝贵而又有限的能源的消耗，还可以减轻其对环境的危害和污染。

冶金工业是国民经济中的原料生产部门，它涉及经济建设的各行各业，尤其是钢铁工业，它支撑着国民经济发展的基础。冶金工业固体废物是指金属（钢铁等）生产过程中产生的固体、半固体或泥浆状废物，主要包括采矿废石、矿石洗选过程中排出的尾砂、矿泥，以及冶炼过程中产生的各种冶炼渣等。随着我国经济的迅速发展，冶金工业特别是黑色金属工业——钢铁业也得到迅猛发展，各种固体废物的产出量相应增加，不仅占用了大量土地、严重污染了环境，而且还造成了资源浪费。

（二）石油与化工工业固体废物

石油与化工工业固体废物是指在石油炼制生产过程与化工生产加工过程中产生的各种固体、半固体及液体等废物。石油与化工工业固体废物的主要特点是：有机物含量高；有害甚至有毒的危险废物多；再资源化途径广阔。

目前，我国石油化工企业产生的固体废物数量呈逐年增加趋势，虽然大部分废物得到了处理，但处理后产生的二次污染仍然对环境造成了相当大的危害。以石油炼制为例，在用硫酸中和废碱液回收环烷酸、粗酚过程中就产生了相当数量的酸性污水。这种污水有害物质浓度极高，其 pH 值为 2 ～ 5，油含量为 2 000 mg/L，若直接排入污水处理厂，就会造成活性污泥死亡，使污水处理厂不能正常工作；若直接排入水体，必定会导致水体中动植物死亡。对此，目前只好采取集中储存，限量排入污水处理厂的办法；即便这样，也给污水处理厂运行带来许多困难。很多炼油厂仅因此项年上缴排污罚款就达数百万元，而且仍然严重污染了地面水体。

（三）机械工业固体废物

机械工业是我国国民经济中的一个非常重要的工业部门，它担负着生产各类机械设备、车辆、电机和电器、仪器和仪表等任务。机械工业固体废物是指机械工业在生产中产生的各种废渣。

1. 废旧型砂的处理

型砂是近代铸造生产中主要的造型材料。新砂经过使用后便成为旧砂，经机械振动、水力和水爆清砂后排出，必须再生后方可利用，否则铸件质量将达不到要求，甚至无法进行正常的造型操作。再生的主要任务首先是破碎结块的型砂和破坏浇铸时在砂粒表面形成的惰性薄膜，其次是清除粉尘和其他污染物。旧砂的再生方法很多，根据型砂的种类和性能不同，采用的再生方法也不一样，大致可分为湿法、干法、综合法和化学法四类。下面将简要介绍这四类方法。

第一，湿法再生。该方法将振动落砂的旧砂先经机械破碎，然后用压力水冲去砂粒表面的惰性膜，同时清除粉尘和其他可溶性有害成分（如水玻璃砂的碱分），最后经烘干、过筛后返回制砂间配制新砂。对于水玻璃砂，增加水温或使水带弱酸性，则再生效果可以提高。如果将水力清砂或水爆清砂与湿法再生结合使用，或使用水力旋流器进行湿法再生，则效果更好。国内的湿法再生均与水力清砂或水爆清砂组合使用，一些工厂已在生产中应用多年。该法不仅能处理黏土砂，也能处理水玻璃砂。但后者的废水通常呈碱性，应设法进一步处理，以免造成新的污染。湿法再生的缺点是占地面积大、动力消耗大。

第二，干法再生。具体方法有多种，如联合机械再生法、气流撞击法，离心力撞击法、喷丸法、球磨法和流动焙烧法等，目前应用较多的是前三种。联合机械再生法是将旧砂在一个再生联合装置中依次完成磁选、输送、破碎、冷却、除尘、过筛等工序，达到再生回收的目的。采用再生联合装置，既简化了常规的再生单项处理设备，又大大缩短了再生工艺流程，缩小了占地面积，也改善了作业环境。气流撞击法（亦称“气流加速法”）是利用高速气流加速砂粒，造成砂粒间的相互摩擦、冲撞，使附着于砂粒表面的惰性薄膜和污染物脱落，并将产生的粉尘从砂中分离出去。该法的优点是结构简单、操作方便、设备磨损部分少，但再生效率较低，需反复再生几次，且设备较庞大，占地面积也较大。离心力撞击法是利用高速旋转设备产生的离心力，造成砂粒和砂群间的相互冲撞摩擦，以消除砂粒表面的惰性膜或胶壳，并分离粉尘。强力再生机的特点是结构紧凑，辅助设施少，占地面积小，制造、安装容易，造价低廉，动力消耗小，再生、除尘效果好，砂粒不易粉化，适应范围广，不仅能再生树脂砂，也可再生其他型砂。

第三，综合再生法。该方法将两种以上的再生方法联合在一起，如湿法再生后加机械法，湿法再生后加熔烧法，熔烧法再生后加机械法等多种方式，目前国内尚缺少研究和应用的经验。

第四，化学再生法。鉴于水玻璃砂粒表面上的硅胶膜十分牢固，一般的再生方法难以清除干净。为了同时回收原砂和水玻璃，国外已提出一种化学净化法。其作用原理是在沸腾的碱液中进行选择性溶解，碱液的浓度范围为1% ～ 15%，温度为 100 ℃时处理时间约 1 小时。砂粒表面的惰性膜溶解后，洗去型砂上的碱液，然后经干燥、筛选，便可回收配制新砂。溶液中的水玻璃可回收利用，回收率一般在 70% 以上。

旧砂经过再生后，其性能仍然与新砂有较大的差别，故旧砂一般不能全部利用，一般回用率为 50% ～ 85% 不等，因而有一部分旧砂必须排弃。另外，有些工厂由于原砂来源比较方便，或者由于缺少再生设备，因而将旧砂全部排弃。为此，必须从环保方面考虑废砂的综合利用。

废砂的主要用途是作建筑材料，如用废砂作为混凝土的掺和料或制成灰砂砖和烧制硅酸盐水泥等。废砂也可用作填坑、筑路和筑坝的材料。但国内目前对废砂的综合利用尚缺乏系统的经验和成熟的工艺，有待进一步研究和实践。据近几年的统计，机械系统每年约排放300余万吨废砂，成为亟待解决的问题之一。

2. 废旧金属的回收利用

废旧金属是机械工业生产中经常产生的固体废物，它们来自金属加工过程的切屑、金属粉末、边角余料、残次品、废旧工具、铸造生产中的浇冒口、报废的铸件以及陈旧报废的机器设备（或零部件）。废旧金属分黑色金属和有色金属两大类。前者是指各种钢、铁材料，也是数量最多的一类，后者是除钢、铁以外的其他金属，其数量远少于前一类。

废旧金属的处理与利用方法很多，归纳起来有以下几个措施。

第一，分类搜集。为了处理与利用的方便，应据不同材质加以分类搜集，如不同种类的铸铁或铸钢、不同牌号的各类钢材、不同种类的有色金属或合金等，均应分门别类地进行搜集和存放，然后按不同性质加以处理和回收利用。

第二，回炉熔炼。回收利用废旧金属最简便和最常用的方法，无论哪一种金属均可通过回炉熔炼加以回收利用。

第三，修旧利废。直接利用废旧金属材料制成新的工业或民用产品，或者是将废旧制品（包括各种零部件和工具）加以修复或改制，再度用于生产。实践证明，这是一种有效的和经济合理的方法。例如，金属的边角余料或残次制品，可直接用来加工制作机械设备的零部件和各种民用器具。各种废旧工具，如链刀、锯条、铣刀、拉刀等，均可加以修复或改制成其他刀具再度使用。对于陈旧报废的机械设备，应尽可能将全部零部件拆卸下来，并按用途详细分类，以便重新用于生产。其中，一些完好的通用零部件可直接用于生产，较次的可经加工处理后再用。对于表面有金属镀层的零件，通常表面已部分损伤而不能直接应用，此时可采用电化学退镀法进行退镀处理，一方面将母体金属重新利用；另一方面可以回收各种贵重的有色金属。

第四，金属粉末和切屑的利用。金属粉末是在机械切割、研磨和刃磨等工序中产生的。在大批量生产中，一般用固定设备加工单一零部件，从而可以做到分类搜集。对于钢铁粉末，通常可以利用磁力分选器将其与磨料及润滑冷却液分开。这样分类搜集的钢铁粉末及化学成分单一清楚，可作为粉末冶金的原始混料成分用于批量生产。在小批量生产中，由于一台机床要加工不同合金零件，难以将金属粉末分类处理，一般只能将它们集中起来送去回炉炼钢。

钢铁粉末利用的另一种方法是利用它的磁性。粉末受到磁铁吸引，即在其两极上形成疏松的瘤状物。将磁铁两极上的瘤接通，并把高速旋转的、需要抛光的零件置于其间，于是每个金属颗粒都成为一把独特的微型刀具。成千上万把微型刀具既快又好地进行抛光，可使工件表面研磨至 13 级精度，并可节省抛光膏和洗涤剂。

大量的金属切屑产生于车、铣、刨、钻等加工工序，其中主要是钢铁切屑。在实际生产中，要按钢铁牌号进行分类比较困难。通常只能混在一起回炉熔炼，这样只能炼出品位很低的合金钢，而且熔炼过程中直接损耗率很高，因而是很不经济的。

国外已经出现利用切屑的新方法：一种是将切屑直接在 1 000 ℃～1 200 ℃的高温下进行热冲压制成新的零件，废物利用率可达 100%。另一种方法是将切屑直接加工成钢粉制件而不经熔炼铸造。先用汽油或煤油洗去切屑上的油污，然后装入球磨机或振动式磨机内，添上酒精磨碎，直至粒度达到要求。制得的钢粉用合成橡胶煤油溶液拌匀，再用 500 吨压力机压成毛坯，然后进行热锻或热轧。用这种工艺制造的刀具，寿命及稳定性比标准刀具高二倍。

对于各种有色金属的粉末和切屑，一般是分类搜集后回炉熔炼而加以再生回收。

第五，利用废旧黄铜制备铜粉。黄铜是机械工业生产中应用得较多的有色金属之一，它是含有其他金属元素的铜锌合金。黄铜废料主要是金属加工过程中产生的大量切屑和粉末，另外还有其他废旧铜材，如散热管（片）等。它们除可以回炉熔炼外，还可以直接加工成铜粉。由于铜粉在工业上的广泛使用，利用廉价的废旧黄铜制备铜粉具有极为重要的意义。

第四节　固体废物监测技术

一、固体废物监测标准

当前我国已经掌握了一套比较完整的固体废物的监测及管理的标准体系，像危险废物鉴别标准系列 GB 5085.1-2017 ～ GB 5085.7-2017，《危险废物鉴别技术规范》（HJ/T 298-2007）等，其中涵盖了采样、制样到分析监测等几大步骤。

我国当前使用的监测设备也趋于机械化和自动化，摆脱了传统的手工化，使得监测结果更具准确性和时效性。用于分析的仪器也紧跟国际科技前沿，以原子吸收分光光度计、原子荧光光谱仪、离子色谱仪、电感耦合等离子体质谱仪、气相色谱－质谱联用仪等为主。

针对固体废物的监测，我们当前主要采用现代毒性鉴别试验和分析测试技术，把城市生活垃圾填埋厂、焚烧厂这些处理废弃物的重要场所作为自动监测的主导地点，然后对其他一些重点污染源所排放出来的固体废物进行人工采样，在实验室进行专业设备层面的分析和处理，逐步构建出一套完整的固体废物检测分析技术体系，为我国全面执行固体废物处理和利用的有关法律法规提供强有力的保障和支撑。

二、固体废物监测方法

（一）固体废物浸出毒性浸出方法

固体废物浸出毒性的浸出方法通常有硫酸硝酸法、醋酸缓冲溶液法、翻转法和水平振荡法。下面将对这几种方法进行简要介绍。

1. *硫酸硝酸法*

（1）原理

本方法以硝酸 / 硫酸混合溶液为浸提剂，模拟废物在不规则填埋处置、堆存或经无害化处理后废物的土地利用时，其中的有害组分在酸性降水的影响下，从废物中浸出而进入环境的过程。该方法适用于固体废物及其再利用产物，以及土壤样品中有机物和无机物的浸出毒性鉴别，但不适用于氰化物的浸出毒性鉴别。另外，该方法也不适用于含有非水溶性液体的样品。

（2）浸出步骤

第一，含水率测定。称取 50 g ～ 100 g 样品置于具盖容器中，于 105 ℃下烘干，恒重至两次称量的误差小于 ±1%，计算样品含水率。样品中含有初始液相时，应将样品进行压力过滤，再测定滤渣的含水率，并根据总样品量（初始液相当于滤渣重量之和）计算样品中的干固体百分率。

第二，样品破碎。样品颗粒应可以通过 9.5 mm 孔径的筛，对于粒径大的颗粒可通过破碎、切割或碾磨降低粒径。测定样品中挥发性有机物时，为避免过筛时待测成分有损失，应使用刻度尺测量粒径；样品和降低粒径所用工具应进行冷却，并尽量避免将样品暴露在空气中。

第三，挥发性有机物的浸出步骤。将样品冷却至 4 ℃，称取干基质量为

40 ～ 50 g 的样品，快速转入 ZHE。安装好 ZHE，缓慢加压以排除顶空。样品含有初始液相时，将浸出液采集装置与 ZHE 连接，缓慢升压至不再有滤液流出，收集初始液相，冷藏保存。如果样品中干固体百分率小于或等于 9%，所得到的初始液相即为浸出液，直接进行分析；干固体百分率大于总样品量 9% 的，继续进行以下浸出步骤，并将所得到的浸出液与初始液相混合后再进行分析。

根据样品中的含水率，按液固比为 10 ： 1（L/kg）计算出所需浸提剂的体积。用浸提剂转移装置加入浸提剂，安装好 ZHE，缓慢加压以排除项空，关闭所有阀门。将 ZHE 固定在翻转式振荡装置上，调节转速为（30 ± 2）r/min，于（23 ± 2）℃下振荡（18 ± 2）h。振荡停止后取下 ZHF，检查装置是否漏气（如果 ZHE 装置漏气，应重新取样进行浸出），用收集有初始液相的同一个浸出液装置收集浸出液，冷藏保存以待分析。

第四，除挥发性有机物外的其他物质的浸出步骤。如果样品中含有初始液相，应用压力过滤器和滤膜对样品过滤。干固体百分率小于或等于 9% 的，所得到的初始液相即为浸出液，直接进行分析：干固体百分率大于 9% 的，将滤渣按 7.4.2 浸出，初始液相与浸出液混合后进行分析。称取 150 ～ 200 g 样品，置于 2 L 提取瓶中，根据样品的含水率，按液固比为 10 ： 1（L/kg）计算出所需浸提剂的体积，加入浸提剂，盖紧瓶盖后固定在翻转式振荡装置上，调节转速为（30 ± 2）r/min，于（23 ± 2）℃下振荡（18 ± 2）h。在振荡过程中有气体产生时，应在通风橱中打开提取瓶，释放过度的压力。在压力过滤器上装好滤膜，用稀硝酸淋洗过滤器和滤膜，弃掉淋洗液，过滤并收集浸出液，于 4℃下保存。除非消解会造成待测金属的损失，用于金属分析的浸出液应按分析方法的要求进行消解。

2. 醋酸缓冲溶液法

（1）原理

本方法以醋酸缓冲溶液为浸提剂，模拟工业废物在进入卫生填埋场后，其中的有害组分在填埋场渗滤液影响下，从废物中浸出的过程。该方法适用于固体废物及再利用产物中有机物和无机物的浸出毒性鉴别，但不适用于氰化物的浸出毒性鉴别。

（2）浸出步骤

醋酸缓冲溶液法包括以下步骤：含水率测定、样品破碎、确定使用的浸提剂、挥发性有机物（或者除挥发性有机物外的其他物质）的浸出等。详细浸出方法可查阅固体废物浸出毒性浸出方法——醋酸缓冲溶液法（HJ/T 300-2007）。

（二）固体废物腐蚀性测定

腐蚀性指通过接触能损伤生物细胞组织或使接触物质发生质变，使容器泄漏而引起危害的特性。测定方法一种是测定 pH 值，另一种是指在 55.7℃以下对钢制品的腐蚀率。采用我国的标准鉴别方法固体废物腐蚀性测定玻璃电极法（GB/T 15555.12-1995），或者根据规定程序批准的有效方法，测定其溶液或固体，半固体浸出液的 pH 值小于等于 2，或者大于等于 12.5，则这种固体废物具有腐蚀性。

1. 采用仪器及方法

采用 pH 计或酸度计，最小刻度单位在 0.1pH 单位以下。用与待测样品 pH 值相近的标准溶液校正 pH 计，并加以温度补偿。

2. 步骤

第一，如果样品和标准缓冲溶液的温差大于 2℃，测量的 pH 值必须校正。可以通过仪器带有的自动或手动补偿装置进行，也可以先将样品和标准溶液在室温下平衡达到同一温度。记录测定的结果。

第二，对含水量高、呈流态状的稀泥或浆状物料，可将电极直接插入进行 pH 值测量。

第三，对黏稠状物料可离心或过滤后，测其滤液的 pH 值。

第四，对粉、粒、块状物料，称取制备好的样品 50 g（干基），置于 1 L 塑料瓶中，加入新鲜蒸馏水 250 mL，使固液比为 1 ∶ 5，加盖密封后，放在振荡机上（振荡频率（110 ± 10）次 /min，振幅 40 mm）于室温下，连续振荡 30 min，静置 30 min 后，测上清液的 pH 值，每种废物取 3 个平行样品测定其 pH 值，差值不得大于 0.15，否则应再取 1 ～ 2 个样品重复进行试验，取中位值报告结果。

第五，对于高 pH 值（10 以上）或低 pH 值（2 以下）的样品，2 个平行样品的 pH 值测定结果允许差值不超过 0.2，还应报告环境温度、样品来源、粒度级配试验过程的异常现象；特殊情况下试验条件的改变及原因。

（三）固体废物共混物组分的测定

热分析技术应用于废弃物资源化的研究也非常广泛，利用热分析技术可以对废弃物本身及其复合材料的热变化、质量变化、状态变化等进行分析，还可以用于废弃物复合材料混合最佳温度的确定和废弃物烧结材料烧结曲线的验证等。

同时，热分析技术还可以动态测量废弃物复合材料制备研究中原料的热降解研究。热重试验方法主要是利用共混物中各组分的分解温度的差异，测出共混物中各物质的失重量或失重率，然后通过公式计算出共混物中各组分的相对含量。

1. 热重分析原理

热重分析仪一般由精密天平、线性程序控温的加热炉、计算机控制操作系统组成。热重分析仪的天平具有很高的灵敏度（可达 0.1 g）。热重法是试样的质量随着以恒定速度变化的温度或变化在等温条件下随着时间变化而产生的改变量进行测量的一种动态技术，这种研究是在静止的或流动的活性或惰性气体环境中进行的。

由热重法记录的质量变化对温度的关系曲线称为“TG 曲线”，它表示在温度控制过程中失重量。TG 曲线中，水平部分表示质量恒定，曲线斜率发生变化的部分表示质量的变化。从热重曲线可得到试样的组成、热稳定性、热分解温度、热分解产物和热分解动力学有关数据。因此在加热时物质质量变化的改变是热重分析法的基础，利用这一基础和共混物中各组分的分解温度的差异，就可以测定共混物中各组分的相对含量。

2. 分析步骤

第一，试样的预处理。由于样品粒度对热传导和气体扩散有较大的影响，粒度越小，反应速度越快，使 Ti 和 Tf 温度降低（Ti 和 Tf 分别是初始分解温度和终止分解温度），反应区间变窄；试样颗粒大往往得不到较好的 TG 曲线。所以应预先进行相应的研磨处理（100 目～ 300 目）。

第二，测定参数选择。升温速率的选择、气氛的选择、坩埚选择。

第三，测试步骤。依据不同厂家、不同型号的热重分析仪说明书。

（四）固体废物中砷的测定

砷对人体健康的危害很大，高浓度时可立即杀死细胞，一次误服 0.1 g 三氧化二砷（俗称“砒霜”）即可危及生命。砷化物的毒性作用，主要是与人体细胞中酶系统的流基相结合，致使细胞酶系统作用障碍，从而影响细胞的正常代谢，砷进入血液循环后，还可直接损害毛细血管，同时可使心、肝、肾等实质性器官发生脂肪性变。在慢性砷中毒患者中，癌变率高达 15%。

1. 原理

分光光度法是基于物质对光的选择性吸收而建立起来的分析方法。借助分光光度计的分析方法称为“分光光度法”。当一束单色光通过均匀的溶液时，入射光强度为I0，吸收光强度为Ia，透射光强度为It，反射光强度为Ir，则I0=Ia+It+Ir。透光率（transmittance）T：透射光的强度It与入射光强度I0之比，即T=It/I0。透光率愈大，溶液对光的吸收愈少；透光率愈小，溶液对光的吸收愈多。吸光度A：透光率的负对数，即A=-1gT=-lgI0/It。A愈大，溶液对光的吸收愈多。

在碘化钾与氯化亚锡存在下，使五价砷还原成三价砷。锌与酸作用产生新生态的氢，与三价砷作用生成砷化氢气体。此气体用二乙基二硫代氨基甲酸银——三乙醇胺氯仿溶液吸收，生成红色胶态银，在530 nm波长处测量吸收液的吸光度。

2. 测定步骤

第一，将制备好的浸出液置于玻璃瓶中，用硫酸调节pH＜2，于4℃下保存，不要超过7 d。

第二，取适量浸出液（含砷不超过25μg），于砷化氢发生瓶中，用水稀到50 mL。

第三，在测定实际样品同时进行空白试验。

第四，向砷化氢发生瓶中加入硫酸溶液8 mL，碘化钾溶液5.0 mL；氯化亚锡溶液2.0 mL，摇匀放置10 min。吸取砷化氢吸收溶液5.0 mL，置于吸收管中，插入导气管，使其与发生瓶连接好。加入4 g无砷锌粒于砷化氢发生瓶，立即将导气管与砷化氢发生瓶连接好，保证反应装置密闭不漏气。在室温下反应1 h，使砷化氢气体完全释放出来，加氯仿于吸收管中，补充其吸收液体积到5.0 mL并混匀。

第五，用10 mm比色皿，以氯仿为参比，在530 nm波长处测量吸收液的吸光度，减去空白试验的吸光度值，由所得的吸光度，从校准曲线查得试样的含砷量（μg）。

第六，在8个砷化氯发生瓶中分别加入0.00 mL、1.00 mL、2.50 mL、5.00 mL、10.00 mL、15.00 mL、20.00 mL、25.00 mL砷标准溶液，加水到50 mL，测定后绘制校准曲线。

（五）固体废物中总汞的测定

1. 原理

在硫酸硝酸介质及加热条件下，用高锰酸钾和过硫酸钾等氧化剂，将试液中的各种汞化合物消解，使所含的汞全部转化为二价无机汞。用盐酸羟胺将过量的氧化剂还原，在酸性条件下，再用氯化亚锡将两份汞还原成金属汞。在室温下通入空气或氮气，使金属汞气化，通入冷原子吸收测汞仪，在 253.7 nm 处测定吸光度值。

2. 测定步骤

第一，采用表面光洁的硬质玻璃容器，在接收浸出液的器皿中应预先加入适量的固定液。样品应在 400 ℃下保存，最长不超过 28 d。

第二，移取 10 ～ 50 mL 试液（视其中汞含量而定）于 125 mL 的锥形瓶中，若取样量不足 50 mL 时，应补充适量无汞蒸馏水至约 50 mL。依次加入硫酸 1.5 mL，高锰酸钾溶液 4 mL（如果在 5 min 内紫色褪去，应补加适量的高锰酸钾溶液，使溶液维持紫色不褪色），4 mL 过硫酸钾溶液。插入小漏斗，置于沸水中使试液在近沸状态保温 1 h（近沸保温法），取下冷却。或者向试液中加数颗玻璃珠或者沸石，插入小漏斗，擦干瓶底，在电热板上加热煮沸 10 min（煮沸法）。取下冷却。

在临测定时，边播边滴加盐酸羟胺溶液，直至刚好使过剩的高锰酸钾褪色及生成的二氧化锰全部溶解为止。转移入 100 mL 容量瓶中，用稀释液定容。

第三，每分析一批试样，应同时用无汞蒸馏水代替浸出液试样，制备两份空白试料。

第四，取 100 mL 容量瓶 8 个，准确吸取汞标准使用溶液 0.00 mL、0.50 mL、1.00 mL、1.50 mL、2.00 mL、2.50 mL、3.00 mL 和 4.00 mL 注入容量瓶中，每个容量瓶中加入适量固定液补足至 4.0 mL，加稀释液至标线，摇匀，按测量试料步骤逐一进行测量。以经过空白校正的各测量值为纵坐标，以相应标准溶液的汞浓度（μg/L）为横坐标绘制校准曲线。

第五，取出汞还原器吹气头，逐个吸取 10.0 mL 经处理后的试样或空白溶液注入汞还原器中，加入氯化亚锡 1 mL，迅速插入吹气。

（六）固体废物中氟化物的测定

1. 原理

当氟电极与含氟的试液接触时，电池的电动势 E 随溶液中氟离子活度变化而变化。当溶液的总离子强度为定值且足够时服从以下公式：

$$E = E_0 - \frac{2.303RT}{F}\log a_{F^-}$$

E 与 $\log a_{F^-}$ 呈直线关系。（2.303*RT*）/*F* 为该直线的斜率，亦为电极的斜率。

工作电池可表示如下：

Ag|AgCl，Cl^-（0.3 mol/L），F^-（0.001 mol/L）|LaF_3，|| 试液 || 外参比电极。

2. 测定步骤

第一，按测定仪器及电极的使用说明书进行，分析前测定电极的实际斜率。在测定前应使试料达到室温，并使试料和标准溶液的温度相同（温差不得超过 ±1℃）。

第二，用无分度吸管，吸取适量试料，置于 50 mL 容量瓶中，用乙酸钠或盐酸调节至近中性，加入 10 mL 总离子强度调节缓冲溶液用水稀释至标线，摇匀，将其注入 100 mL 聚乙烯杯中，放入一只塑料搅拌棒，插入电极，连续搅拌溶液，待电位稳定后（电位变化 5 min 不多于 0.5 mV），在继续搅拌时读取电位值 Ex。在每一次测量之前，都要用水充分冲洗电极，并用滤纸吸干。根据测得的毫伏数，由校准曲线上查得氟化物的含量。

第三，用水代替样品进行空白试验。

第四，用无分度吸管分别吸取 1.00 mL、3.00 mL、5.00 mL、10.00 mL、20.00 mL，氟化物标准溶液，置于 50 mL 容量瓶中，加入 10 mL 总离子强度调节缓冲溶液用水稀释至标线，摇匀，分别注入 100 mL 聚乙烯杯中，放入一只塑料搅拌棒，以浓度由低到高为顺序，分别插入电极，连续搅拌溶液。待电位稳定后（电位变化 5 min 不多于 0.5 mV），在继续搅拌时读取电位值 E，在每一次测量之前，都要用水冲洗电极，并用滤纸吸干。在半对数坐标纸上绘制 E（mV）—logCr（mg/L）校准曲线，浓度标示在对数分格上，最低浓度标示在横坐标的起点上。

第五，当样品组成复杂或者成分不明时，宜采用一次标准加入法，以便减小基体的影响。先按所述测定试液的电位值 E，然后向试液中加入一定量（与试液中氟含量相近）的氟化物标准溶液。在不断搅拌下读取平衡电位值 E2。E2 与 E1 的毫伏值以相差 30 ～ 40 mV 为宜。

（七）固体废物中金属元素的测定

金属尤其是重金属是固体废物中一种不易降解、不能被生物利用、危害性大的污染物。固体废物中的金属污染物主要有镉、铬、铜、铅、镍、锌等。

目前，对于固体废物中金属元素的测定分析方法主要有：分光光度分析技术（SP）、离子色谱法（IC）、火焰原子吸收光谱技术（FLAAS）、石墨炉原子吸收光谱技术（GFAAS）、氢化物发生原子吸收光谱技术（HGAAS）、氢化物发生原子荧光光谱技术（HGAFS）、ICP 发射光谱技术（ICP）和 ICP-MS 技术。这里介绍火焰原子吸收光谱技术（FLAAS）。该方法具有测定快速、干扰少、应用范围广，可在同一试样中分别测定多种元素等特点。

1. 原理

将固体废物浸出液直接喷入火焰，在空气－乙炔火焰中，铜、锌、铅、镉、镍以及铬的化合物解离为基态原子，并对空心阴极灯的特征辐射谱线产生选择性吸收。在给定条件下，测定铜、锌、铅、镉、镍以及铬的吸光度，进而测定浸出液中各金属元素的含量。

2. 测定步骤

第一，浸出液如不能很快进行分析应加浓硝酸达 1% 保存，时间不要超过一周。

第二，校准曲线的绘制。在 50 mL 容量瓶中，用 HNO，溶液稀释混合标准溶液，配制至少 6 个工作标准溶液，其浓度范围应包括试料中铜、锌、铅、镉、镍以及铬的浓度。按所选择的仪器工作参数调好仪器，用硝酸溶液调零后，由低浓度到高浓度为顺序测量每份溶液的吸光度，用测得的吸光度和相对应的浓度绘制标准曲线。

第三，测定。根据扣除空白后试料的吸光度，从校准曲线查出试料中铜、铅、锌、镉、镍以及铬的浓度。测定钙渣浸出液，为减少钙的干扰，须将浸出液适当稀释。测定铬渣浸出液中铅时，除适当稀释浸出液外，为防止铅的测定结果偏低，在 50 mL 的试液中加入抗坏血酸 5 mL 将六价铬还原成三价铬，以免生成铬酸铅沉淀。当样品中硅的浓度大于 20 mg/L 时，加入钙 200 mg/L，以免锌的测定结果偏低。

第四，标准加入法。当样品组成复杂或成分不明时，应制作标准加入法曲线，用以考察样品是否宜用校准曲线法。

（八）固体废物中有机化合物的测定

有机化合物污染是固体废物中的主要有害污染物之一。有机污染物种类多，包括卤代烃类、苯系物、氯代苯类、酚类、硝基苯类、多环芳烃、农药等。

固体废物中有机物的分析方法主要采用气相色谱技术（GC）、气相色谱－质谱连用技术（GC-MS）和高效液相色谱技术（HPLC）。这里介绍气相色谱技术对固体废物中有机物的测定。气相色谱法是一种定量分析的技术，可用于能挥发而不分解或没有化学重排的有机化合物的分析。

采用二氯甲烷溶剂索氏提取样品中的有机物成分，提取液经酸碱分配净化，消除干扰，用具氢火焰离子化检测器的气相色谱法分离检测。按各有机化合物在色谱测定中灵敏度的高低，将各贮液按一定比例配制成混合标准溶液，并稀释成标准系列进行测定。以峰高为纵坐标，浓度为横坐标，绘制标准曲线，确定线性范围。将净化后的样品注入色谱柱，按样品峰高，选择接近该浓度的标准溶液注入色谱柱，按相同保留时间定性，按峰高进行定量。

三、我国固体废物监测技术的发展

我国在固体废物监测技术方面的发展历程，最早可以追溯到 1979 年，当时国务院环境保护领导小组办公室想要出台一套有关环境监测的标准分析方法，所以它联合中科院环化所、北京市环保所、辽宁省环保所、北京市环境监测站等几个单位一起，共同编制了一本有关环境监测标准分析方法的蓝皮书；同年，《工业企业设计卫生标准》开始在全国范围内被大力施行，随后在 1982 年，一套适用于我国的《工业废渣检验方法》被研制了出来，该项工作由国家建委和卫计委牵头，带领中国科技大学等几个单位一起通力合作；此后，一份有关“工业固体废物有害性鉴别方法”的研究报告发表问世，在业内引起了不小的波澜；在 1989—1991 年，环境保护部专门针对“固体废物采样及检测方法的研究”进行了特别立项，并且委派中国环境监测总站来全权负责该项研究工作的执行。

到目前为止，我国已经形成了一套较为成熟的固体废物环境管理和监测体系，对固体污染物的采样和制样、浸出毒性的浸出方法、有机、无机污染物的监测方法都有了具体的规范，固废检测技术臻于成熟。

四、固体废物监测技术的应用问题

首先，我国目前对于固体废物的采样仍然沿用原先的老规范，对于医疗废物这些危险废物并没有专门出台相对应的采样方法，通用一套采样方法，这其实是极度缺乏科学性的，科学实验的不足也导致在研究一些具有代表性样品的时候进展困难。对此，希望在今后能够针对固体废物的采样方法进行分类细化，对不同种类的固体废物选用适用于它的采样方法，为其后的监测工作提供便利。

其次，我国虽然有把新型的分析方法作为附录内容补充在固体废物浸出毒性鉴别标准里面，但是却未将这些方法标准化推广，以至于这些方法并没有深层次的研究展开，其适用范围和质控措施等在理论层面都是十分模糊的，很影响这些方法在实际工作之中的应用，无法让其更好地服务于我国的固体废物监测工作，所以希望有关部门能够尽快推动这些新型方法的标准化。

最后，当前我国对于固体废物主要使用的分析方法是浓度分析法，但是针对污染物的危害性和潜在的污染程度，这些信息光靠对废弃物进行浓度监测和分析是不足够全面准确反映出来的，尤其是针对那些表征较为复杂的废弃物，它里面往往存在有大量的化学物质，这些化学物质混杂在一起，进行浓度监测和分析的难度较大，并且结果也会因为这些物质彼此间的反应和前处理过程而变得不太准确，这都会影响我们之后的分析工作，并且使得固体废物的管理和循环利用缺乏足够的数据支撑，所以我们需要加大对形态层面的、物理性质层面的、潜在的或持续性污染物监测技术标准的研究和提升，提高分析监测的可操作性，提高监测数据的准确性，更好地为固体废物监管工作提供数据支撑。

我们在生产生活中会产生大量的固体废物，这些固体废物其实是“在错误时间放错位置的资源”，它们其实是非常宝贵的二次资源，最好的处理方式是将它们资源化。因为它们虽然在某一方面的使用价值耗尽了，但是仍然存在其他方面的使用价值，这需要我们运用科学的方法和监测技术对其进行成分分析，了解他们残存的可用价值，并通过有关的清洁和循环利用技术，将这些废物资源化，实现将固体废物循环使用的目的。并且，有关部门需要在居民之中进行固体废物减少化和无害化的宣传工作，全面深入开展垃圾分类工作，集结大众的力量将这些固体废物的污染影响最小化，促进我国环境的可持续发展。

第七章　生态环境破坏与生态保护

随着全球化的环境问题日益突出，环境灾害频繁发生，人们逐渐意识到保护环境的重要性，生态环境在未来的社会经济发展中占有着重要地位。水土流失、土地荒漠化、森林植被减少等也是我国以及各发展中国家普遍面对的生态环境问题。本章分为环境保护的生态学基础、植被破坏的危害与恢复、水土流失的危害与防治、荒漠化的危害与治理四个部分。主要包括生态环境、环境保护等相关概念界定，森林破坏、草地退化等植被危害及保护恢复，水土流失的危害及防治等内容。

第一节　环境保护的生态学基础

一、相关概念界定

（一）生态环境

水、气候、土地、生物四种资源，与人类的生存和发展息息相关。生态环境就是指上述四种资源质量和数量的总称。

造成生态环境恶化的原因包括两个方面：一是过度放牧、耕作、乱砍滥伐等不合理开发利用自然资源行为导致的土壤退化和沙漠化问题；二是人类活动造成的污染问题。经济快速发展中产生的工业废气、汽车尾气等造成的雾霾问题以及工业废水造成的臭水沟问题频频出现，这些环境问题与人们的健康生活息息相关。因此，工业废气、工业废水造成的环境污染问题亟待解决。

近年来，国家投入了巨大的人力、物力和财力来解决突出的环境问题，特别是在大气、水、土壤污染防治方面，积极立法和修法并严格执法。生态环境作为一种公共产品，其特点决定了不可能完全由私人提供，需要政府来干预生态环境的治理。

（二）环境保护概念

所谓环境保护，就是通过行政、经济、法律及科学技术等手段，保护人类所生存的生态环境不会受到污染与破坏，改善生态环境，从而使环境与人类社会、经济协调发展，让生态效益转化为经济效益和社会效益。

因为人类生存在同一个地球上，大家共同呼吸新鲜的空气，共同饮用干净的淡水，共同使用无污染的土壤，因此生态环境是一种既特殊又重要的公共产品。如果不及时制止，任由各自以自身利益最大化持续发展下去的话，将会导致整个生态环境的破坏。因此，这时政府应该及时、合理地采取相应的措施，让整个社会合力进行环境保护，要加大环境保护宣传力度，提高全民环保意识。

应当健全生态环境保护管理制度。除了道德上的引导，更应该有制度上的约束。要实行严格的监督管理制度，为节能减排、环境保护的有序推进提供可靠的保障。可以充分利用大数据技术，建立健全生态环境保护制度，用绿色评价指标体系引导人们约束自身，保护环境。必要时应该采用立法的方式确定生态红线，实行严格的监测制度，严格保护重要的自然保护区域、生态功能区等。

还要积极引导企业切实保护生态环境。一般来说，对环境造成更大伤害的往往是各排污企业，因此应积极引导企业切实履行生态环境保护的社会责任，可采取税收激励手段，引导企业调整产业结构，实行绿色发展与生产，走可持续发展之路。除了关停没有取得环保手续高污染性企业、制定并严格执行排污控制标准、完善排污许可控制制度等相关措施以外，也可借助税收之力来进行环境保护。当然，环境保护的方法很多，还包括及时公开排污信息、加大环保资金的投入力度、提高生态环境保护的科技水平、加大环境治理力度、加强社会监督等。

二、环境保护的生态学基础

（一）生态系统

1. 生态系统理论

生态系统是在一定的时间和空间内，生物的和非生物的成分之间，通过不断的物质循环和能量流动而相互作用、相互依存的统一整体。生态系统具有层级性、完整性以及相关性三种特征。生态系统理论要求人类对资源进行合理利用，尊重人与环境以及部分与整体之间的协调。人口规模进一步扩大，人类增加了对社会精神文化以及良好生态环境的需求，逐渐发展形成“社会—经济—自然”统一体。

生态系统理论就是将人们的生态意识和资源生态价值结合起来，从而提高人们对于生态环境资源的保护意识。

2. 生态系统服务

生态系统服务在1970年左右首次作为一个独立的概念被提出。1997年，康士坦（Costanza）等学者对其定义、分类、估算等进行深入研究，从此生态系统服务的科学含义在学术方面相对明确，迄今为止其在生态学和地理学方面也是颇具研究价值的重大成果。

生态系统服务的供需及空间格局等方面的研究一直以来备受国内外研究者关注。比如，奥尔西（Orsi）等通过对整个欧盟主要森林生态系统服务的供水、栖息地保护、气候调节等生态系统服务的热点和其协同效应和权衡效应进行了空间格局研究并发现其分布规律。汪东川等人对京津冀都市圈202个县的粮食、蔬菜、水果、碳储量、水、土、沙等生态系统的空间分布格局进行了研究并探索其空间关系。王敏等人对宁德地区土壤保持的空间格局及导致其分布格局的原因进行分析。生态系统服务簇的空间格局研究可以有效识别生态系统各功能区。比如，一些学者对中国珠江三角洲地区的8个生态系统服务基于k-means聚类识别生态系统服务簇，明确了供应、文化、调节等服务区；谢敏等人基于生态系统服务簇将陕西省划分为5个不同功能的生态系统区。

影响生态系统服务产生扰动的因素主要是气候、人为、社会经济等多种因素。

气候因素主要包括生态系统的地理分区差异、气候条件等。土壤保持服务受气温影响较大，气温主要通过蒸散发改变土壤含水量来对生态系统中植被生长的开始和持续时间产生影响，植被生长良好的地区通常具有较强的生产力，可以有效地减少水土流失，但是，植被覆盖度的提高会引起降雨的增多，一旦降雨量超过阈值，土壤保持功能就会下降。产水服务由主要受气温、DEM影响转为主要受降水影响，这与孙小银等人的研究结果相似，降水可以通过直接供给水分决定产水量的高低，降水量逐年提高，水热条件逐年向好，降水贡献日益凸显。植被生产服务由气温、降水和DEM为主要影响因素转为气温和降水为主要影响因素，这与相关学者的研究结果一致，这是由于水热条件直接影响植被生长，DEM通过间接影响植被生长环境条件包括植被生长的土壤条件、气候条件等影响NPP，但随着气温和降水条件的改善，DEM的影响相对减弱。防风固沙服务由主要受气温和降水影响转变为气温和DEM，气温通过影响地表覆被以及地表湿度改变沙形成条件以及固沙条件来影响固沙量，而DEM可以通过地形高度影响风速从而间接控制固沙量，因此也是影响固沙量的主要原因。

人为因素包括人类对生态系统服务的干预和利用等，如土地利用结构和土地利用强度等。例如，土壤保持服务由受煤炭产量影响较大转为受工业产值影响为主，1986年煤炭开采处于初步阶段，其他工业产业发展相对较弱，2015年国家重视可持续发展，煤炭开采受到一定控制，工业产业蓬勃发展，因此工业产值为主要影响因素。产水量受煤炭产量影响较大，由于煤炭开采破坏地表土层和植被，而且煤炭加工产生有毒气体排放到大气中影响降水条件，直接影响产水量。植被生产服务受工业产值影响较大，其主要通过人为工业活动包括各种资源开采、制造业等直接影响土地利用方式，破坏土层结构，影响地下水的分布与质量，对植被生长负面作用较大，随着工业水平的发展，工业产值逐年提高，工业产值影响越来越突出。防风固沙服务由煤炭产量为主要影响因素转为工业产值，这也与2015年国家对煤炭资源的合理开发有关，而工业发展却在逐年提升，因此到2015年工业产值为主要影响因素。

社会经济因素包括人口数量、工业发展等。吕乐婷等人基于InVEST模型定量研究1980—2015年大连市产水量的时空分布，发现研究区产水量的变化是气候变化和土地利用共同作用的结果。吴瑞等人基于InVEST模型对官厅水库流域产水服务时空变化进行探究，发现导致其发生改变的主要原因是气候变化和土地利用变化。

关于生态系统服务簇，它的空间表现对应于生态系统服务在不同经度、纬度、气候或社会经济条件下的相互作用，在这种相互关系中，服务簇与特定的景观格局有一定关联性。在生态系统服务功能簇方面，第一类服务簇属于土壤保持服务簇；第二类服务簇属于产水服务簇；第三类服务簇属于植被生产服务簇；第四类生态系统服务簇属于防风固沙服务簇。面向煤田生态系统管理应结合自然和社会因素，合理开发利用土地资源，使人类发展与土地资源保持良好的耦合状态，这样才有助于煤田的可持续发展。

总之，有效的生态系统服务管理需要深入理解生态系统服务权衡和协同作用的机制，聚类方法可以快速识别由相似的社会生态因素决定的具有相似生态系统服务聚集的区域，从而能够更好地针对不同区域制定特定的可持续性政策，然而在对土地利用管理做出任何最终决定之前，还需要考虑到不同生态系统服务簇内部的差异以及社会生态条件。而且，自然条件和社会条件与生态系统服务功能之间存在着相互影响和制约的关系，它们通过影响自然环境条件和改变土地利用方式等间接干扰生态系统服务功能，因此要保持良好的人地耦合状态。

目前对生态系统服务的研究已经较为全面，涉及的生态系统类型也较为丰富。例如，煤田生态系统由于采矿活动受到巨大的破坏，地表沉陷影响人类生产、生活，并且使得动植物也失去其赖以生存的环境；煤田开垦还会导致森林破坏、土壤流失、地下水污染、大气污染等，这些活动直接影响土壤保持、产水服务、碳固定以及防风固沙等诸多生态系统服务功能；采矿等活动还可以通过森林碳储量的消耗和发电厂的燃煤，将原本是碳汇的地区转变为碳源，间接影响了煤田生态系统服务。由于煤炭开采造成严重破坏的煤田生态系统有着巨大的潜在价值，其涵养水源、保持水土、水体及土壤等生态功能尤为显著，对其驱动因素的深入理解还需进行更深层次的研究，因此亟须开展对煤田生态系统全面而深入的研究。

3. 生态系统服务价值评估

（1）生态系统服务价值评估的基本内涵

诸多学者对生态系统服务的定义和内涵进行了界定，其中比较典型的研究包括以下几个：戴利（Daily）将生态系统服务界定为自然环境及环境内生物为人类社会生存发展创造的物质资源及相应过程；康士坦等学者强调人类从自然生态系统中得到的益处，他们的研究引起广泛的社会关注，并进一步将生态系统服务划分为 17 个大类；联合国千年生态系统评估计划对生态系统服务的定义基本接受了康士坦的观点，进一步明确了生态系统服务的内涵，认为它是生活在生态系统中的人类从中享受到的各类效益。

当前对生态系统服务的研究中 MA 构建的服务分类框架最有影响力。MA 从功能角度将生态系统服务分为供给服务、支持服务、文化服务和调节服务 4 个大类。后续相关研究大多以这 4 个大类为基础，根据研究目的和研究区域的特征，进一步对该生态系统服务分类框架做出调整和补充。

（2）中国生态系统服务价值评估方法

第一种为基于市场价值理论对生态系统服务价值进行评估。欧阳志云和王如松在明确生态系统服务类型的基础上，指出生态系统服务价值包括 4 类：直接利用价值、间接利用价值、选择价值和存在价值。其中，市场价值法是应用范围最广的价值核算方法，适用于可以直接获取市场价格的服务类型；间接利用价值评估方法的选择需根据服务类型确定；选择价值一般采用替代成本法和避免成本法等进行估算；存在价值则需要根据区域居民的支付意愿确定。唐小平等人通过整合遥感数据、地面观测数据和模拟生态过程模型的数据，构建起青海省生态系统服务价值数据库，结合直接市场法、替代成本法、假想市场法等构建经济价值转移模型，评估出青海省生态系统服务价值。

第二种为基于非市场价值对生态系统服务价值进行评估。谢高地等人依托康士坦提出的全球生态系统单位面积服务价值当量因子的研究成果，收集专家意见，构建出基于生态系数对生态系统服务价值评估的方法。该研究成果得到了从事自然资源核算评估研究工作的专家学者的充分认可，并将此方法应用于我国生态系统服务价值的核算与统计分析中。胡蓉等人首次将生态系数法引入我国耕地生态系统服务价值的核算研究中，得出我国耕地生态系统 1998 年的资产价值存量为 2 183 万元，2018 年的资产价值存量为 498.8 万元。刘金龙等基于遥感数据测算出京津冀地区各类土地利用面积的数据资料，结合生态系数法核算出 2001—2009 年京津冀地区的生态系统服务价值存量，使用径向基函数网络评估出土地利用变化对人类社会产生的影响。

（二）生态平衡

生态平衡实质上就是生态系统、生态环境稳定的一种状态。生态系统是一个反馈系统，具有自我调节的机能。但是，这种机能是有一定限度的，这个限度被称为“生态阈值”或“生态容量”，在不超过生态阈值的前提下，它可以忍受一定的外界压力，当外界压力解除后，它能逐渐恢复到原有的水平。相反，如果外界压力无节制地超过生态系统的生态阈值和容量时，系统的自我调节能力就会降低，甚至是消失，最后导致生态系统衰退或崩溃，这就是人们常说的“生态平衡失调”或“生态平衡破坏”。

造成生态平衡失调的原因可归纳为自然因素和人为因素两个方面。自然因素所造成的生态平衡的破坏，多数是局部的、短暂的、偶发的，如水灾、旱灾等，当灾害结束之后系统会逐渐恢复。现代生态平衡失调更多的是由人类活动而造成的：人与自然策略不一致、滥用资源和经济与生态分离等。

（三）生态位理论

1. 生态位相关概念

（1）生态位

生态位理论最早由格林内尔（Grinell）提出，他将生态位界定为种群在生态系统中所占据的位置，即空间生态位。随后埃尔顿（Elton）在格林内尔理论研究的基础上补充了种群与相关生物的竞争关系或捕食关系，即功能生态位。哈钦森（Hutchinson）提出多维超位积模式又称超体积生态位理论。他指出种群所在的生存空间是多维的，包含温度、湿度、营养等多个方面。

综合来看，格林内尔突出生态位的空间概念和基本内涵，埃尔顿突出生态位的时间与空间特性，而哈钦森细化了生态位空间概念，突出其多维性。三者在丰富生态位内涵的同时，均突出了其空间特性。研究认为可以将生态位理解为某个指定种群在多维生态系统（时间、空间、湿度、温度等）中所占据的位置，及其与其他种群之间的竞争或捕食关系。

生态位又称“生态龛”，最早起源于生态学。自20世纪以来，众多学者从不同角度展开了对生态位内涵的研究，目前尚未形成统一定义，其中生态学家格林内尔、埃尔顿和哈钦森的研究被大多数学者视为该领域的经典。

埃尔顿强调生态位的功能内涵，在格林内尔理论的基础上，补充了物种或种群在生态环境中与其他物种或种群的捕食与竞争关系。

哈钦森从数学集合的角度，将生态位模拟为生物种群或物种所处的生态系统环境中所有因素（温度、阳光、水、食物及功能作用等）的总集合，并把集合中各要素整合成不同维度的子集，亦可称为“超体积生态位”。随着现代生态学理论对其他学科的渗透，生态位概念也被引申到其他领域。在原始生态位理论基础上，衍生出城市生态位、企业生态位、创新生态位等，共同构成了形成现代生态位理论体系。他将物种或种群的所在的生态系统视为多维空间，并把能够影响有机体的条件和资源视作独立的维度，从而形成多维生态位。

（2）区域复合生态位

通过对多维生态位理论的研究，众多学者将该理论引入区域问题等复杂问题的分析研究中。我国生态学家马世骏结合区域经济学与生态学理论，针对城市发展与资源环境协调问题，率先提出“社会—经济—自然”复合生态系统。他将人类社会看作人的活动占支配地位、依靠其所在的生态环境，以资源物质循环为连接，以社会体制和文化习俗为传导的“社会—经济—自然”复合生态系统。

马世骏强调复合生态系统下的社会系统、经济系统和自然系统互不相同、各有特点。其中，社会系统主要受政府措施、区域人口结构特征、风俗习惯、技术进步等因素的影响。决定区域生态系统各因素是否被纳入社会子系统的关键是该因素是否能够反映社会组织与人类活动之间的相互作用与关联。

马世骏对经济系统的研究主要基于计划经济体制，重在分析供给需求之间的平衡关系和与经济扩大再生产相关的资金累计速率及利润。自然生态位重在强调资源，其中主要包括再生资源和非再生资源。马世骏的区域生态位理论重在突出自然系统、社会系统和经济系统之间的结构协调性及系统功能间的循环作用，主要研究经济发展、社会功能和自然资源之间互相制约、互为补充的因果循环关系。马世骏在其研究中强调应以经济生态学为指导，构建复合系统指标体系，以使系统的综合效益值达到最高，危机风险降到最低。

王如松和欧阳志云从可持续发展的角度对复合生态系统的功能与子系统之间的关系展开了相关研究。他们将自然系统的构成要素归纳为气（由太阳能驱动产生的空气流动和气候变化）、水（水安全、水生境、水资源、水景观、水环境）、土（土壤、土地、地形、地景、区位）、生物（植物、动物、微生物）、矿（生物地球化学循环）等5个生态因子，指出经济生态子系统由以下5个单元组成：流通系统、消费系统、调控系统、生产系统以及还原系统，强调经济子系统以人类的物质能量代谢活动为核心，社会子系统主要构成要素为人的认知系统（如哲学和科学、技术等）、体制（如法律和政策）和文化（如伦理、信仰等）；三个子系统相互影响，需从时空、数学关系、组织构建、波动规律等角度关注三个子系统之间的耦合关系。

综上，“社会—经济—自然”复合生态系统的本质在于从资源、环境、经济结构、社会、因素等生态因子角度系统研究人类社会与自然的综合作用关系，复合生态系统理论对于荒漠化防治工程的评估提供了新的角度，从时间、空间、数量关系等方面综合考核工程的实施对于当地经济发展、人民生活、自然环境的多重影响，继而为全面评估三个子系统之间的耦合关系及区域动态发展变化提供了理论基础。

（3）“社会—经济—自然”复合生态位与耦合理论的结合

耦合理论起源于物理学，用于研究两个或多个电子元件输入与输出系统间配合的密切程度。后续研究对耦合度的定义进行了扩展。耦合度用于量化两个及以上系统之间两两依存、两两制约的水平。社会、经济、自然系统间的耦合度反映了复合生态系统的结构，以此可以分析出复合生态系统整体在靠近临界值后的未来趋势。耦合协调度在耦合度的基础上能够进一步量化社会、经济、自然三个子系统之间的相互作用对于整体生态系统的影响程度。耦合协调度数值越大，表明子系统之间的关系越有益于整体的发展。使用该耦合协调理论评估复合生态系统发展的可持续性，评估荒漠化防治工程的实施是否使得社会、经济、自然系统之间及系统各要素逐步由无序变动转变为有序运动，继而优化系统内部秩序，提升复合生态系统整体发展的可持续性。李契等人将生态系统视作n维超体积模型，种群食物、竞争关系等影响生物的所有因素均应纳入超体积模型中，作为生态位维度。

2. 生态位理论的应用

随着生态学理论的发展壮大，生态位的内涵被专家学者不断丰富，生态位理论的相关研究也从传统的生态学领域逐步扩展到社会学、区域经济学等其他领域当中。

哈钦森提出的多维超体积生态位定义在现实研究中被经济学家、管理学学者等引入相关领域的研究中，特别是生态位维度在后期多被延伸到区域经济学、企业管理学、旅游管理学、教育学等研究领域当中，用于测算种群在生态系统中的空间位置和时间位置。随着生态位研究的不断深入以及“经济—社会—自然”复合生态系统”概念的提出，生态位这一理论也被从事社会科学研究的有关学者引入人类社会子系统的学术分析中，并在该领域的研究分析中起着至关重要的作用。

卢卡·萨尔瓦蒂（Luca Salvati）基于生态位理论从人口统计学、经济发展水平与结构特征、社会空间格局等维度评估当代城市发展变迁过程，为都市圈可持续发展政策的实施提供参考；沈大维运用生态学理论，构建资源环境复合指标体系评估企业生存发展环境的和谐程度；焦薇通过分析物流园区与生物体的相似性，得出两者之间具有众多共通之处，结合波特“钻石模型”构建物流园区生态位评价体系，为物流园区管理提供了新思路。黄寰等人从经济生态、社会生态位、自然生态位角度出发研究区域复合生态系统，借助熵值法计算评估指标权重，并采用 TOPSIS 模型评估成渝城市群中各城市所占据的生态位，分析了 16 个城市之间的生态位差异。

第二节　植被破坏的危害与恢复

一、森林破坏

森林有着很高的经济、社会和生态效益能力，影响全球的生态环境，是地球上不可或缺的资源。构建生态文明的和谐社会需要我们要做好森林资源的开发与保护工作。绿水青山就是金山银山，我们要保护自然、绿色发展。党和政府在推进森林资源环境保护方面的重视和支持程度也越来越高，关于环境保护和环境管理的相关法律法规不断颁布和出台，森林资源保护工作取得突出进展。其中，随着保护生态环境进程的不断开展，地方各级林业主管部门陆续开展多次森林资源的市场调查工作，而调查工作的前提就是科学评估区域内森林资源价值。评估的数据和结果可以真实反映森林资源价值情况以及变动状况，为政府以及相关单位制定科学合理的政策提供决策依据，也有利于加强对森林资源的保护力度，确保其功能的发挥和价值的充分彰显。

（一）森林破坏与原因

林地不仅是很多动植物栖身的场地，还能供给很多原材料、带来多种效益。随着经济和社会的发展，人们在经济利益的推动下对有限森林资源的过度开发，给保护这些资源带来了越来越大的压力。森林资源的迅速流失不仅会阻碍可持续发展，破坏了当地的生态环境，还会影响当地经济发展。

近几年全球范围内的森林大火屡次爆发：震惊全球的亚马孙森林大火燃烧 16 天，造成 50 公顷的森林被摧毁；俄罗斯的西伯利亚的大火造成 15 800 公顷森林被毁；中国四川省凉山木里县发生林地灾害，火灾面积约 20 公顷。在保持水土、调养气候、保持生物多样性等方面森林承担着很多作用，一场突如其来的大火让当地造成严重的水土流失、气候变化异常，也使得全球氧气锐减，二氧化碳剧增。

造成森林破坏的原因主要有以下几个方面。

①主要是由于人们只把森林看作生产木材和薪柴的场所，对森林在生态环境中的重要作用缺乏认识，长期过量采伐，使消耗量大于生长量。

②现代农业用地的需要，过量地开垦森林变为耕地或草地。

③经常发生的森林火灾，使森林遭受灭顶之灾。

④工业污染，特别是酸雨造成的危害。

（二）森林资源的保护

第一，加强森林管理。要在加强宣传教育，提高人们保护森林的责任感和积极性的基础上，建立健全森林管理机构，完善森林管理制度和监督系统。为了在全国范围内加强林木管理，应在所有乡镇基层建立起林管站，推行规范化、科学化、法制化管理。

第二，改变林业经营思想。强化对森林的资源意识、生态意识，改变经营思路，发挥森林的多种功能、多种效益，经营、管理、利用好现有森林资源；重视森林资源的生态效益，实行林价制度，把森林资源的价值包括在木材价值之内，改变森林价格长期偏低的局面；建立并实施森林资源实物量和价值量核算制度，实行有偿占用和有偿使用制度，在森林资源使用分配中引入市场机制，实行“使用者付费”经济原则，以促进有益于环境的方式开发利用森林资源。

第三，加快造林，优化结构，调整林业生产布局。应以因地制宜、维护生态平衡为原则，调整林业生产布局；改善林木采伐方式，优化采伐的时空条件，控制采伐量，使采伐量不大于育林及生长量，达到生态效益与经济效益的统一。

第四，加强林区保护。主要是加强防火教育，建立监控预报系统，防止森林火灾；改善森林生态系统的结构，提高森林防治病害的能力。同时，要提高灭火和防治病虫害的能力，减少林火、病虫害等造成的森林破坏和退化。

二、草地退化

（一）草地资源退化危害

过度放牧、开垦草地为耕地、重用轻养、虫害与鼠害是造成草地资源退化的直接原因，而草地退化则往往会引起土壤侵蚀、物种丢失和荒漠化，进而造成生态系统恶化、环境质量下降等严重后果。

我国草原由于长期对草原资源采取自然粗放式经营，过牧超载、重用轻养，乱开滥垦，再加上虫害与鼠害频发，使草原破坏严重，以致草原退化、沙化和盐碱化面积日益发展，生产力不断下降。

（二）草原生态修复及评价

随着大数据时代的到来，依托大数据平台能够有效地收集、管理和追踪“水、土、气、人、草畜”等草原生态数据，有助于科学地保护和修复草原生态。草原生态修复监测正是以草原生态大数据为基础，遥感监测为手段，根据图像化分析和数据挖掘的结果，并结合专家经验做出具有前瞻性的判断与分析，为草原生态修复提供科学依据。草原生态修复监测是指导草原生态资源建设，保护草原生态环境的重要措施，能够促进草原生态系统的修复和良性循环。

依托草原生态修复监测大数据基础，能够全面地对一个区域的生态现状进行评估从而制定精准的修复方案，并能够对修复效果进行有效评估。因此，需要建立一套科学、有效、统一的评价指标体系，形成规范化的评价方法。然而，目前草原生态修复尚未有统一的评价指标体系，各地在开展草原生态修复监测评价工作过程中采用的指标不一致，采用的评价方法不同，导致对评价结果的判断也缺乏一致性的标准。

因此，亟须通过制定《草原生态修复监测评价指标分类》标准，构建一套科学、合理的草原生态修复监测评价指标体系及相应的分类和编码体系，为草原生态修复效果的监测评价提供统一的规范和依据，确保草原生态修复效果。

1. 草原生态修复监测评价标准化现状

我国草原标准制定工作较为滞后，标准供应不足。2019 年 10 月，国家林草局批准成立行业标准化技术委员会——草原标准化技术委员会（以下简称草原标委会），以加快推进草原标准化工作。草原标委会的成立为草原标准化工作搭建了更广阔的专业平台，具有深远的历史意义和重要的现实意义。草原标委会成立后，迅速启动草原标准体系构建以及《草原术语及分类》《草原生态修复技术规程》等十余项标准的研制工作。

然而，目前还尚未有草原生态修复监测评价指标分类直接相关的标准。国家标准GB/T 21439-2008《草原健康状况评价》规定草原健康评价的指标和方法，行业标准 NY/T 1233-2006《草原资源与生态监测技术规程》规定草原资源与生态监测的内容和方法。这两项已发布标准以及《草原生态修复技术规程》《草原生态工程建设效益监测评价技术规范》等在编标准，对于草原生态修复监测评价指标分类标准的编制具有一定的参考借鉴意义。

2. 草原生态修复监测评价指标分类标准研究

（1）标准适用范围

该标准规定草原生态修复监测评价指标的分类原则与方法、编码原则与方法及具体的指标分类与代码。该标准适用于草原生态修复监测评价数据的采集、管理、维护与更新。

（2）评价指标体系

根据草原生态修复相关理论和评价指标选取与分类的原则，并结合理论分析法、频度统计法、主成分分析法、专家咨询等方法网，确定草原生态修复监测评价指标体系。其中，大类包括植被指标、土壤指标、气象指标、水文指标和自然灾害指标 5 个类别，如表 7-1 所示。

表 7-1　草原生态修复监测评价指标体系

大类	子类	小类
植被指标	草原基本属性	草原类型、分布区域
	草原生态	退化等级、沙化等级、盐渍化等级、石漠化等级
	草原植被	植被物种、植被盖度、植被高度、优势种、枯落物盖度、枯落物重量
	草原生产力	地上生物量、鲜草产量、干草产量、可食牧草产量、合理载畜量
	草原利用	草原承包方式、草原利用方式、载畜量

续表

大类	子类	小类
土壤指标	土壤基本属性	土壤类型、土壤质地、土壤 pH 值
	土壤养分	土壤微量元素含量、土壤大量元素含量、土壤有机质含量
	土壤含水量	0 ～ 10 cm 含水量、10 ～ 20 cm 含水量、20 ～ 30 cm 含水量
	土壤紧实度	土壤容重、土壤孔隙度
	地表特征	土壤风蚀量、覆沙厚度、风蚀厚度、风积厚度、土壤水蚀量、裸地面积比
气象指标	温度	年均气温、年最高气温、年最低气温、生长季气温、≥ 0 ℃积温、≥ 10 ℃积温、无霜期
	太阳辐射	日照时数、太阳总辐射、光能利用率、光周期
	大气降水	年均降水量、年最高降水量、年最低降水量、生长季降水量
水文指标	地表水	水体面积、地表径流量
	地下水	地下水埋深
自然灾害指标	生物灾害	鼠害发生次数、鼠害面积、虫害发生次数、虫害面积、毒害草面积、牧草病害面积
	气象灾害	旱灾发生次数、旱灾面积、雪灾发生次数、雪灾面积、洪涝灾害发生次数、洪涝灾害面积

（3）评价指标编码原则与方法

草原生态修复监测评价指标编码应遵循 GB/T 7027-2002《信息分类和编码的基本原则与方法》中的“唯一性、合理性、可扩充性、简明性、规范性、稳定性”的基本原则。草原生态修复监测评价指标采用 3 层 5 位数字代码表示，第 1 位表示大类码，第 2 位～第 3 位表示子类码，第 4 位～第 5 位表示小类码。各层级的代码均采用顺序码表示。

草原生态修复监测评价是度量草原生态修复效果的有效方式，编制草原生态修复监测评价指标分类标准，能够为草原生态修复监测评价提供标准技术支撑，促进草原生态系统及其修复过程的精细化管理。在对草原生态修复监测评价现状及标准化现状充分调研的基础上，提出草原生态修复监测评价指标分类标准的主要内容，为进一步研制相应标准提供一定的参考。在标准研制过程中，需从以下方面进行重点完善。

首先，要全面掌握和综合我国各主要类型草原生态修复监测评价实践，构建一套真正适合我国草原实际情况的评价指标体系，以提高标准的适用性。

其次，要进一步厘清草原生态修复过程，从治理前、治理中和治理后等关键环节，梳理出关键要素及对应的指标。重点从草原生态修复措施、草原生态系统服务功能变化以及草原生态修复工程实施前后、工程区内外有关植被覆盖度、高度等变化率方面，完善评价指标体系。

第三节　水土流失的危害与防治

一、水土流失的危害

（一）对水生态系统的危害

水土流失会造成土壤厚度减少，土壤结构遭受到破坏，土壤保水能力较差，更为严重的是会加快水土流失发展，导致土壤侵蚀情况，造成恶性循环。另外，水土流失对道路沿线分布的水源保护区功能具有一定影响，造成生态系统自净能力十分不理想，同时公路区域坡面径流量逐渐增加，引发洪涝灾害的出现。

（二）对土地资源的危害

在水土流失中，对土壤结构会造成破坏，降低土壤厚度，减少土壤肥力，造成现有土地资源遭受到破坏。土壤厚度对土壤生产力具有重要影响。以单位面积土壤为例，产出的粮食产量逐渐下降，还会发生绝产现象。其周边土壤也会发生水土流失的情况，受时间推移，会演变成沙化地，或是石漠化情况，导致肥沃的土地失去原有作用价值。

（三）对生物资源的危害

原有生态环境遭受到破坏，将造成生态系统多样化发生变化，生物栖息地出现退化。在水土流失下，生态环境会急剧恶化，野生物种缺乏适宜环境。在这样的环境背景下，野生物种分布范围越发有限。如果土壤侵蚀越来越严重，将会导致有些物种的灭绝。

（四）引发灾害天气

在水土流失下，会降低原有土壤肥力，对现有植被生态系统造成破坏，减少公路沿线植被覆盖情况，最终对公路周围气候环境造成影响。比如温室效应，或是沙尘暴天气。在一定程度上讲，公路建设造成原有植物生态系统遭受到破坏，植物生存环境越发恶化，降低了植被生态系统吸收二氧化碳的能力，对周边生态系统多样性具有严重影响，最终引发温室效应。如果植被生态受到破坏，将会造成公路周边的生态系统出现空气污染的不良后果。

二、水土保持与水土流失防治对策

（一）水土保持的原则

第一，坚持因地制宜原则。在水土保持中，基于因地制宜原则，主要依据当地自然环境，或是水土流失现象进行有针对性的分析，有效规划保护主体，确保工程技术与生物技术的结合，建立防护机制。这样才能有效解决水土流失问题，才能促进生态环境良好发展。

第二，综合治理开发原则。水土流失治理时，作为工作人员，应坚持综合治理开发的原则，确保水土保持工作和人民利益相吻合，保证群众利益不会遭受到损害。对于农村地区对综合治理开发具有有效利用，遵循综合治理原则，保证工作人员在水土保持中将农田建设作为工作重点，有效完善农田结构，确保农民收益的增加。

第三，以防护为主治理原则为核心。在水土流失治理中，作为工作人员应以防护为主、防治并重的原则为核心。在相关法律下，加大监督管理江河流域，禁止乱砍滥伐，提升水土保持管理能力，最终防治水土流失的情况发生。

（二）水土保持工作现状

1. 没有进行统筹协调

对于水土保持生态修复工作而言，应进行统筹协调发展。要深入分析生态结构和受损情况，制定科学的修复方案，确保修复工作的全面开展。但在具体修复过程中，没有有效整合植被建设与土地结构，造成修复存在浪费情况，并存在资金利用率低的现象。

2. 模式结构具有不合理性

基于生态系统而言，主要由两点内容组成：一种是垂直结构；另一种则为水平结构，这样才能保证生态结构更加稳定，具有良好的发展。但从目前修复工作看，存在着一些问题，如植被单一化、过程机械等问题。在这样的问题背景下，要兼顾生态系统水平结构，提高修复工作的效率。

3. 技术设备极为落后

当今是高度机械化社会，但人们在修复生态系统时并没有投入较多的技术设备，使生态系统修复依旧利用传统模式，对工程进程造成严重影响，植被成活率不尽如人意。在这样的形势背景下，对修复工作进程造成了严重影响，不仅浪费了一定的人力、物力，还增加了修复工作难度，最终也没有获得良好的效果。

（三）水土流失防治对策

1. 积极做好退耕还林还草工作

我国政府在林业重点工程建设工作中投入了大量资金，并在全国范围内广泛推行工程的实施建设工作，其中退耕还林（草）工程耗资规模最大，实施范围最广。退耕还林工程是国家政府扶植力度最大的林业建设工程，工程实施区生态环境和百姓的生活水平都得到了极大的改善和提高。该工程在我国中西部地区生态环境改善、产业结构调整和农户减贫方面均发挥着重要作用。

自 1949 年新中国成立初期，我国就已经开始筹措实施退耕还林工程。按照实施历程，可将退耕还林工程的实施流程划分为号召动员阶段（1949—1998 年）、试点示范阶段（1999—2001 年）、工程建设阶段（2002—2010 年）和后期巩固阶段（2011—2020 年），出台了多项政策、法律法规，也经历了政策萌芽时期和中央政策试点试验阶段，我国退耕还林工作走上以营造生态林为主的工程建设阶段，在后期巩固阶段的主要任务是林地的管护经营和局部小面积的退耕还林。

退耕还林工程从新中国成立初期实施至今，其建设成果得到了世界环境保护组织的认可。我国林业和草原局对国内 14 个集中连片特困区的退耕还林工程实施情况进行了生态监测。集中连片特困区生态系统服务的实物量监测结果为：固定二氧化碳 22 135.07 万吨 / 年，释放氧气 25 090.06 万吨 / 年；防风固沙 20 795.78 万吨 / 年，滞尘 1 984 198 万吨 / 年，吸收污染物 145.59 万吨 / 年；水源涵养 175.69 亿立方米 / 年；提供负离子 4 229.75 × 1 022 个 / 年，林木累积营养物质 40.16 万吨 / 年；累积固土 25 069.42 万吨 / 年，累积保肥 970.44 万吨 / 年。

退耕还林工程不仅仅是一项生态保护修复重大工程，更是涉及万千农户的富民工程、德政工程，为山河增绿、农民增收做出了巨大贡献，以实际行动践行了习总书记“绿水青山就是金山银山”的可持续发展理念。同时，面对宏观环境的巨大变化，退耕还林还担负着“巩固退耕还林成果”和“继续扩大退耕还林还草规模”的艰巨任务。工程管理部门也应在实践中不断总结退耕还林成果和经验，以便更好地服务脱贫攻坚、乡村振兴、大规模国土绿化行动和以国家公园为主题的保护地体系建设，推进国土空间布局优化和土地利用结构的调整。同时，政府林业管理机构需把握农村山区以林草资源和自然景观、环境为依托的特色优势产业发展的重大机遇，进一步强化统筹协调，推进退耕还林高质量发展。

陕西省率先于1999年开始实施退耕还林工程。截至2019年全省累计完成退耕还林还草面积达287.31万公顷，其中退耕地修复的林地和草地面积达124.5万公顷，占全国的9%。陕西省完成的土地修复面积在工程推行实施的各省中稳居第一。而榆林市退耕还林工程的实施情况大概如下。

第一，试点示范阶段（1999—2001年）。先后在榆林市定边县、靖边县、榆阳区、绥德县4个县区推行退耕还林（草）工程试点工作。

第二，工程建设阶段（2002—2010年）。2002年，退耕还林（草）工程开始在榆林市全市范围内大规模推广实施。

第三，后期巩固阶段（2011—2020年）。截至2018年，榆林市共完成退耕还林计划任务量58.04万公顷，其中退耕地还林22.40万公顷、宜林荒山荒地造林34.80万公顷、封山育林0.85万公顷。

榆林市自1999年开始在部分县区实施退耕还林工程。按照国家退耕还林政策兑现办法，截至2018年榆林市累计退耕还林投资65.4 122亿元，其中种苗费达6.3 834亿元，政策补贴费用59.0 288亿元。榆林市全市林木覆盖率由退耕还林前的25%提升至2018年的33%。

2. 加大梯田建设

在水土保持对策中，加大梯田建设是极为重要的。对于梯田建设而言，作为工作人员应给予农田环境选择一定的重视，一般都是以土质较好、坡度小的农田为主。另外，在梯田建设中，一般以等高线进行，工作人员应对地理知识十分了解，确保梯田建设具有合理性，发挥水土保持的作用。

3. 建立水土保持林

在当前形势背景下，水蚀与风蚀造成部分耕层土壤流失，环境恶化较为严重，对粮食安全具有一定影响，并影响着生态安全，更为严重的是危及人类生存。一直以来，政府十分关注水土保持工作。专家学者认为，水土流失会加剧生态环境的破坏，做好水土保持工作极为关键，具有一定的现实意义，可以加快国家经济建设持续化发展。

建立水土保持林的目的是对水土流失进行防范。在建立水土保持林时，应当科学规划树种类型和种植密度。另外，建立水土保持林，一般都是以容易出现水土流失的区域，或是地势极为恶劣的区域为主。由于这部分土质很差，土壤缺乏足够的水分养料，因而选择树种时，作为工作人员应坚持因地制宜的原则，以耐旱性强、具有较高存活率树种为主进行种植，比如松树。

4. 拦泥保土，对生态环境进行改善

在水土保持中，淤地坝工程是十分重要的对策，在环境治理中是极为关键的，具体包含以下几点内容。

第一，拦截泥沙，提高沟道侵蚀基准点，增强河床稳定性能，减少下游河道泥沙，给予农田一定的保护。另外，基于坝中蓄水，可以将其利用在农作物灌溉中，对生态环境起到改善作用。加大建设淤地坝，增大农田面积，提升粮食产量，给予农民一定的帮助，使其可以摆脱脱贫的困境。

第二，具有防洪效果，对下游河道安全起到保护性作用。建设淤地坝，抬高侵蚀基准面，提高泥沙拦截能力，降低河岸侵蚀速度，给予下游河道群众一定的保护。

第三，提高水资源利用效率。进行淤地坝建设，拦洪蓄水，确保洪水成为可利用资源，给予人们生活提供便利，提高水资源利用率。

第四，以坝代桥，对交通条件的改善具有一定的现实意义。针对以淤地坝工程，会配备交通设施，给当地交通提供便利，方便群众生产生活。

5. 提高农田抗旱能力

在生态环境中，农田是极为关键的部分。大力开展水土保持工作，可以提高植被覆盖情况，提高土壤蓄水能力，增强土壤入渗速率，提高土壤含水量。将水土保持对策落到实处，在提高含水量的基础上，还能给农作物生产提供水源，加快农作物生长。农作物在实际生长中对水土保持也具有一定的积极影响，可以提高水土保持能力。更为关键的是，利用水土保持对策，确保了土壤的保土能力和保水能力，对土壤内部环境具有改善作用，在提高农田抗旱能力的基础上，对土壤肥力的提高也具有积极作用。

6. 提升水资源利用率

在当前形势下，水土流失较为严重，对生态环境产生了破坏，水资源浪费情况也极为严重。

第一，基于这样的情况，大力开展水土保持是极为关键的，可以有效解决相关问题。水土保持工作的开展，可以给予河道安全一定的保护，减少河道破坏情况，降低洪涝灾害的出现。

第二，有效建设水库与梯田建设，起到截流土壤，保持水土的作用，减少滑坡和泥石流灾害的出现。如果是在汛期，水土保持工程会发挥防洪作用，拦截洪水。而在旱季，水土保持工程中，进行开闸放水，在提升资源利用的基础上，对径流也起到了补充作用。

第三，另外，针对水土流失的不良影响，水土保持工程对其具有缓解作用，能够改善生态条件，减少水库、河道淤积，降低洪涝灾害的出现。在水土保持对策下，确保了水土保持工程利用寿命，加快水利设施发展。

总而言之，对于水土保持而言，是极为复杂的工程，包含多个学科和部门。在当前形势背景下，我国环境污染问题极为严重。基于这样的情况，应对水土保持具有正确认识，确保综合环境治理具有价值作用。另外，应积极引进治理技术，提高水土保持能力，在改善生态环境的基础上，促进人和自然的协调发展。

第四节　荒漠化的危害与治理

一、荒漠化的危害

土地荒漠化是土地退化的一种表现形式。《联合国防治荒漠化公约》指出，荒漠化是指“包括气候变异和人类活动在内的种种因素造成的干旱、半干旱和亚湿润干旱区的土地退化”。而土地沙漠化则是指发生在沙漠和沙地周围，由于干旱、风蚀等原因而引起的地面土壤肥力丧失、土地向沙漠方向演变的过程。总之，在荒漠化的概念中包括了荒漠化的成因、范围和荒漠化的具体表现。

荒漠化是全球性的重大环境问题，已引起国际社会的广泛关注。1992 年 6 月在巴西里约热内卢召开的联合国环境与发展大会上通过的《里约环境与发展宣言》以及《21 世纪议程》等重要文件中，都把防治荒漠化列为国际社会优先采取行动的领域。这说明荒漠化的危害是非常大的。为引起人们的广泛关注，把每年的 6 月 17 日定为“世界防治荒漠化和干旱日”。

我国是一个人口众多、耕地面积不足的发展中大国，同时也是受沙漠化危害最严重的国家之一。每年有近 2 500 平方千米的土地变为沙漠化土地，这相当于每年损失掉一个中等规模的县域面积。而沙漠化地区几乎全部集中在自然条件艰苦、风沙及沙尘暴灾害频繁、区域经济尚不发达、少数民族相对集中的西部地区。如果处理不好这个问题，将会严重影响我国经济社会的全面发展。

（一）荒漠化危害的表现

荒漠化是最具威胁的区域性环境问题之一，有“地球癌症”之称，主要发生在干旱、半干旱和半湿润地区，常伴随着生产力下降、土地资源丧失、地表呈现类似沙质荒漠化景观等生态环境退化问题，其成因与气候变化、人类过度干扰活动等直接相关。目前，全球有 2.5 × 108 人受到荒漠化的直接影响，约有 1 × 109 人处于荒漠化风险之中，荒漠化每年导致的经济损失达 4.2 × 1 010 美元。

我国是受荒漠化危害最严重的国家之一，从 20 世纪 80 年代开始，我国政府和地方相继启动实施了一系列荒漠化综合防治工程，如京津风沙源治理、退牧还草、退耕还林还草、草原生态保护补助奖励政策等，对改善区域植被覆盖成效显著，但土地沙化和草原荒漠化问题依然十分严峻。

沙漠化危害的具体表现在以下几个方面。

第一，导致土地资源减少，土地质量恶化，使土地的生物生产潜力逐渐衰减消失。

第二，生态环境恶化，生存条件丧失。牧场、耕地荒漠化，使生态环境进一步恶化，特别是在沙漠地区，经常会出现沙进人退的现象。

第三，加剧贫困，影响社会稳定。生态环境恶化，生存条件丧失，加剧了贫困，人们不得不背井离乡，从而引发严重的社会问题。

第四，影响交通运输。特别是当沙尘暴发生时对陆路的运输影响极大。

（二）沙尘暴

沙尘暴是沙暴和尘暴二者的总称，是指强风把地面大量沙尘卷入空中，使空气特别混浊，水平能见度低于 1 km 的天气现象，其中沙暴系指大风把大量沙粒吹入近地层所形成的挟沙风暴；尘暴则是大风把大量尘埃及其他细粒物质卷入高空所形成的风暴。对沙尘暴强度等级的划分一般采用风速和能见度两个指标。目前将沙尘暴强度划分为 4 个等级：4 级≤风速≤ 6 级，500 m ≤能见度≤ 1 000 m，称为“弱沙尘暴”；6 级≤风速≤ 8 级，200 m ≤能见度≤ 500 m，称为“中等强度沙尘暴”；风速≥ 9 级，50 m ≤能见度≤ 200 m，称为“强沙尘暴”；当其达到最大强度（瞬时最大风速≥ 25 m/s，能见度≤ 50 m，甚至降低到 0 m）时，称为“特强沙尘暴”（或“黑风暴”，俗称“黑风”）。

沙尘暴是土地荒漠化引起的最直接的环境灾害，因其具有传输距离远、涉及范围广、危害程度大等特点，多年来备受沙尘源地及下游区民众的广泛关注。沙尘暴会影响大气温度、太阳辐射、大气组分和地球生物化学循环过程，增大区域环境健康风险，危害人体健康。

沙尘暴的形成必须具备 4 个条件：①地面上的沙尘物质，它是形成沙尘暴的物质基础；②大风，这是沙尘暴形成的动力基础，也是沙尘暴能够长距离输送的动力保证；③不稳定的空气状态，这是重要的局地热力条件，沙尘暴多发生于午后傍晚说明了局地热力条件的重要性；④干旱的气候环境，沙尘暴多发生于北方的春季，而且降雨后一段时间内不会发生沙尘暴是很好的证据。春季沙漠的边缘地区，由于长期干旱，而且地表少有植被覆盖，当有大风来临的时候地表的沙尘很容易被吹起且被输移，但由于沙子粒径较大，不易形成悬移（悬浮移动，是小颗粒物质保证长距离输移的必要条件），因此不能长距离输移，这也是距沙尘较远的地区只有降尘而少见扬沙的主要原因。如果风持续的时间很长，形成悬移的浮尘能够被输送到很远的地方，所经过的地区就会出现沙尘暴；当风速减弱到一定程度后，浮尘就会降落，该地就会出现降尘天气。如果此时降水，就会形成所谓的"泥雨"。

从沙尘暴形成过程所需的 4 个条件看，黄土高原、广袤的沙漠及由人为因素的破坏正处于荒漠化过程中的土地，北方春季末耕种的土地及处于施工过程中的基础设施（如高速公路等）为沙尘暴的发生提供了充分的物质源；而春季北方地区的干旱，又使沙尘暴发生的可能性增强；大风的产生是一种复杂的大气现象，主要是冷锋活动或经纬向环流调整作用的结果。由此可见，沙尘暴的产生是多种复杂因素共同作用的结果，人类活动对自然界的破坏导致土地荒漠化的加剧，对沙尘暴发生产生了极其重要的作用，而近几年全球干旱（其原因目前尚未知）等异常天气现象也对沙尘暴的发生起了不可估量的作用。所以，人类活动对沙尘暴的产生只起到一定作用，并不能说沙尘暴就是人为因素造成的。

二、荒漠化的成因

土地荒漠化是一个严重的全球生态问题，土地退化威胁到所有国家的安全和发展，有必要实施全面可持续管理措施。为了缓解沙漠化趋势，世界各国纷纷出台了不同的生态恢复政策和项目。同时，国内外也开展了大量类似的生态监测与评价工作。

在国际上，美国、法国、日本等国家先后实施了相关的生态修复工程，并对生态系统状况进行了评估和观测，分析其可持续发展的经济和社会效益。随后生态工程效果的评价由定性方法演变为定量方法。

我国也存在严重的荒漠化问题：荒漠化土地占全国土地面积的 27.5%，沙漠面积持续扩大。沙漠化造成了生态系统失衡，耕地面积不断缩小，严重影响了中国的工农业生产和人民生活。为了缓解这一趋势，自 20 世纪 70 年代以来，我国实施了一系列重大生态建设工程，并取得了良好的效果。

沙漠化破坏土壤质量，减少土地资源，产生沙尘暴，严重制约当地经济发展和人民生活。因此，监测荒漠化动态是荒漠化预防和治理的一个关键方面。沙漠化是由一系列有限的变量驱动的，其中最重要的是气候因素、经济因素和国家政策。

在这些因素中，气候因素一般作为主要因素，气候对沙漠化的影响主要归因于降雨和风力的变化。例如，在我国毛乌素沙漠、西非撒哈拉沙漠的沙漠化中，气候因素起着主导作用。

社会经济因素在沙漠化过程中的驱动作用主要表现在经济不发达时，经济发展往往会以牺牲环境为代价，特别是在发展中国家，农业的过度扩张、放牧和采矿活动都可能导致植被被破坏和土壤被侵蚀，直接加剧了沙漠化。当经济越来越发达，会增加生态修复和生态的投资，以此来改善生态环境。

另外，长期以来，政府制定的相关政策一直被认为是沙漠化动态的重要驱动因素，生态恢复政策、土地、人口和经济政策都具有直接或间接的影响。生态恢复的根本目的是恢复退化的生态系统，因此，生态恢复政策的实施可能直接而迅速的影响土地沙漠化程度。例如，为应对急剧增加的环境压力，我国颁布了一系列保护和修复生态环境的方针和政策，人为地调控和干预，这个措施能够较好地扭转区域生态退化的趋势。

三、荒漠化的防治

（一）依据理论知识加强荒漠化的防治

要充分利用有关荒漠化防治的理论知识，为荒漠化的治理与防治等提供科学、理论性的意见。这样才能够在实践中有效地防治荒漠化。

（二）制定完善的荒漠化防治机制

要调整政策体制，通过制度化的管理提升荒漠化的治理效果。要从政策制度上加强处理畜牧业的发展，使得畜牧业发展很好地为荒漠化防治制造良好的环境，在运用科学技术防治措施，实现荒漠化防治的良好效果。

（三）运用科学技术防治荒漠化问题

要改进荒漠化的治理方法，利用综合性的技术，如节水技术、森林保护技术、植被覆盖技术以及抗旱种草造林技术等，通过这些技术手段来治理荒漠化问题，减少沙尘暴发生的概率。

（四）选取典型事例为荒漠化防治提供借鉴

荒漠化治理需要运用典型的、市场化的、具有效益的多样化手段，使得种树、种草、果林大户等能够积极、长久地参与到荒漠化治理中，从而提升荒漠化治理效果，为下一代人创造良好的生存环境。典型事例有着极为重要的作用，一个典型能够带动一系列典型的出现，因此，在荒漠化治理过程中，需要利用典型的荒漠化治理事例让其他地区进行效仿，为其提供丰富的经验和成功的理论，使荒漠化治理能够成为常态，更好地实现绿色城市建设。

例如，陕西省榆林市的地貌特征在古长城南部和北部呈现出较为明显的差异。长城北部是风沙草滩区，该区域基本占据了整个毛乌素沙漠的南半部，因而该区域也是榆林市防治土地荒漠化灾害的核心区。长城以南是黄土高原丘陵沟壑区。榆林市受其地理位置和气候特征的影响，土地沙化问题亟待解决。在20世纪初期，榆林地区人民群众的日常生活受到风沙灾害的严重影响，甚至曾多次进行城市搬迁，呈现出“沙进人退”的局面。自新中国成立以来，政府在榆林市积极开展了荒漠化防治工程，取得了卓越的成绩。

近70年来，榆林市境内相继推行了一系列林业重点工程。其中，主要包括退耕还林（草）、京津风沙源治理二期、三北防护林、沙化土地封禁保护试点、防沙治沙综合示范区建设等生态修复工程。政府在当地推行了合同制承包造林，实行育苗造林一体化，广泛地发动人民群众造林，引导企业造林。与此同时，林业部门将先进的林业技术因地制宜地引入榆林沙区，设立草地、灌木、乔木混交林场，对林木种群结构进行优化，使得当地土地沙化问题得到了有效解决。迄今，榆林市森林覆盖率已由新中国成立初期的1%提升至2017年的33%，毛乌素沙漠核心区已经建成了165块面积在万亩以上的成片林。困扰榆林当地数十年的沙尘暴问题也从根本上得到了解决。

（五）做好荒漠化防治的宣传工作

为了更好地提高人们对荒漠化治理的重视程度，要通过教育宣传手段，传播荒漠化治理，提高人们对荒漠化治理的重视，积极参与到荒漠化治理中，使得荒漠化防治工作取得良好的效果，更好地进行生态建设。

（六）完善荒漠化防治评估体系

荒漠化防治工程的实施对研究区域经济、社会、自然环境产生了多方面的综合影响。为了使评价结果能准确、客观、科学、系统地反映出荒漠化防治工作产生的综合效益，在参考相关领域评价结果的基础上，针对区域的经济、社会、自然特征，建立起对荒漠化防治工程评估的综合评价指标体系。

1. 评价指标体系的构建原则

研究荒漠化防治工程的实施对"社会—经济—自然"复合生态系统产生的综合效益，需构建评价指标体系。为此应遵循以下原则。

（1）规范性与公开性原则

规范性是指评价指标体系纳入的指标应符合政府机构的统计规范。指标的统计口径和测算方式应与国家统计法规、实施条例及管理方法中的规定相契合。公开性原则的内涵是评价指标体系内的数据应全部来自国家机关公布的统计刊物或官方网站。此外，研究者在数据平台获取数据资料的机会应该是均等的，以方便其他研究者对其进行参考及检验。

（2）科学性与可操作性相结合原则

科学性是指评价指标要尽量反映区域复合生态系统的实际情况，指标的选定要经过反复筛选和修改，指标的概念必须明确、独立，避免重复。可操作性主要表现为指标的数量适量、指标量化的难度低、指标数据易收集，且各评价指标的含义、统计口径在横向和纵向维度均应具有一致性，以确保评价指标在研究分析中具有可比性。

（3）系统整体性与开放性原则

所谓系统的整体性，就是评价指标体系应是层层递进的；此外各个指标间需要具有特定的有序关联。由此达成对系统的分层研究和多维度分析，进而客观、系统地反映研究对象的动态变化情况。开放性是指评价指标需在量化研究对象目前发展状况的同时，考虑研究对象未来发展的可持续性。评估指标体系应兼顾战略性和扩展性。

2. 复合生态位评价指标体系

科学合理地构建指标体系，对于客观全面准确地反映区域生态系统的发展情况至关重要。基于评价指标体系构建原则，首先，对 CNKI 文献数据库中关于使用指标体系评价的文献进行检索，将选择使用频率较高的评估指标初步筛选进入指标评估框架。其次，参考检索地方统计年鉴、EPS 数据库、中国经济社会数据库，研究将数据的可获得性作为指标的二次筛选工具。随后，参考区域政府公告、政府发展规划及荒漠化防治工程监测报告，对评价指标进行第三次筛选。将经过三次筛选得出的指标体系评估框架提交至水土保持学专家及资源环境核算专家学者，根据专家反馈意见对指标框架进行再次订正，形成最终版复合生态位评价指标体系，如表 7–2 所示。

表 7-2　荒漠化防治评价指标体系

目标层	亚目标层	序号	指标层	指标方向
复合生态系统	经济生态位	X_1	人均 GDP/ 元	+
		X_2	第一产业产值 / 亿元	+
		X_3	第一产业产值占 GDP 比重 /%	-
		X_4	农林牧渔业总产值 / 亿元	+
		X_5	农林牧渔业总产值占 GDP 比重 /%	+
		X_6	固定资产投资额 / 万元	+
	社会生态位	X_7	农民人均纯收入 / 元	+
		X_8	城镇居民人均可支配收入 / 元	+
		X_9	人口密度 /（人 /km^2）	+
		X_{10}	非农人口占总人口比重 /%	+
		X_{11}	城镇居民恩格尔系数 /%	-
		X_{12}	城镇登记失业率 %	-
		X_{13}	每万人拥有教师数 / 人	+
		X_{14}	每万人拥有医疗床位数 / 张	+
		X_{15}	每千人拥有医疗技术人员 / 人	+
	自然生态位	X_{16}	人均林木总蓄积量 /hm^2	+
		X_{17}	人均水资源量 /m^3	+
		X_{18}	森林覆盖率 1%	+
		X_{19}	建成区绿化覆盖率 /%	+
		X_{20}	年降水量 /mm	+
		X_{21}	水土流失治理面积 /hm^2	+
		X_{22}	幼林抚育作业面积 /hm^2	+

该指标体系根据榆林市复合生态系统的基本特征设定为目标层、亚目标层、评估指标三个层次。根据生态位理论，区域生态系统是由经济、社会和自然子系统构成的复合系统。因而亚目标层可以分为经济生态位、社会生态位和自然生态位三个维度，以全面系统地反映区域动态发展状态。

在指标体系中，依据指标对生态系统产生的影响的性质可以划分为效益指标、成本指标和中性指标。其中，效益指标是指能够对复合生态系统发展起到正向促进作用的指标，也可称为“正向指标”；成本指标是指在区域发展过程中，会对复合生态系统造成消耗或负向影响的指标，也可称为“逆向指标”；中性指标是指在区域发展过程中，既会产生正向作用又会产生负向影响的指标。

（1）经济生态位

评估区域经济子系统的基础状态（态）和结构特征（势），学者通常使用人均 GDP 等指标反映经济子系统的“态”，使用人均 GDP、第一产业产值、农林牧渔业产值和固定资产投资额四个指标，且从绝对值水平分析，指标数值越大，越有利于区域经济发展，因而均为正向指标。

（2）社会生态位

社会子系统通常包括居民基本生活条件，如收入水平、消费水平、城镇化状态、就业水平等代表社会“态”，使用教育科技、社会资源增长状况、医疗卫生等代表社会“势”。

（3）自然生态位

自然子系统通常包括区域环境治理状况（态）和资源拥有状况（势）。使用人均林木总蓄积量和人均水资源量两个指标代表区域资源状况（势）。其中人均林木总蓄积量是指在研究区域人均拥有的活立木蓄积量；使用森林覆盖率、建成区绿化覆盖率、年降水量、水土流失治理面积和幼林抚育作业面积反映荒漠化防治工程对于区域环境的改善作用（态）。

3. 荒漠化防治评估方法

从社会发展、经济规模、经济结构、自然环境等多个维度构建评价指标体系，对于系统全面分析区域发展情况至关重要。在多指标综合评价分析中，赋权方法的选取是影响分析结果准确性和可靠性的关键因素，特别是对于复杂研究对象。一方面，在综合评价分析时需要把各影响因素尽可能多地纳入指标体系中；另一方面，数据维度的增多加大了评估分析工作的难度。因而，在选取综合评价方法的过程中，不仅要考虑该方法是否兼顾数据降维和综合测算功能，还需考虑研究对最终结果诉求。通过对区域复合生态系统生态位进行综合评价，测算 1996—2017 年各年榆林市生态位投影评价值的排序情况。

（1）投影寻踪方法

结合评价指标体系研究复合生态系统的过程中，高维数据的统计分析成为研究工作的重点和难点。结合数据降维方法的原理，可将高维数据统计分析方法分为线性和非线性两类。线性方法如主成分分析法，主要基于数据之间的线性相关关系将高维数据降到低维空间。此类方法的使用建立在数据间存在较强的相关关系的基础上。而非线性降维方法一般对数据的结构特征没有严格要求。

1972年美国克鲁斯卡尔（Kruscal）在其研究中提出了投影寻踪法（Projction Pursuit，PP）。投影寻踪是一种新型统计学方法。该方法主要借助机器语言对高维数据（特别是不服从正态分布的高维数据和非线性高维数据）进行数据降维处理。投影寻踪（PP）方法主要有以下四个特点。

一是采用计算机语言对高维数据进行运算，解决高维数据计算量大的问题。

二是模型稳健性好。

三是基本不受数据分布特征的影响。

四是对总体评价贡献度较小的指标基本不参与模型运算。

投影寻踪方法这一数据分析思维与聚类、回归、判别、等级评价等传统数据方法结合，构成投影寻踪模型的主要方法体系。

李祚泳对投影寻踪方法的计算过程进行了归纳总结，其基本计算步骤如下。

第一步：确定适合研究内容的初始模型。

第二步：将数据投影到低维空间，寻找原数据与现有模型的最优投影。

第三步：将最优投影中的数据结构与当前模型结合，得出修正后的新模型。

第四步：从修正后的新模型出发，进行迭代计算，直到在投影空间中数据与模型无显著差异。

（2）模拟退火算法

这是物理学中固体退火原理在概率学领域的延伸拓展。固体退火是指对固体进行加热，使其达到足够高的温度，然后慢慢进行降温的过程。固体退火的原理如下：①不断对固体进行加热，提高其内部微粒的运动速度，进而扰乱微粒原有运动的有序性；②继而慢慢对固体进行降温处理，使微粒运动由无序转为有序；③最终得到有序布局的低能高密度晶体。该低能高密度晶体的取得过程也是深度学习中全局最优解的测算过程。

但在此过程中，如果温度下降过快，会使微粒缺乏足够时间排列成有规则晶体，形成能量较高的非晶体，这个过程对应于局部最优解的生成。此时需要继续增加能量，加速微粒运动，继而缓慢降温，使微粒规则运动，摆脱局部最优解，得到全局最优解。

（3）基于模拟退火优化的投影寻踪

投影寻踪算法产生于20世纪中后期，属于现代统计学与计算机科学、应用数学的交叉学科。该方法适用于对不服从正态分布的高维数据和非线性高维数据的降维处理。使用传统方法计测算最优投影方向时，算法落入提前收敛、局部最优解、或早熟概率较高。目前新型计算方法的引入多以遗传算法为主，而随机优化算法目前在学术领域的应用较少。

（4）基于主成分分析的综合评价方法

该方法的本质是将一组存在相关关系的高维数据降维成相互独立的低维数据。该方法的原理是量化分析原始数据中各变量之间的结构，进而从中提取出少数几个能够反映原数据信息的主成分。主成分因子之间不存在交互重叠。

（5）基于灰色关联度分析的综合评价方法

客观世界的很多实际问题都具有复杂的内部结构和关联关系，构成了复合系统。目前相关学者尚未探知出诸如社会系统、生态系统、经济体系一类复合系统的内部构造。定量描述其内部参数、内部因素和作用原理具有一定技术难度。这类仅部分属性为人类所知的系统被称为“灰色系统”。

在 20 世纪 80 年代，邓聚龙率先在其研究中提出了灰色系统理论，很大程度上解决了上述问题。该理论旨在通过建立数学模型模拟系统内部各因素之间的关联关系，并最大限度地应用未知复合系统中的行为特性数据。灰色系统理论将系统内部的未知变量视为在特定范围波动的灰色数。继而采用统计方法分析将处理后的灰色数转换成生成数。

此外，模型进一步构造出可描述系统内部规律特征的生成函数。通常，传统数学模型构建基础是数据的概率统计分布特征。灰色系统理论中测算的生成数突破了这一限制，并量化出了复合系统内的未知因素和结构，这一转变程序又称“白化”。目前，灰色系统理论在自动化、区域经济学、生态学的研究领域中得到了广泛应用，该理论为进一步数据建模、预测、决策和控制提供了重要的理论工具。

第八章　现代环境监测新技术的发展

环境监测技术随着社会经济发展也在不断地改进与完善，出现了像自动监测系统、遥感环境监测等新技术。本章分为自动监测系统、遥感环境监测技术、现场和在线仪器监测三个部分。主要包括自动监测国内外研究，自动监测系统发展现状及存在的不足、建议，水质监测、大气成分中的遥感环境监测，现场和在线环境监测仪器等内容。

第一节　自动监测系统

一、自动监测国内外研究现状

（一）国外现状

国外的环保治理开始于19世纪末，工业革命期间，工厂排出的大量废气、废水等严重影响了发达国家的生态和健康。美国、日本和德国等发达国家的环境部门率先对环境进行监测，建立了环境监测系统。后期美国设立了近六千多个气体排污监测点位，此时已包含国控监测点位。

在污染源监测的发展过程中，相关学者进行了大量研究。扎亚克汉诺夫（Zayakhanov）等人研究了一款能够监测气体污染物的自动监控系统，并阐述系统的运作原理，有助于相关人员了解大气监测。阿里（Ali）等人利用可移动的数据采集单元采集数据，并启用污染监控服务器，将采集的污染源数据上传至不同的服务器云端，方便生态环境部门对监测数据进行下载和应用。后来，一些研究人员设计并开发了一种环境监控系统，该系统不仅可以阶段性采集，还可以远程监控污染源，并且通过采样时间的间隔变化提升采样速率。还有学者在多种环境下，对便携式室内监测系统进行了实验，效果良好，为环保人员提供了便捷、实时的监测模式。皮特里（Petrie）等人研究出新兴污染物来自城市污水的排放，指出废水环境中新兴污染物研究的不足之处，并提出了未来监测的方向，为以后新兴污染物的研究提供基础，提醒研究人员新污染物的研究不可懈怠。Zhu等基于分子内电荷转移原理，研制了一种低毒近红外荧光探针，此探针对联氨具有良好的选择性和高灵敏度，联氨试纸条在实际污水中检测痕量联氨的成功，充分说明探针在污水中的实际应用潜力。萨恩（Saenen）等人研究了儿童神经行为和空气污染中颗粒物之间的相关影响关系，得出神经行为变化与颗粒物污染有强烈的负相关，警示人们环境污染的危害不容小觑。杜格里（Dugheri）等人分析了20年来（1999—2019年）在意大利佛罗伦萨大学医院病理实验室和手术室中为实现自动、持续监测空气中甲醛的浓度值，提出一种允许远程连续监测的创新型监测。基于数字遥感技术，一些研究人员还建立了海洋环境污染信息智能图像监测技术，可以对海洋水质进行多维度监测，实现对海洋污染的高精度监测，并且可以对数据进行计算和处理。后来，有研究人员提出一种持续在线监测大气和汽车尾气中甲醛的新型便捷式仪器，该仪器能够实时监测汽车尾气中甲醛的排放，在监测汽车尾气方面具有良好的应用前景。针对黑碳气体监测设备成本高且不能持续监测的问题，一些研究人员设计采用光声传感器进行实时准确的持续在线监测，还证明了该设计原型能够准确监测其他气体污染物，为气体监测做出了重大贡献。

（二）国内现状

20世纪70年代，我国的环境监测处于被动监测阶段，主要对污染事件进行人工现场取样后进行监测，此阶段耗时耗力且效率低。20世纪80年代，我国进入主动监测阶段，主要对污染源进行监测仪器仪表自动采集监测并分析污染物，但是无法开展长期准确监控。

2006年，国家要求有关部门紧紧围绕节能减排的目标，加强污染防治力度，至此我国进入自动在线监测阶段。其间，相关学者提供了大量研究和贡献，有些也存在某些问题。其中，李振等人针对山西省污染源企业设计并实现了自动监测系统，但功能模块较少。徐文帅、张丽娜等人将污染源数据与地理信息技术相结合，设计出基于地理信息系统的环保数据监测及分析系统，但系统分析不足，数据利用率低。王苏蓉等人使用最小比值法和正矩阵因子分解法对大气颗粒污染物进行分析，得出六类贡献率最高的因子和南京市三种主要污染物的排放来源，为南京市治理颗粒污染物提供了有效帮助。冼国华应用通信技术将采集数据上传到远程服务器，并使用手机端和网页端进行实时查看，具有方便快捷的优点。王博妮等人将南京市监测站的污染因子和气象数据相结合，通过观测某些大气因子的日均值、周末值和春节期间数值的变化情况，总结出南京市实施节能减排后空气质量变好，证明了节能减排的有效性。齐甜方等人结合沈阳市的工业污染源和供暖污染源的排放量、地理位置、排放时间等多方面，提出一种面对多源数据对象的颗粒污染物预测架构，根据重要影响因素训练预测模型，做好防护。邹小南等人确定第二次污染源普查对象，分析了合理化的普查建议，使普查更加正规化。吕楠等人结合地理信息技术构建空气污染物的扩散模型，并与城乡规划相结合，监控气体污染物的排放量。白璐等人对黄河流域的主要水污染物进行了分析和评价，有助于黄河污染源日后更好的治理。经探索和研究，如今的自动监控系统较之以前，监测技术越来越科学，业务功能越来越复杂，逐步实现从粗略到精准、从数据显示到预警预测的转型。但要使系统的预警、预测、异常检测等功能更精准、更完善，仍需继续钻研。在研究自动监测的过程中，数据传输的作用至关重要。国家环境保护总局于 2005 年底发布了《污染源在线自动监控（监测）系统数据传输标准》（HJT 212-2005），自 2006 年实施之日起，环保行业规定了统一数据传输规则。自此，我国污染源相关工作变得标准化，对环境监控具有重要意义。

2017 年环境保护部印发关于贯彻落实《关于深化环境监测改革提高环境监测数据质量的意见的通知》（以下简称《通知》）。《通知》指出，《意见》是继《生态环境监测网络建设方案》《关于省以下环保机构监测监察执法垂直管理制度改革试点工作的指导意见》（以下简称《意见》）之后，党中央关于深化环境监测改革的又一重大部署，充分体现了以习近平同志为核心的党中央对生态环境监测工作的高度重视。

《意见》立足我国生态环境保护需要，坚持问题导向、综合施策、标本兼治，从建立责任体系、完善法规制度、加强监督管理等方面提出了保障环境监测数据质量的一系列重大改革举措和任务要求，对于提高环境监测数据质量，提升环境监测工作整体水平具有重大意义。

《通知》要求，各级环境保护部门要高度重视《意见》的学习宣传和贯彻落实工作，通过举办培训班、研讨班、专家解读等多种方式，组织地方各级政府相关部门、环境保护部门、排污单位、社会监测机构和运维机构工作人员进行深入、系统的学习，学深学透，掌握核心内容和重点任务，切实提高相关工作人员对保障环境监测数据质量重要性的思想认识和业务水平。

《通知》强调，地方各级环境保护部门要按照《意见》要求，积极配合党委和政府围绕环境监测数据真实性由谁负责、负什么责、何种情形追究什么责任等建立健全责任体系，对已发布的与《意见》要求不一致的文件要及时修订或废止。各级环境保护部门要与质量技术监督部门，依法对环境监测机构进行监管，探索建立联合监管和检查通报机制。环境监测机构及负责人对其监测数据的真实性和准确性负责。排污单位按照有关规定开展自行监测，并对数据的真实性负责。地方各级环境保护部门要加强与相关部门沟通协调，积极推动建立部门间环境监测协作机制。要统规划布局行政区域内环境质量监测网络，按照国家统一的环境监测标准规范开展监测活动，并加强在环境质量信息和其他重大环境信息发布方面的沟通协调，解决部门间数据不一致、不可比的问题。

《通知》要求，地方各级环境保护部门要围绕环境质量监测、机动车尾气监测、社会化服务监测、排污单位自行监测等直接关系人民群众切身利益、影响环境管理决策的监测领域，从2018年起，连续三年组织开展打击环境监测数据弄虚作假行为专项行动，加大弄虚作假行为查处力度，严格执法、严肃问责，形成高压震慑态势。各级环境保护部门应与相关部门大力实施联合惩戒，将依法处罚的环境监测数据弄虚作假企业、机构和个人信息向社会公开，并纳入全国信用信息共享平台。地方各级环境保护部门要进一步健全环境监测质量管理体系。省级环境保护部门应确保环境监测仪器设备和标准物质能够溯源到国家计量基准。承担国家区域质控任务的省级环境监测机构应切实发挥作用，加强对本行政区域内环境监测活动全过程的监督，协助国家质控平台开展区域内的质量检查和区域间的交叉检查。

二、自动监测系统发展现状

环境自动监测监控系统是环境监管的利器，其被应用在环境监测、监察、监管、税收等诸多领域，包括测试分析系统、数字采集传输系统、用户操作平台及辅助的基础设施等；其中，无论对企业用户还是政府用户来说，最直观的便是环境自动监测监控用户操作平台。

环境自动监测监控系统网络用户操作平台作为环境自动监测监控系统的门户，对外承担业务办理，显示企业站点污染物排放浓度、流量、总量等关键数据，标记企业实时生产工况，反馈企业污染防治设施的运行状态，完成企业有效性数据的审核、备案等；对内实现数据收集、汇总、分析、储存等，完成数据的审核、标记、上报。因此，以环境自动监测监控系统网络用户操作平台作为切入点进行研究，具有深远的指导意义和参考价值。

（一）污染源自动监测现状

环境污染不仅影响自然生态的平衡，而且与大家的日常生活和身体健康息息相关，党的十九大会议更是将生态环境的价值提高到了前所未有的高度，并将环保问题上升到全局层面。环境保护最有效的方式是环境治理，污染源是环境治理的症结所在。根据《第二次全国污染源普查公报》，截至 2020 年 6 月，全国存在着废气、废水、固体废物、挥发性有机物、噪声和土壤等各色各样的污染问题，这些污染的污染源多种多样。

近几年，废气、废水等污染源产生的污染物低排效果甚微，国家持续加强对节能减排、过高排污和数据真实性的关注。其间，国务院办公厅发布的《2014—2015 年节能减排低碳发展行动方案》中规定二氧化硫继续逐年下降 2%，二氧化碳两年分别下降 4%、3.5% 以上。国务院发布的《“十三五”生态环境保护规划》中规定“十二五”期间，全国化学需氧量以及氨氮、二氧化硫和氮氧化物排放总量分别累计下降 12.9%、13%、18%、18.6%），并建立布局合理、业务广泛的全国性环保监测网络，提升发展自动在线监测技术，使自动监测更加多样化、一体化。

另外，环境保护部为加大核查污染源排污情况，依照《关于应用污染源自动监控数据核定征收排污费有关工作的通知》，将监控数据作为首选依据进行计征排污费、足额征收，所以对监测过程中采集的数据要求更高。随后，国务院办公厅于 2017 年发布并实施的《关于深化环境监测改革提高环境监测数据质量的意见》为提高环境监测数据质量提出了切实的要求，旨在将污染源自动监测变成真正的“电子眼”。

不法污染源企业在严格的法律制裁、必要的行政管理、日益增进的监控技术等压力和大量的排污费、碳排放权等金钱诱惑下，开始对监测过程进行不当干预，造假手段层出不穷，将“电子眼”变成摆设。在自动监测过程中，不法企业将监测设备纳为主要操控对象，通过调整运行状态、修改工作参数、篡改量程和伪造监测数据等手段弄虚作假。其中，调整状态、修改参数和伪造数据操作简单、取证难，成为最常用的手段，容易造成数据偏低、数据异常、数据缺失等现象，导致环保人员无法得知企业真实的排污状况，使企业达到逃避超标收费、增加金钱交易、无法监管的目的。如何有效地监控污染源，保障监测数据的质量显得至关重要。

（二）自动监测监控系统操作平台现状

环境自动监测监控系统是面向联网企业及政府相关部门的管控平台，其主要用于服务企业，提供实时在线污染物排放浓度、排放量等数据，指导企业生产及污染防治工作；服务行政主管部门，管理辖区排污单位达标排污，严惩违法事件；服务地方政府，对区域内的空气质量及水环境质量进行直接管控；另外，其还为税收、信访等部门提供可参考的依据。因此，环境自动监测监控系统具有举足轻重的地位。

环境自动监测监控用户操作平台作为环境自动监测监控系统的门户，是用户直观操作的窗口，属重中之重。

1. 操作界面

操作界面是指中文菜单界面，具有人性化设计、简洁大方、一目了然、便于操作等特点。对于管理者，进入后的主菜单直接显示全县站点名称、污染物浓度、流量等，并配备了业务审核处理功能的子菜单，实现全县站点业务办理。对于企业使用者，相同的界面里，只有本企业站点信息，只能进行本企业站点业务申请操作。

2. 权限管理

环境自动监测监控用户操作平台根据不同用户，通过分设账户，实现权限区别化设置，达到权限监管目的。管理员账户为最高权限，由行业主管部门持有，可查看区域内所有排污企业及环境的实时或历史的污染物排放数据，办理相关业务的审核审批；企业账户由企业持有普通权限，只能查看企业自有站点信息和申请自身业务。

3. 业务管理

环境自动监测监控用户操作平台提供了业务办理窗口，企业用户可通过操作平台办理联网、停产、恢复生产、设备故障填报、检修、数据有效性审核申报等业务。管理部门可通过环境自动监测监控用户操作平台反馈业务办理结果进度及审核意见。

4. 数据管理

第一，数据传输。这是现场自动分析仪与环境自动监测监控用户操作平台之间的纽带，环境自动监测监控用户操作平台通过提升硬件性能，目前基本实现数据达标传输。

第二，数据存储。环境自动监测监控用户操作平台对每个站点自联网之日起产生的数据进行储存，这些数据包括各污染物因子的实时浓度实测值、实时浓度折算值、日均值、污染物排放浓度、流量、总量等，为用户的实时查询提供了便利。

第三，图表自主切换。在环境自动监测监控用户操作平台中，用户可以通过自由选择站点、污染因子、时间段等指标，自动生成图表。可用于同样生产工况、污染设施运行情况的整体评估，对于生产管理和环境监管具有积极的指导意义。

三、自动监测系统存在的不足及建议

（一）存在的不足

虽然环境自动监测监控用户操作平台具备了基本的服务功能，但对照整体环境自动监测网、环境在线监测监控系统、环境在线监控平台间、环境自动监测监控系统，环境自动监测监控系统仍存在以下不足。

1. 基础建设不足

随着数据存储量的激增和站点用户的日益增多，不可避免地导致前期充足的硬件设施变得吃力，从而发生用户使用故障，例如，现用户无法登录、界面无法打开、界面菜单无法点击操作等情况。当系统被多用户登录挤对，造成的不仅会使用户的体验感下降，还会使实时情况监管延迟，从而降低环境突发事件应急处理能力，企业和环境主管部门可能无法在第一时间赶赴现场排查解决问题。

2. 功能不全面

数据的源头是安装在污染物排放口的自动分析测试仪器，自动分析测试仪器在固定时间完成水样单一指标测试后，将测试结果上传到采集仪，采集仪通过数据传输系统传输到平台。分析测试仪、采集仪的公式参数直接决定了数据是否真实，因此环境自动监测监控系统应具备参数收录存储功能，并具备参数变化提醒功能。

3. 不具备数据高端处理功能

环境自动监测监控用户操作平台是数据收集、汇总和处理的中心。超标数据、异常数据、无效数据的处理均需要依靠人工，包括人工筛查、人工识别、人工审核、人工标记和人工移交。初期的工作量并不大，但是随着联入环境自动监测监控用户操作平台的站点越来越多，污染因子越来越多，环境自动监测监控系统的后台数据越来越庞大，工作量也越来越大。

4. 无短信通知功能

随着当今社会时代发展科技进步，手机已经成为人们日常生活中不可或缺的一部分。为了更好地为人民服务，越来越多的门户网站实现了业务办理实时短信通知，仅需录入手机号码，便能实时收到业务办理信息，包含办理业务内容、业务办理进展及结果等。环境自动监测监控系统的业务办理进展及结果只能靠人工通知。

（二）发展建议

从实际情况出发，结合相关文献材料，寻求合适的解决方案，本书拟定如下几点建议，仅供参考。

1. 升级平台并增加功能

加大基础网络建设投入，增加资金投入，升级主机硬件指标，改善传输线路，解决卡顿、界面无法显示等问题；硬件设施允许的前提下，改良平台功能，该收录的信息一并收入，如仪器设备、数采仪传输设备等设施；添加移动通信提醒功能，为管理人员减负。

2. 打造一站式直达管理模式

向政府服务类网站业务看齐，把环境自动监测监控用户操作平台与先进的通信技术相结合，根据用户的需求权限，应告知尽告知，将业务办理流程、进展及办理的结果及时发送到办理者，实现数据多跑腿，民众少跑腿。

3. 实现跨平台互动或并网

解决独立平台最好的途径是摆脱平台的独立性，实现高端管控平台互助或者并网。污染源自动监测监控为下级管控平台，在监测范围内，若能实现跨平台互动，对于整体环境监测而言，无疑是锦上添花。首先，若能打通县、市、省平台之间传输壁垒，实现数据共享，避免同属于三个平台的企业，重复申报、漏报、补报工况及有效审核材料。其次，若能跨平台合作，可以实现优劣互补，查漏补缺，在无须重新搭建平台的前提下，用较低的经费，具备上级主管部门平台的高端功能，如实现动态管控、动态报警、远程全流程监控等。最后，若能实现跨平台互动或并网，还可以节省财政预算。

4. 配备复合型专业技术人员

环境自动监测监控系统是个多学科交叉的产物，其至少涉及环境、通信、计算机等多个领域，因此需要多部门专业人员的相互配合，在熟悉了解国家政策的前提下，及时对平台的功能进行调整，并及时应对由于主机硬件不足所造成的故障。

综上所述，环境自动监控系统是一个具备了日常办公所需基本功能的独立系统，其门户环境自动监测监控用户操作平台具备界面简洁、操作人性化、权限分离、业务办理便捷、数据处理功能强大等优点，但环境自动监控系统仍有一定差距，例如，基础建设不足、功能不全面、无数据高端处理和通信等。通过查阅文献，结合环境自动监控系统现状，提供了合理可行的建议，例如，升级平台功能；打造一站式直达管理模式打通平台壁垒；实现跨平台互动或并网配备；配备复合型专业技术人员等，为该系统的日后升级打下良好的基础。

四、自动监测系统在水环境监测中的应用

伴随着科学技术的发展，传统监测技术的应用有着一定的技术劣势，为此，就需要在未来的水质环境的管理过程中，能够进一步提升自动监测技术的应用。虽然传统监测技术在实验室的监测过程中有着较高的准确性，但是自动监测技术的使用，往往可以实现实时性的监测，还会对水质的污染情况提供一定的解决意见。因此，在现阶段人们对于水质环境的管理工作提供越来越高的要求的前提下，就需要在未来的管理过程中，加强对自动监测技术的应用，以便相关部门在环境管理的过程中能够得到较为准确的数据信息。

同时，在各种仪表与仪器发展过程中，为实现自动监测技术的升级，在未来的工作开展过程中，不仅需要进行技术方面的创新升级，还要掌握一些重要的机械设备的变化规律，并定期对这些重要的设备开展良好的运维工作。

（一）自动监测系统的特征

对于传统的水资源监测系统而言，在使用的过程中，主要是通过对特定地点的采样、实验室分析等方面完成对于水质情况的了解。虽然在这样的技术使用过程中，可以让工作人员得到准确的监测结果。但是在落实的过程中，往往由于受到固定监测地点以及采样时间的制约，使得无法很好地对当下该区域当中的水质情况进行全面的掌握。

而在当下水质自动监测系统当中，就有效地实现了间断性的人工监测，逐渐转变成了连续性的自动监测工作模式。以此，就可以在应用的过程中，实现远程控制的效果，让现阶段水资源的控制工作，形成较高的连续性。同时，在监测的过程中，其高频次的监测效果，也可以更加客观、准确应对现阶段水质的质量情况，进行有效的处理。

同时，在水质自动监测系统的构成过程中，需要涉及现代通信技术、计算机可视化技术、计算机图像可视化技术等，以此形成效率较高的水环境监测系统，这样就可以在应用的过程中，进行各种信息的采集以及处理，从而在实际应用的过程中，有效提升技术方面的应用效果。

（二）水质自动监测技术应用

1. 水功能区污染物总量监控

而在现阶段水质自动监测技术的应用过程中，由于其系统有着较高的数据分析效率，以此就可以在实现的过程中，实现断面的整体控制，以此对不同区域当中的水质，都能够进行及时的处理。在这样的分析过程中，便可以实现对水功能区域的高效率管理，并有力地控制污染物的总体排放数量，在现阶段的发展过程中，进一步实现了水资源管理工作的现代化发展。

2. 供水水源的水质监测

在进行应用的过程中，需要在水源地进行自动监测站的建设，以此可以对水源地进行全天候的监测。而对于水源地的水质监测，同时还可以充分实现远程的监测，一旦在出现了水质方面的异常，便可以及时发出报警信号，确保工作人员在实际的管理过程中，能够提供良好的技术监督手段。

3. 预警预报系统

在自动监测系统投入运行的过程中，就可以对不同的区域实现有针对性的监测，以此就可以很好地预防污染事故的发生，同时可以实现应急监测的效果。在这样的监测过程中，也具有较为明显的优势。并且，形成的自动监测系统，也可以有效地起到预警的效果，可以在投入运行的过程中，及时发现一些潜在的问题，充分保障在未来的水质自动监测过程中，可以针对水质的实际情况，及时发出各种准确信号。因此，在出现水质污染的问题时，可以及时向工作人员进行告警，有效避免污染的扩大。

4. 跨界河流的水质监测

在进行跨界河流的监测过程中，需要在这个区域当中建立自动监测站，对重要水源地进行良好的监管。并且，还需要在实际的监测过程中，将人工实验室监测与系统自动监测进行有机结合，以此保障监测效果的合理性和高效率。

5. 入河排污口预警系统

在进行应用的过程中，还需要在一些重点的排污口，有针对性地使用监测设备。在监测的过程中，监测人员不仅可以很好地对这些排污口进行污染物排放的指标监测，还可以从污染物的源头角度出发，有效提升监测的效果。

（三）水质自动监测结果与常规监测结果的比较

在水质自动监测技术的应用过程中，可以有效地将监测的结果，与传统的监测数据结果进行有效的比较分析。在长期的监测试验的过程，通过这样的数据监测，便可以很好地体现出自动监测工作的高效率。一旦在实际的运行过程中，按照传统的监测方法进行监测，发现形成的数据结果，虽然并不会对监测的结果造成一定的影响，但是由于是人工方式进行操作，就会导致一旦出现人为的失误问题，就会让监测数据出现一定程度的偏差，甚至在监测的过程中，出现一些重要数据以及参数的丢失和差异性，可能导致在应对一些污染事故的过程中，无法及时地实施相应的措施，甚至在制定解决方案的过程中，也会受到严重的影响。

因此，在应用自动监测技术之后，不仅仅可以带来技术方面的高效率性，同时也可以在应用过程中，结合数据方面的变化以及当地监测工作的需求，进行技术方面的升级和调整。因此，就实现了对于自动监测技术的升级和优化。在应用过程中，自动监测技术的使用为现阶段环境管理工作的开展。创造了更多的可能性以及可靠性。在这样精细化的管理过程中，有效地满足了监测的高精度需求。

综上所述，针对现阶段在环境管理的标准以及需求提升的背景下，需要在水质监测工作当中，有效地应用自动监测技术，才可以有效地在未来的工作当中，提供出良好的数据支持，对于出现的污染问题进行具有针对性的处理。

第二节　遥感环境监测技术

一、利用遥感技术进行环境监测

社会经济的发展和城市化进程的加快导致生态环境面临着巨大的压力。人类活动日益增长，生态环境遭到破坏，出现了大规模的土地荒漠化，造成沙尘天气频发甚至出现沙尘暴，严重影响了人们的生活。为了预防和治理土地荒漠化、沙漠化，一系列生态恢复政策出台，有针对性地对生态退化进行人为调控。利用遥感技术的生态环境监测可以在生态修复工程中对环境变化进行动态监测，为恢复政策提供指导。

通常对生态环境时空演变趋势的分析是基于耗时、耗力的陆地勘测进行的，这些方法对于某些难以到达地区的有效性甚微。此外，基于陆地勘测所生成的地图通常不够精确，其包含的空间细节较少，无法准确描述生态环境特征的时空变化情况。地面站记录的土壤湿度、温度、绿度等生态环境相关数据的空间分辨率不够，无法准确描述地表生态状况的空间分布格局。

基于卫星遥感的陆地观测系统成为提供生态系统监测方法的强大工具，为当地乃至全球范围内的生态环境状况提供有价值的信息。遥感技术是利用传感器，从高空进行地表物理信息收集的技术，在地理勘测的相关工作中应用十分普遍。它具有信息采样方式多样化，受限较小，采集速度快、范围大的优点，将其应用于生态环境监测中，可以实现对生态环境的动态监测。

在目前的生态环境监测工作中，大气环境监测、水环境监测和土壤环境监测已经较为成熟。大气环境的监测是十分重要的，空气质量会极大地影响人们的健康以及生活环境。遥感技术并不能直接探测空气的组成成分与含量，但是由于水蒸气、二氧化碳、甲烷、臭氧等气体的辐射在光谱曲线上拥有特定的吸收峰，通过遥感技术可以监测到该气体成分并通过反演得到其在空气中的含量信息。

在实现大气气溶胶含量的监测时，利用遥感技术对气溶胶等污染物进行测定，并通过可调谐激光系统和多通道辐射计对大气污染分子进行探测，能够直接反映大气中污染物的分布状况。在 2015 年，研究人员使用 GOSAT 卫星反演了全球大气二氧化碳的浓度变化，可监测人为碳排放的积累效应。马尔洛娃（Makarova）等使用移动实验 EMME（排放监测移动实验）的方法估算圣彼得堡城市的温室气体（二氧化碳、甲烷）和活性气体（一氧化碳、二氧化氮）的排放强度。多数大气污染物已经可以通过遥感技术直接的呈现。

水污染是目前较为严重的生态环境污染问题之一，遥感技术可以通过对复杂的水环境进行监测，从而获得其具体状态及污染信息。翟召坤等利用高分一号卫星对潘家口水库中的叶绿素 a 及溶解氧含量建立了估算模型来进行水质监测评估。拉尔森（Larson）等人则利用 Landsat-8 卫星影像，对水体悬浮泥沙浓度（SSC）进行了测绘并用机器学习的方法进行训练和预测。通过遥感技术监测水体光谱特征可以分析水环境的变化情况，对水体的污染情况进行追踪，通过分析光谱辐射信息来确定污染物并寻找污染源，可以协助有关部门对水污染进行治理。

土壤环境监测也是目前生态环境监测中的重点。在利用遥感技术监测土地环境时，可以通过对植被的生长情况是否有特殊表现信息进行监测，得到土壤环境的污染情况。李力生等利用高光谱遥感数据对农作物的监测建立了光谱信息与土壤重金属间的经验模型。通过实时的土壤环境监测，可以对土地退化情况进行分析。张博等人利用 RUE 植被降水利用率作为指标，监测青海省土地退化的情况。

另外，监测土地资源的利用情况，可以对土地利用变化做出分析，防止土地资源过度消耗，维护土壤环境稳定性。贺承伟等人基于拉尔森卫星影像数据提取了雄安新区的土地利用信息，分析其变化特征及驱动力。除此之外，城市建设固体废弃物污染的监测、气象观测、地质灾害预测也是生态环境监测的重要内容。

我国的生态环境监测发展仍处于初级阶段，旨在生态环境保护的其他方面发展相对于环境污染监测都较为不足。生态环境综合评估是环境保护中的重要部分，可以反映出区域自然资源、经济发展现状。大气环境、水环境和土壤环境监测已经可以对区域环境污染做出有效的监测并提供治理方案。但是，由于生态系统的类型、结构多样化，生态环境质量评价需要综合多方面的因素，相比于大气、水等单一体系的监测，是十分复杂且有很大地域性差别的。

目前的环境状况评估机制还不完善，仅有少数学者对生态质量的评价构建了综合模型，其灵敏度和准确度还有待提升。特别是在自然环境的综合评价方面，尚没有一个完善的模型可以很好地衡量生态环境质量和状况，生态环境的破坏或恢复状况无法得到良好评估。

二、水质监测中的遥感监测平台 REMS 构建及其应用

国家提出环境保护的国策，并要求研究人员研制出更具科学性的技术，对水污染的污染状况进行严密监测，在研究人员的不懈努力之下，研发出了一种新型技术——遥感技术。此技术可以对水质进行有效的监测，分析了遥感技术监测水质的原理及水质参数所具有的光谱特征，以加大遥感技术在水质监测工作中的应用力度。

社会经济取得显著发展成果的同时也伴随着越发严重的水域环境问题，传统的环境监测方式缺乏适用性，为满足高精度的环境监测要求，亟须创建全新的监测平台。环境遥感监测系统 REMS，根据水色遥感的基本特性创建生物光学模型，精准识别水体污染的关键指标，针对其富营养化等方面的表现做出客观评价，再给出水体质量的综合判断。

结合我国某湖泊，将其作为试验区，以水环境监测数据为指导，验证模型的应用效果。REMS 系统的构建具有可行性，可实现对水色污染的有效监测以及高精度的评估，相较于传统的经验统计模型而言，全新的水体光学模型蕴含更丰富的参考价值，可以良好反演水质参量，为水环境监测与治理工作提供了重要的帮助。

（一）模型的组成与创建方法

环境遥感水质参量反演模型集大部分于一体，具体包含辐射定标、生物光学模型等。遥感图像的大气校正得以顺利完成的关键在于得到 6 s 辐射传输模型的支持，根据大气的实际条件，可以选择相对应的模型，如夏季模型或冬季模型，创建生物光学方程，以便准确确定水体吸收系数。

湖泊生态环境中，由于 CDOM 浓度等参数的持续性变化，将导致水中光场在不同的阶段都存在独特之处，在建立水质参数反演算法时，最为关键的参数在于水面下方的辐照度比 R（O−）。从影响因素来看，R（O−）主要取决于吸收系数 a 和后向散射系数 bb，虽然太阳高度角以及大气环境会对其造成影响，但幅度相对微弱，并非重点分析对象。R（O−）与系数 a、系数 bb 之间具备特定的关系，需要以此为依据创建水质参数分析模型。后向散射系数 bb 的实际值则取决于两方面，即散射系数 b 和体散射系数 B（O）。

（二）环境遥感监测软件系统架构

1.REMS 架构

传统水环境监测系统的适用性逐步下降，存在精度低、不及时的问题，REMS 环境遥感监测平台则是基于先进技术而衍生出的全新产品，其包含地面监测、遥感和网络地理信息三部分。通过地面监测站的作用，能够及时采集环境数据，具体执行的是水体光谱以及水质参量等相关参数的测量工作。

遥感数据处理系统配置了水色参量反演模块。环境监测平台的运行过程中，遥感数据为核心部分，是其他操作得以顺利执行的必要前提。网络地理信息系统的主要功能在于处理数据并对数据进行有效管理。

2.REMS 功能模块

REMS 功能模块的组成包含三层架构，即客户端、中间服务端和后台数据库。具体而言，客户端由胖客户端和瘦客户端两部分组成，胖客户端指的是遥感数据处理系统，瘦客户端通常是指正等类型的浏览器。遥感数据处理系统具有水质参量反演的功能，包含了大气校正和生物光学模型两方面。中间服务端涉及数据库服务、网络服务器两部分，前者作用在于及时访问数据库，后者作用在于实现对网络地理信息系统信息的全流程操作，如访问、管理。后台数据库涵盖了系统的各项数据，如地物光谱数据库、环境监测质量数据库等。

根据上述提到的环境遥感监测系统三层架构，可以做进一步的分析，将整体系统细分为五大子系统。具体内容如表 8-1 所示。

表 8-1　REMS 遥感监测系统

编号	功能模块	内容
1	数据输入输出子系统	满足多种格式数据的处理要求，可实现快速的输入与输出；输入数据类型丰富，涉及遥感数据源数据、环境质量数据、光谱数据等； 输出数据的形式多样化，如标准遥感图、报表、基于既有数据的水环境分析结果等
2	数据库子系统	示范系统体系中，数据库子系统具有重要作用，是不可或缺的数据基础，其提供的数据汇总与集成功能可以漫盖至污染源数据、光谱数据、GCP 数据等多种类型
3	遥感数据处理子系统	用于遥感数据的接收、大气校正、图像镶嵌、分类解译、遥感数据标定等
4	环境指标监测子系统	在波谱数据库和足感模型的支持下，能够实现对环境污染因子的信息反演，通过此方式评价水域环境质量
5	信息网络管理与产品发布子系统	依托于 GIS 工具平台，可创建专题图、多媒体以及数据库，以便给日常管理提供产品支持，具有较强的终端产品提供能力。此外，借助互联网途径，还能够快速发布产品或是根据需求查询相应的信息

（三）系统应用试验

1. 数据与试验区

选取遥感试验场，于该处组织水环境遥感试验。在试验场内布设观测站点，观测水质并测量水面光谱，给后续的验证与分析工作提供支持。

以每周一次的频率定期采样，根据所得数据建立反演模型参量，并作为水质反演结构的验证支持。根据水域环境特点，围绕透明度、溶解氧、总氮、总磷等水质参量分别展开监测工作。

2. 试验结果分析

根据所得的测量光谱，对其采取离水辐射提取操作，目的在于确定离水辐射率，将所得结果用于检验反演模型。依托于反演结构，在其支持下分析试验区水环境的富营养化情况。以太湖富营养化分级结果为例，具体如表 8-2 所示。

表 8-2　太湖富营养化分级结果

分级	意义	面积 /m^2 Npts × 30 × 30	占全湖的面积比 % ＝面积 / 全湖面积
指数 <30	及贫营养	900	0.0 000
30 ≤指数＜ 40	贫营养	49 500	0.0 021

续表

分级	意义	面积 /m^2 Npts × 30 × 30	占全湖的面积比 % ＝面积 / 全湖面积
40 ≤指数＜ 50	中营养	400 500	0.0 173
50 ≤指数＜ 60	弱富营养	1 437 858 000	62.1 303
60 ≤指数＜ 70	富营养	786 615 300	33.9 899
70 ≤指数＜ 80	极富营养	81 893 700	3.5 378
80 ≤指数	大面积水花	277 200	0.0 120
全湖面积：2 314 262 700 m^2			

根据试验结果可知，在创建水质生物光学模型后，对其展开水质参量反演具有可操作性，但水环境监测工作中依然存在值得改进之处，如相关算法需进一步升级。此外，还需加强地面配套试验，以便提高反演产品的精度，增强其在水环境监测中的通用性。若条件允许，还可创建涵盖区域的信息共享网络，通过此途径提高大气参量信息的沟通效率，给环境监测工作的实施提供帮助。环境遥感监测系统 REMS 是基于传统监测系统而衍生出的全新形式，其功能更加丰富，可以为环境灾害监测工作提供帮助，决策部门能够获得更为准确的信息，从而做出科学的决策，尽可能缩短环境灾害监测的周期，全方位保护水域环境，创造更可观的社会经济效益。

三、大气成分的遥感监测

工业革命以来，人类向大气中排放的污染成分含量、种类逐年增加，由此引发的大气污染问题吸引了世界多国的关注，对其中关键成分进行准确监测十分必要。大气成分遥感技术是综合性探测技术，它能够对大气成分进行远距离的实时监测、快速分析多成分大气混合物、不需要烦琐的取样程序便可获得地面或高空大区域长时段的三维空间数据，特别是在大气成分的垂直结构探测方面具有独特的优势。

遥感技术已用于监测多种大气成分，如气溶胶、臭氧、二氧化氮、一氧化碳，甲醛和二氧化硫等。遥感方法在大气成分监测领域发挥着不可替代的作用，其监测内容也由某一气体的单独测量逐渐扩展至多种成分同时测量且具有更多监测目的的观测，如环境空气质量观测和污染源排放监测等。由于距地面的高度存在差异，遥感可按平台划分为地面平台、航空平台和航天平台。

（一）大气成分的遥感监测方法

大气成分遥感监测方法主要有：差分吸收光谱法（DOAS）、傅里叶变换红外光谱法（FTIR）、激光雷达（LIDAR）探测法和太阳光度计遥感法等。

1.DOAS

这是目前测量大气痕量气体最常用的光谱方法之一，其原理基于朗伯比尔定律，将吸收光谱中分离得到的窄带谱结构进行分析，根据光强变化及对应气体的特征吸收截面确定气体浓度，可分为主动DOAS和被动$DOAS_2$类，前者使用人造光源，后者依靠自然光源。DOAS的目标成分主要为：臭氧、二氧化氮、二氧化硫、甲醛和四聚氧等。近年来主动DOAS技术与腔体仪器结合，能够独立确定光子路径，在痕量气体和气溶胶的测量方面具有更高的灵敏度。在被动DOAS技术方面，MAX-DOAS对于对流层臭氧浓度的反演难题将通过添加温度依赖的臭氧吸收截面得以基本解决；大气成分的MAX-DOAS三维空间分布探测得以实现，未来将有更加完善的发展；此外，新的吸收成分水汽在363 m附近的吸收线和在328 m附近的吸收线的确定，提高了DOAS拟合的准确性。硬件方面，法布里珀罗干涉仪的使用有效提高了DOAS技术的成像速度；线性化光谱失真的影响，使用新的函数类型参数化仪器函数（如超高斯分布）等方法提升了该技术在软件方面的拟合精度。

2.FTIR

这是基于对干涉后的红外光进行傅里叶变换的原理而开发的红外光谱分析方法，具有高分辨率、高灵敏度、高信噪比、大通量和宽频带等优点。FTIR方法广泛应用于污染源气体排放、突发性大气污染事故的机动应急监测中，可分为主动式和被动式两类。主动式测量法类似于传统实验室中的FTIR，可监测大气中的一氧化碳、一氧化氮和氨气等污染成分。被动式遥感FTIR方法不需要光源和后向反射器，结构简单，在大气成分的遥感监测领域中应用广泛，目标成分主要为二氧化碳、一氧化碳、甲烷和一氧化二氮等。

由被动FTIR光谱仪组成的总碳柱观测网在全球大气成分的遥感观测中发挥着重要作用，其观测数据被广泛应用于校准和验证星载仪器监测结果，并在环境空气质量监测和大气模拟研究的验证中发挥着作用。TCCON在亚洲地区站点稀疏，搭建于中国合肥的FTIR光谱仪是我国唯一的TCCON候选站点。

2017年，一些研究人员对该站点约2年的观测数据的分析结果表明该站点能够有效监测大气二氧化碳、一氧化碳的每日变化和季节变化，能够识别北半球的二氧化碳周期，具有验证航天平台观测结果的能力。该站点作为目前我国唯一具有连续运行能力的FTIR站点，在校准和验证卫星、模型在我国地区的数据准确性方面发挥着重要作用。

3. LIDAR

这是一种以激光为光源的主动式现代光学遥感设备，具有监测范围广、灵敏度高、时空分辨率高等特点，被广泛应用于环境与大气监测等领域。LIDAR按照监测方法和种类可分为米散射激光雷达、大气成分差分吸收激光雷达和拉曼激光雷达等。米散射激光雷达主要应用于探测气溶胶和烟云等颗粒粒状污染物，已被广泛应用于探测大气气溶胶、能见度、边界层的演变过程等方面；大气成分差分吸收激光雷达对气体浓度检测具有极高的灵敏度和抗干扰能力，目标成分为臭氧、气态污染物和水；拉曼激光雷达主要用于对大气中的水汽浓度、大气温度廓线、垂直大气消光廓线及二氧化碳、甲烷和二氧化硫等污染气体的探测。边界层对大气污染研究至关重要，激光雷达结合采样方法对大气 PM 累积性增长过程的观测表明，边界层气象因素对于 PM 浓度增长的反馈效应对其爆发性累积过程有着重要影响。此外，LIDAR 在测定决定低层大气中污染物扩散的边界层高度方面表现出的高时空分辨率优势日益凸显，适用于更多环境、更高精度算法的研发将是这一技术在今后发展的重要方向。

（二）大气成分的遥感监测平台

大气成分的遥感监测平台是根据各遥感方法搭载的平台距地面高度的差异进行划分的。大气成分的地面遥感平台距地面一般不超过 50 m，主要包括地基、车载和船载遥感。地面平台遥感主要用于对平流层或对流层整层痕量气体浓度的测量以及直接排放的污染气团的测量（如火山）。

其中，地基遥感将监测仪器放置于固定地面站点，能够获得长期可靠的总量结果，并能用以分析或对比验证卫星数据。随着智能手机和嵌入式传感器的发展和普及，公众利用智能手机对大气环境参数进行遥感探测的方式开始出现，无须额外专用仪器，硬件成本低、时空分辨率高、时空覆盖广，成为专业大气探测的有效补充，具有广阔的应用前景。将监测仪器放置在车辆上进行遥感的方式是地面遥感平台的另一种观测形式。它是一种简易、经济的遥感手段，不再局限于固定站点的小范围监测，并能够对污染气体的排放通量进行定量研究。

除了常规车辆外，搭载于火车的遥感方式能够以较低的成本、较高的效率获得大面积的大气成分监测结果，在未来将有更多应用。船载遥感是利用船上的遥感仪器进行航测的方式，能够在遥远的海洋环境反演大气痕量成分背景值，并对比验证对于海洋上空气体的反演准确性不足的星载遥感结果。船载的应用对于反演海洋上空无污染的大气背景值具有明显优势，星载遥感受到海洋表面的低反照率、云层覆盖（热带地区尤其明显）以及仪器的检测限度较高的影响，不能保证结果的准确性。

将地基遥感中涉及的仪器搭载于飞机、气球、飞艇或风筝上的遥感方式为机载遥感，机载平台的飞行高度为 30 ～ 100 m。机载遥感虽然在探测的灵敏度和精度上与地基遥感有一定差距，但它具有快速、机动、可远距离遥测等特点，适用于大尺度区域污染成分的遥感监测，并获得高于星载遥感信噪比的高精度数据。机载激光雷达主要用于气溶胶、云和痕量气体的监测，其中对于气溶胶的光学特性、时空分布等信息反演的应用十分广泛。地面平台的激光雷达无法观测包含气溶胶重要信息的对流层底部，因此对于地表的气溶胶消光廓线依赖于机载激光雷达系统。机载遥感的特点使其对于突发性大气污染事故的应急监测具有明显优势，机载 FTIR 常被用于森林火灾气体排放的观测。以上研究搭载的飞机为载人飞机，与之相比，无人机能够在低海拔的人口稠密地区、火山或恶劣天气情况下飞行，具有更低的运行成本低和更高的操作灵活性。无人机遥感在大气中温室气体监测的应用，该平台在大气成分的遥感观测中具有应用潜力。

利用卫星作为遥感平台搭载传感器进行遥感已成为大气成分监测的重要组成部分。航天平台遥感技术能够对大气成分进行远距离的实时监测，快速分析多种大气成分，无须烦琐的取样程序便可获得地面或高空中大区域、长时段的三维空间数据。目前在轨运行的大气环境监测载荷主要包括臭氧监测仪、对流层监测仪、中分辨率成像光谱仪、第二代全球臭氧监测仪和轨道探观测 2 号卫星等。

不仅独立的遥感平台在大气成分的监测中发挥着作用，联合多平台的遥感观测方式也能够发挥各平台优势，并利用多来源数据的对比验来证保证数据结果的可靠性。

（三）大气成分遥感监测的应用

遥感技术已广泛应用到大气环境科学研究及污染防控工作中，根据不同监测目的，大气污染遥感监测可分为：环境空气质量观测、污染源排放监测、大气污染管控措施效果评估、雾霾时空分布监测、污染机理研究监测和有害气体泄漏监测等。

1. 环境空气质量观测

环境空气质量观测是指利用遥感对大气成分进行的常规监测，根据其范围的不同划分为全球性观测和地区性观测，前者利用航天平台，后者主要用到地面平台。最早的空气质量遥感观测可追溯到 90 多年前，多布森（Dobson）利用自己制作的第一台大气成分测量仪器进行了臭氧的常规分析；利用卫星的全球性研究则于 50 年后拉开序幕，1972 年 8 月 9 日陆地卫星（Landset）探测了大西洋上空的来自非洲西北部的沙尘粒子。

1990 年，埃德纳（Edner）等利用地基 DOAS 监测系统自动监测了中等城市瑞典隆德上空大气中的二氧化氮、臭氧、二氧化硫。2003 年春季莫里纳（Molina）等在墨西哥城大都会地区进行了空气质量现场测量，该研究利用移动站点和固定站点进行现场测量，采样与遥感并用的方式对北美地区污染最严重的城市的主要污染物排放、二次污染物前体浓度、光化学氧化剂生成和二次气溶胶颗粒形成机制进行了探究，其中 DOAS，FTIR 和 LIDAR 等地基遥感技术发挥了重要作用。这一研究为类似的发展中国家特大城市的空气质量改善提出了有效建议。而我国在 2004 年也开展了“珠江三角洲空气质量区域综合试验”大型外场观测项目。该项目采用离线采样测量、原位在线测量和地基遥感观测的方式，研究了该地区空气污染的立体分布、生成过程和敏感性、挥发性有机化合物的排放源等问题，形成了中国珠三角地区最大的空气污染数据集。

独立的地基站点在环境空气质量观测的过程中发挥着重要作用，组建遥感地基观测网是全面研究大气成分特性最为精确的手段。国际上由欧美国家组建的全球大气成分变化探测网、欧洲气溶胶研究激光雷达网和全球气溶胶探测网等在大气成分的遥感观测中持续、稳定地发挥着作用。我国已经开展了基于被动式多轴差分光谱法的边界层大气成分高光谱扫描与分析仪的地基遥感观测网的组建工作。中国科学技术大学利用 AHSA 建立了我国的地基遥感观测网，现已覆盖了京津冀、长三角、珠三角区域和西部“一带一路”规划地区等大气成分特征具有区域代表性的地区。该网络依靠自动、快速的在线遥感监测模式稳定地进行着气溶胶、二氧化氮、甲醛、二氧化硫和气态亚硝酸等的浓度和垂直廓线的监测任务。

2. 污染源排放监测

（1）污染源烟气排放监测

烟气的排放既可来自自然源，如火山爆发和生物质燃烧等，也可来自人为源，如燃煤电厂和化工厂等。

火山活动作为重要的自然烟气排放源，人类对于火山烟气的研究已经持续了两个多世纪。对于其排放的测量较为困难，火山上的原位采样可以提供详细的排放信息，但通常不易实现且十分危险，而安全性高的遥感方法十分适合火山烟气的探测。从 20 世纪 70 年代开始，相关科研工作者主要利用相关光谱仪对火山二氧化硫通量进行遥感监测，该仪器在火山危险评估中的重要作用一直持续了 30 年。2001 年，加勒（Galle）等首次将低成本、微型的紫外光纤差分北子代光谱仪作为 COSPEC 测量的潜在替代品，用于火山二氧化硫通量观测，并利用地基、车载和机载 mini-DOAS 分别对马萨亚火山和苏弗里埃尔火山进行了观测，两地二氧化硫通量分别为 4 kg/s 和 1 kg/s，表明该仪器在全球火山地球化学监测方面具有巨大潜力。

FTIR 的发展使火山活动中排放的二氧化硫以外的其他气体的测量成为可能。1997 年，太阳掩星法 FTIR 对于埃特纳火山烟气成分的观测显示，二氧化硫与氯化氢的摩尔比为 4.0，二氧化硫与氟化氢的摩尔比为 10，相应的氯化氢和氟化氢的排放速率分别约为 8.6 kg/s 和 2.2 kg/s，这表示埃特纳火山是这些气体最大的已知持续排放源。近年来，MAX-DOAS 和 LIDAR 的应用更为广泛。2003 年 9 月 26 日，机载 MAX-DOAS 仪器对 Porto Tolle 电厂排放烟气中的二氧化硫气体进行了测量，排放通量为 1.93 × 1 035 molec/cm^3，与基于直接探测得到的官方排放数据具有很好的一致性。2015 年，已经开发出二氧化碳、甲烷和气溶胶的移动差分吸收激光雷达系统，搭载于地面平台能够对燃煤电厂烟气进行移动监测。

烟气排放的卫星观测实例相对较少，对于自然源如火山来说，总臭氧映射光谱仪已被用于火山二氧化硫排放的监测，但主要适用于较大的爆发性火山。2010 年，博文斯曼（Bovensmann）等学者首次提供了航天平台的高排放人为二氧化碳排放源监测可能性的详细结果，学者以电厂为例展示了星载仪器可以监测强局部二氧化碳点源并将其排放量化等研究成果。

（2）交通排放现场监测

交通排放通常是城市地区空气污染的主要来源。为了评估道路对空气质量的影响，利用遥感方法对交通排放现场进行监测的手段受到越来越多的重视。

公路上的光学遥感可以提供实际的车辆排放因子，并以 g/L 燃料的污染物排放量为单位，它能够详细说明车辆的特定特性，如品牌、型号年份、气象条件以及驾驶条件（速度和加速度）等。在该监测系统中，光源探测器和反射镜布置在单个行车道的两侧。光源探测器将道路上的红外和紫外共线光束引导至减震反射器。当车辆通过 IR 和 UV 光路时，由吸收引起的透射光强度变化指示车辆排气中的待测气体的浓度。

早在 20 世纪 90 年代，相关研究者已经开始利用遥感系统估算交通排放气体的排放因子。1999 年，可调谐二极管激光吸收光谱（TILDAS）远程传感器首次获得了一氧化二氮和二氧化氮的测量数据，并进行了高精度的一氧化氮测量。近年来，在洛杉矶、丹佛地区和墨西哥城的研究中，遥感已被提议作为一种直接监测方法来建立基于燃料的移动源排放清单。虽然遥感在世界上被广泛使用，尤其是在发达国家和地区，但在中国大陆开展的这类研究很少。为了增进这方面的认识，2004 年和 2005 年利用基于可调二极管激光技术和紫外差分吸收光谱技术的道路光学遥测方法获得了中国杭州大量车辆的测量数据，对汽油车排放特性进行了全面评估，并建立了基于燃料的排放清单。

（3）区域排放通量监测

对于面源区域排放源的通量监测常采用地面平台的车载仪器展开。对于航天平台来说，卫星单像元覆盖面积大，空间分辨率达不到区域监测的要求；地基站点适合近地面小范围的污染分布，对于区域测量则需要多台仪器共同配合。车载技术凭借其简易且实时机动的特点，成为适合区域排放监测的方法。

地面平台的车载仪器观测法常用来测量来自点源的污染，将其环绕范围扩展便可得到特定区域内的排放通量。约翰森（Johansson）等利用车载迷你 DOAS 量化来自面源的气体总排放量的新方法，测量了 2005 年 4 月和 8 月我国北京市的二氧化硫和二氧化氮排放通量，证明了车载遥感对于区域污染监测的实用性。2006 年 3 月 10 日，他们利用这一技术首次针对目标成分甲醛并获得了其在墨西哥城的流出通量。除了城市污染的监测，车载技术还应用于工业区的排放测量，如 2006 年 3 月 24 日至 4 月 17 日，利用车载迷你 DOAS 技术对于墨西哥 Tula 工业园区的二氧化硫和二氧化氮排放通量的观测。

2009—2010 年，一些研究人员运用移动 DOAS 技术量化了中国上海市内环高架道路封闭的中心城区氮氧化物的排放，该研究在 2009 年 10 月世博会前期、2010 年世博会开幕式和 2010 年闭幕式期间进行了 3 次现场测量活动，不仅获得了二氧化氮的通量信息，而且证明了移动 DOAS 对于工业区或整个城市一类的大面积排放源快速监测的可行性。在 2016 年 12 月至 2017 年 2 月的冬季期间，谭（Tan）等学者运用移动 DOAS 技术量化了我国合肥市二氧化氮的排放，并估算了污染物传输对本地空气质量的影响，为城市发展规划及空气污染控制政策制定提供了关键信息。

3. 大气污染管控措施效果评估

重大活动时期通常会实施一系列大气污染管控措施，以保障良好的空气质量。如在 2008 年 7—9 月筹备北京夏季奥运会和残奥会期间，北京及周边地区实施了一系列严格的排放控制措施，以控制机动车辆和工业排放，改善空气质量。在此期间，维特（Witte）等利用航天平台 OMI 测量了大气中甲醛和二氧化氮柱浓度，并与前 3 年的同期数据进行比较，在大气污染管控期间，二氧化氮浓度显著降低，随着管控措施的停止，一氧化氮含量恢复到往年的水平；但甲醛的含量在管控前后变化不大。

在 2014 年亚洲太平洋经济合作组织峰会（APEC）期间和 2015 年中国纪念反法西斯战争胜利 70 周年阅兵式期间，在大气污染控制措施的影响下，北京地区出现了被称为“APEC 蓝”和“阅兵蓝”的蓝天。为定量评估以上两次管控措施的实施效果，研究人员利用地基 MAX-DOAS 和星载仪器 OMI 对二氧化氮、甲醛和臭氧进行了监测，发现二氧化氮浓度在 APEC 峰会和大阅兵期间突然下降，但由于污染机理的差异，大阅兵期间臭氧浓度随着前体物二氧化氮浓度的剧烈下降而减少，而在 APEC 会议期间，臭氧浓度有了小幅度的增长。

2016 年杭州二十国集团峰会期间，杭州、长三角特大城市及周边地区实施了严格的排放控制措施。采用了地面平台激光雷达监测会议前、会议期间和会议后大气中的臭氧和气溶胶消光系数，发现污染控制措施在缓解边界层中的颗粒污染方面发挥了作用，但并未对臭氧污染产生直接影响。

4. 雾霾时空分布监测

我国是世界上人口最多、发展最快的地区之一，气溶胶颗粒及其前体的过量排放导致高负荷的污染物，由此造成的雾霾已成为我国主要空气污染类型之一。雾霾时空分布的监测主要利用航天平台的卫星传感器或地面平台激光雷达观测航天平台的雾霾监测能够覆盖较大的面积。利用 2009 年 10 月至 2011 年 3 月航天平台 MODIS、PARASOL、OMI 和 CALIPSO 的观测数据，并与地面站点化学监测和气象数据相结合，介绍了干旱季节华北平原霾层的时空分布及变化情况。

地面平台能够得到高精度的雾霾监测结果。对 2011 年和 2012 年北京发生的 2 次冬季严重雾霾事件的调查增进了对于重霾条件下气溶胶物理和化学特性的认识，该研究使用 CIMEL CE318 太阳 - 天空辐射计反演了雾霾气溶胶的光学、物理和化学特性。此外，该研究还提出了平均重霾属性参数，为未来的研究提供了分析实例。

雾霾中的细粒子 PM2.5，凭借着较小的粒径，能够深入人体呼吸道、肺部，给人类健康带来威胁。对于 PM2.5 的测量主要依靠地面站点监测网络，它能够提供准确的测量结果，但空间覆盖和分辨率有限。遥感技术的发展给 PM2.5 的监测带来了便利，基于卫星得到的气溶胶光学厚度产品，利用模型模拟反演得到地面 PM2.5 浓度。

5. 污染机理研究监测

探究大气污染物的污染机理能够帮助人类在理解污染现象的基础上，制定与实施更有效的大气污染控制策略和方法。在大气环境监测领域，对于对流层大气污染物臭氧与其前体之间的关系的研究已经超过了40年。臭氧是二氧化氮和挥发性有机化合物在大气中经过一系列光化学反应生成的二次污染物，二氧化氮和挥发性有机化合物与臭氧的形成没有线性关系，它们对臭氧形成的影响常用挥发性有机化合物控制区或二氧化氮控制区来描述。

1995年，西尔曼（Sillman）等发现可以使用甲醛浓度作为挥发性有机化合物反应性的替代指标。他们利用甲醛和总活性氮下午浓度之间的相关性来确定臭氧生成的化学敏感性，当甲醛与氮氧化合物的比率高时为氮氧化合物控制区，而当比率低时则为甲醛控制区。马丁（Martin）等将西尔曼的方法扩展到航天平台观测，GOME获得的甲醛和二氧化氮对流层柱浓度的比值表明这一结果与地表光化学的结论一致。卫星测得的对流层甲醛和二氧化氮柱浓度已被广泛应用于分析挥发性有机化合物和二氧化氮的地表排放。

2016年，刘浩然等人利用OMI卫星数据分析了北京及周边地区的甲醛和二氧化氮值，研究了不同时期臭氧生成的敏感性。2017年，苏文静等人在OMI数据甲醛和二氧化氮值的基础上对不同成分原始浓度进行了归一化处理，并考虑了臭氧对于甲醛和二氧化氮变化的灵敏度，确定了杭州地区不同控制区的阈值，从而对G20峰会期间臭氧生成的前体物进行了分析。

2017年，邢成志等利用地基仪器MAX-DOAS和臭氧雷达测得了我国上海地区夏季的甲醛、二氧化氮和臭氧垂直廓线的时间序列，通过对结果的分析，排除了水平、垂直运输对臭氧浓度增加的影响，该研究验证了庚富海等人得出的上海地区地表臭氧生成的前体物处于挥发性有机化合物控制区的结论。

除了对臭氧的短期研究，对于臭氧长期变化的分析能够使我们了解臭氧在更长时间序列上的分布特征、各种气象参数对臭氧形成的影响以及臭氧预期前体物的关系，从而实施更有效的臭氧污染控制策略。如邓肯（Duncan）等研究人员利用卫星数据分析了2005—2007年夏季美国臭氧形成的化学限制类型与其前体物质浓度的关系，对于不同城市的污染机理特征有了进一步的认识。

为研究中国长三角地区二氧化氮污染的形成机理，洪倩倩等研究人员于2015年冬季对长江沿岸的上海和武汉区段进行了船载MAX-DOAS观测实验。实验通过计算环境二氧化氮和二氧化硫的比值来确定不同排放源对长江沿岸二氧化氮水平的贡献，结果显示江苏省的工业二氧化氮排放贡献较大；而江西省和湖北省的大气二氧化氮主要与车辆排放有关；在安徽省，燃煤电厂和汽车尾气对二氧化氮水平的贡献大致相同。这一研究为上述省份污染控制策略的实施提供了建议。

6. 有害气体泄漏监测

有害气体的泄漏会对人体的健康产生危害，对其进行泄漏监测和浓度控制对环境安全来说是一项艰巨的任务。利用遥感方法的监测可使研究人员在免于暴露在危险环境中即可得到气体的浓度信息。

可调谐二极管激光器吸收光谱技术（TDLAS）的应用提高了气体泄漏监测的效率，多用于甲烷泄漏的观测中。2001 年，弗里施（Frish）等研究人员发明了一种基于 TDLAS 的手持式光学工具，用于帮助石化炼油厂和化学加工厂的工作人员在加工区域外围确定有毒或有害气体泄漏的来源。

2002 年，李艳等人利用开放光程傅里叶变换红外光谱（OP-FTIR）法进行了泄漏气体的监测实验，气体成分包括二氯甲烷、氯仿和丙酮，实验结果表明，OP-FTIR 是一种对室内或现场空气污染进行定量分析的好方法，还可利用遥感 OP-FTIR 系统持续监测更多有毒气体，并作为一个警报系统，用于实时监测各种区域（如生活区或工业区）泄漏的有害气体。

在大气成分遥感监测领域，基于 DOAS、FTIR 和 LIDAR 原理的仪器应用占据着主要地位，如 MAX -DOAS、LP-DOAS、CE-DOAS、AHSA、FTIR 和 LIDAR 等，遥感监测技术按各遥感系统距地面高度划分为地面平台，航空平台和航天平台。不同的仪器和平台各具优势，在实际监测过程中解决了不同监测目的的观测难题。

当前 MAX-DOAS 在大气成分的浓度和廓线监测方面应用广泛，其对于目标成分三维空间分布的探测能力也会在未来得以完善。激光雷达对于边界层高度的测量结果尚且无法满足科学研究的需要，适应更多环境的高精度算法的缺乏问题急需解决。此外，遥感平台不再局限于传统的内容，搭载传感器或各种遥感仪器的智能手机、火车和无人机平台具有广阔的应用前景。大气成分的不同平台遥感监测具有各自的特点，联合多平台的遥感方式能够发挥各自优势，取长补短，得到更高质量的立体监测数据结果，是立体观测的大势所趋。影响遥感观测精度的原因包括观测仪器（硬件）和反演算法（软件）两个方面。实际操作中发现，不同的硬件或软件反演得到的数据结果相对趋势近似，但对相同目标的观测结果也会存在差异。因而，需要在联合观测、多仪器观测的基础上建立来自不同硬件、软件对同一目标成分数据的统一性标准。

当今遥感观测的数据分辨率与精度与之前相比有了很大的提升，但随着大气成分研究的深入，其对大气成分观测数据质量的要求也不断提高，在今后的发展过程中，大气成分的遥感监测方法势必会提高其空间、光谱分辨率，以获得更高精度的数据结果，这也对硬件研发提出了更高的要求。

此外，增强数据的代表性、时间连续性是获得高质量结果不可或缺的一步。如今监测的大气成分的种类数量有限，不断明确未实现观测的成分特征以得到其遥感定量化结果，有助于了解大气成分的分布特征、认识污染现状并制定管控措施。

第三节 现场和在线仪器监测

现场和在线仪器监测，一是现场监测；二是在线监测。在线监测一般实用于一个生产过程或一个过程，所以有人又把它叫作“过程分析”，而现场监测也有“过程监测”的含义。

一、现场仪器监测

（一）现场监测仪器

现场监测有一般现场监测和污染现场监测。前者为常规监测，在固定监测不能准确测定某一地区，某一点的环境质量时，常带仪器深入现场进行监测。后者主要是发生污染事故后的监测又称“应急监测”或“突发事故监测”。现场监测不可能把大型仪器拿到现场，现场监测常用便携仪器仪表进行监测，下面将简要介绍部分仪器、仪表。j

第一，HI9023C便携式防水PH/MV/OC酸度计。由意大利哈纳公司生产的这种仪器，包含单板微电脑处理器。有三个可记忆的缓冲值（4.01、7.01、10.01）以及自动缓冲识别可在校正过程避免错误。温度效应可自动补偿或托运补偿。HI9023C还可测量氧还原电位ORP和离子特征（起离子计作用）。这时当计数达40mV时，毫伏（mV）值的测定从解析度0.1～1 mV可自动转换。

pH值测量——用待测样品洗涤电极，将电极和探头插入样品中（4 cm/1.5 min），打开仪器里pH模式按RANge表显pH值。

ORP测量——打开仪器按RANge仪器显示mV，mV模式，将ORP电极浸入样品中（4 cm/1.5 min），表显ORP值。

OC测量——打开仪器按RANg显示温度，将温度探头HI 7669/2 w浸入样品中，两分钟后显示温度。

测量范围，pH 为 0.00 ～ 14.00，ORP 为 ±1999mV；OC 为 0.0 ～ 100.0。

第二，HI93703 浊度测定仪。属红外分析，光源为 890 nm 波长光，传感器与发射光牌垂直位置，可监测样品中未溶解的悬浮颗粒物的散射光量，微电脑处理换算为 FIU 值。测量范围 0.00 ～ 50.00 FIU，50.00 ～ 100 FIU；工作条件 0 ～ 50℃。

第三，德尔格水质检测箱。利用一个检测管，管内装有与待测物质能起化学反应并显色的化学制剂，显色管变色的光度与反应物质量呈正比。通过电脑计算从而得出水中污染物量。该仪器现有检测管能监测的污染物有氨、氢氰酸、硫化氢、苯、甲苯等。

第四，TL-1（A）污水中 COD 速测仪。吸光度法样品与重铬酸钾反应呈三价铬，在波长 610 nm 处，测三价吸光度，根据 Beer 定律计算耗氧量。主要指标如下。

消解温度：165 ℃ ±0.5 ℃；时间：10 min；测定范围 COD 值：60 ～ 1 000 mg/L。

（二）现场仪器监测研究现状

环境监测系统一直是开展污染源监控最有效的方式。环境监测系统一般是现场端设备进行污染物浓度采集，上传至现场端数据采集传输仪（数采仪），数采仪通过网络传输至监控平台系统，使远程监控人员实时了解污染源的排污状况。传统的监测平台系统已实现实时监测、历史监测、数据报表等基本业务模块，但在动态管控、检测数据异常、报警功能、数据缺失补遗上还有所欠缺，存在功能单一、检测效果不佳、监测企业造假手段薄弱、数据真实度低等问题，无法保证数据的高标准。

为有效提高数据质量，生态环境部发布的《中华人民共和国国家环境保护标准 HJ/T 212-2017》（HJT 212-2017）中新增运行状态和工作参数等数据传输标准，意味着针对污染源作假的部分手段可以通过数采仪获取，并上传至监控平台查看。但是异常检测方式不够全面，对于数据缺失也没有提出补遗方法。

目前环保部尚未制定现场端监测仪器仪表的产品标准，导致市场上生产的仪器多种多样、质量良莠不齐、故障频出、运行稳定性差，以及对仪器的管理不健全、不规范、不方便等问题，所以相关行业人员应尽快制定相关解决方案。各大部门、研究机构、设备厂商、污染源企业在实际监测中发现，HJT 212-2005 标准为解决设备带来的不便，规定了统一的数据传输，但在协议层次、通信协议、通信方式等方面存在协议层次少、通信协议简单、通信方式单一等漏洞。

因此，2017 年发布的 HJT 212-2017 标准成为新标准，代替了原标准 HJT 212-2005、HJT 212-2017 在原标准的基础上针对不足之处进行了修订。例如，新增 7 个通信介质，协议层次变多，既可以使用一种也可以使用多种组合，应用性更高、更广泛；为解决网络状况，通信协议中重新规定应答模式和数据重传机制，应答模式增加，重传次数增加还可自定义；新增 7 个监测类别编码，如新增工况监测因子编码等；新增 4 个执行结果编码，如通信超时等；新增 7 个请求返回编码，如循环冗余校验（Cyclic Redundancy Check，CRC）错误；新增 10 个数据标记，如 F 代表监测设备停运；新增 4 个系统编码，如工作参数等；新增数据通信方式等；修改部分数据段长度错误；修改通信流程，如上传命令由一步改为两步；删除非传输控制协议 / 网际协议传输方式；减少 15 个字段，减少监控中心的地址相关命令。

HJT 212-2017 是结合以往的不足和当前形势下新的环保要求做出的首次修改，更加贴合当前污染源的监测工作，但是对于不同省份的具体需求还是存在一些不足。比如，标准中监控仪器的数据标记编码、字段内容、命令返回的命令编码等方面仍有扩展空间，不同省份可依据自身需求自行扩展。如四川省、河北省、江苏省等省份在标准的基础上提出了适合各自省份实际监测的传输标准，导致传输过程中仍然存在不统一的问题。标准在新的通信技术应用上有待进一步提升、修改、整合标准中存在一些模糊概念，如在上传污染物分钟数据中，文件规定了在分钟数据上传的时间段内，如果实时数据中出现某个异常值，则此次的分钟数据标记就标记为异常。但是，对于异常情况并未给异常值的明确定义，监控公司、设备厂商等只能以自己认知的异常值去设计实现，造成行业实现不统一标准中存在着传输安全隐患以及数据真实性、完整性的漏洞。

未来，随着环保领域监测情况的实际发展，标准应该会继续修订和改进，将模糊部分更加清晰化，安全性提高，制定更加详细的命令，以便各地区生产统一设备，打造良好的信息平台，使行业更加统一。

二、在线仪器监测

（一）在线仪器

环境监测可使用的在线仪器也很多，前面介绍的现场监测仪器可用于在线监测，如 pH 计。在线 pH 控制器，意大利产品，大屏幕 LCD 双列显示 pH 值和温度，有数字输出 RS2 红，或模拟输出接口，电流为 0 ～ 1 mA、0 ～ 5 mA、

4～20 mA。电压为0～5 V、0～10 V、1～5 V。在线氧化还原电位控制器亦是意大利产品，输出数字式或模拟式。

此外还有在线溶解氧检测控制器、在线电导率检测控制仪、在线总磷分析仪、在线氨氮分析仪、在线总碳总有机碳分析仪、袖珍式激光粉尘仪等。在线仪器随着工农业的发展要求而不断发展与改进。

（二）大气环境在线监测技术应用

经济发展需要兼顾生态环境保护，而大气环境质量与人们的日常生活乃至社会的可持续发展息息相关。现阶段，我国存在雾霾、扬尘等环境问题，需要对大气环境加强监测，根据实际情况采取控制措施。大气环境在线监测技术则是重要的工具，对于提高大气监测水平、保证大气环境治理效果而言具有重要意义。

1. 大气环境在线监测技术概述

大气环境在线监测技术具有系统性，集计算机技术、遥感技术、高精度测量技术、自动控制技术于一体，监测对象覆盖空气质量、大气污染等领域。大气环境在线监测技术的应用可以帮助人们及时地发现大气环境污染问题，进而快速做出响应，以免因治理不及时而出现大范围的不良影响。

2. 大气环境在线监测系统的构建思路

（1）基础架构

当前，要以先进的技术为依托，结合硬件设施，构建软硬件相协同的大气环境在线监测系统网。根据运行流程，该系统可以划分为五大层次，即基础层、传输层、数据层、应用层及决策层，覆盖的细分指标体现在浓度、温度、湿度等方面，其具备实时监测、自动化抓拍、及时报警、信息记录及便捷化查询等功能。

（2）系统关键部分

第一，无人机监测模块。大气环境在线监测应具有24小时不间断的特点，可采用无人机监测的方法，避免过度依赖人工，并保证监测数据的全面性。监测数据生成后可供技术人员分析，进而对其污染缘由、发生机制、影响程度做出判断，以便采取行之有效的大气环境整治措施。无人机监测的实现需要遥感技术的支持，该项技术的应用优势突出，例如，影像具有全面性和高分辨率，数据传输具有便捷性。在合理建立无人机监测模块后，可以精准地规划监控作业内容和飞行轨迹，并对监测数据执行传输、预处理等相关操作。鉴于无人机监测技术具有多重优势，可以将其引入大气环境在线监测中，给日常监测工作的开展提供技术支撑。

第二，地面综合监测模块。大气环境在线监测需要具有全面性，因此各地需要配备空气自动监测站，高度关注工业区等污染物排放量较大、环境受污染较严重的区域，加大监测站点的设置力度，增加设置数量，以便更为完整地反映当地的大气环境质量。各监测站间需要具有密切的关联，共同组建完善的网格化大气环境监测体系。

3. 大气环境在线监测系统的功能实现

（1）数据采集

大气环境在线监测的基础目标在于获得可用于反映大气环境质量的数据，因此数据采集应当成为系统设计重点考虑的内容。在数据采集中，计算机及其输入 / 输出接口设备硬件平台为关键的硬件支持，输入 / 输出接口设备的应用可以满足数据的输入、输出要求，也可针对模拟信号采取放大、转化操作，形成数字信号。

（2）数据传输

在采集丰富的大气环境数据后，要将其传输至特定的处理平台，对数据做深入的分析。感知层获取的信息应在进行有效的处理后，通过局域网的连接作用，传递至人机交互平台，全程需要保证数据传输的高效性与完整性，不可出现传输滞后性过强、传输期间数据受损等问题。

4. 大气环境在线监测技术的实际应用

（1）大气环境监测数字化的实现

大气环境在线监测系统以客户功能和服务器功能两大模块为核心，各自的运行具有独立性，由此减少干扰因素，提高监测效率。为从根本上实现大气环境在线监测数字化的目标，可采用全球定位技术进行大气遥感，在此技术配合下，可探测水汽含量、电子浓度总量等关键指标，生成的数据具有指导意义。

（2）大气环境监测质量控制

第一，提供足量的资金。大气环境在线监测是一项持续性工作，需要得到软硬件、人才等多项要素的支持，而基本前提则是获得足量的资金。相关单位需要高度重视资金的投入，根据实际需求匹配资金，解决工作受资金限制的问题，但必须保证资金应用的合理性，以科学方式选购专业设备，引进高素质人才，避免资金浪费。科学技术日新月异，部分老旧的监测设备经长期使用后出现稳定性不足、精度偏低等问题，因此要及时引入先进的设备，提高大气环境在线监测水平。

第二，创建并优化质量管理体系。大气环境在线监测工作的开展需要富有秩序性，因此，应根据实际监测条件创建一套完善的管理体系，给日常工作提供清晰的引导。作为环境监测部门，需要从实际情况出发，精准识别日常监测中所存在的问题，做深入的探讨，以富有针对性的方式逐一突破，在现有质量管理体系的基础上持续优化。

第三，规范开展现场采样管理。大气环境在线监测中，样品的采集为重点内容，应保证所选取的样品具有代表性，从而准确反映实际情况，以免给大气环境整治工作的开展提供错误的导向。

环境监测部门需要深入现场开展调查工作，详细核查资料，按规范选取采样点，设定合适的采样频率及周期，以确保样品具有真实性和可靠性。在现场采样管理中，要充分考虑采样设备的运行特性，不可由于设备异常而出现无法顺利采样的情况。

第四，加强对实验室的管理。采样后，样品需要转至实验室内展开分析，为提高分析结果的准确性，要建立标准化实验室，并对其采取质控管理措施。例如，部分试验有较明显的污染性，因此要合理配置通风柜，最大限度地减小污染物对人体健康的危害。此外，要根据试验设备的运行特点以及日常试验工作流程，制定一套完整的标准化管理制度，提高管理的规范性。

第五，提高员工的综合素质。大气环境在线监测具有专业性，需要由高素质的人员操作。环境监测部门要高度重视人才培养工作，为工作人员搭建宽广的学习平台，经过系统培训后，夯实工作人员的理论基础，提高其实践操作水平，以便在日常工作中以理论为指导，正确操作仪器，完成采样、分析等相关工作。此外，职业道德素养也应当成为日常培训的重点内容，要强化工作人员的责任意识，使其能够尽心尽职地完成本职工作。

第六，关注细节。各项细节均会对大气环境在线监测的最终结果带来影响，工作人员需要重视各项细节，保证各处细致的工作均可以落实到位。以采样环节为例，工作人员需要选取具有代表性的采样点，并控制好采样点的数量和频率，按规范采样，以合理的方式妥善保管样品。

又以监测仪器的日常管理为例，要定期检验仪器，判断其是否存在误差，若有则进一步判断其是否超出许可范围，从而根据实际情况做针对性的调整，尽可能减小监测仪器的运行误差，确保监测结果可以真实反映实际情况。只有做好各项细节工作，才能给大气环境品质的判断提供准确的数据。

（3）二氧化硫的监测

大气环境污染物的类型多样，其中的二氧化硫为重要的污染物，其对大气环境的破坏性较强。二氧化硫的产生主要与煤炭燃烧有关，该过程产生大量二氧化硫、烟尘等物质，其中以二氧化硫的污染最为严重，严重影响环境质量。若未针对煤炭燃烧采取控制措施，燃烧期间将释放大量的二氧化硫，其与大气环境接触后容易形成酸雨。因此，二氧化硫的监测与防治至关重要，要将其作为大气环境监测的重点。

为切实解决二氧化硫污染问题，应从多个角度切入，共同推进治理工作的开展。一是改变过度依赖于煤炭能源的局面，探寻其他能源利用途径，减少煤炭的使用量，从而降低二氧化硫的生成量，从源头上规避二氧化硫所带来的环境污染问题；二是加大监管力度，提高煤炭资源使用方法的规范性，要求相关企业采取节能环保措施，去除煤炭燃烧中产生的二氧化硫；三是合理应用大气环境在线监测技术，掌握二氧化硫的含量，判断其对大气环境的影响，由此采取治理措施。

对于二氧化硫，现阶段可采用的监测方法较多。例如，紫外荧光法、紫外吸收法在国外取得广泛的应用，但其在监测二氧化硫时的能力相对有限，仅适用于煤炭使用量较少、二氧化硫排放较少的场景中。而反观我国工业等领域的煤炭使用具有规模化特征，因此此类方法缺乏可行性，取得的监测结果普遍存在完整性不足、准确性偏低的问题。针对此类问题，我国技术人员应当持续展开研究，以期探寻更具有适用性的二氧化硫监测方法。

现阶段，以定位电解法较为典型，其适配的是电化学气体传感器。该装置能够较为全面地监测大气环境中的二氧化硫，判断其浓度、分布范围等方面的情况；通过与大气环境监测系统的联合应用，可以构成集数据采集、传输、处理等环节于一体的流程化作业模式，生成的二氧化硫监测结果具有更高的可行性，可以更好地满足大气环境监测要求。

（4）挥发性有机物的监测

大气环境中的挥发性有机物以挥发性有机化合物为主，它是在光化学污染过程中所产生的污染物质，能够与空气中的细粒子结合，带来更严重的污染，有一定的毒性，若未得到有效的处理，将容易威胁公众的身体健康。因此，加强对各类挥发性有机物的监测极具必要性，要将其列入大气环境在线监测的工作范畴中，以科学的方法监测，针对所存在的问题及时采取处理措施。

现阶段，挥发性有机物的监测技术形式多样，应用较为广泛的有激光光谱技术、飞行时间质谱技术等，各自的作业规范、操作方法以及注意事项等均有所差别，在实际选用中需要差异化对待，针对性地应用相关监测技术。

此外，还需要将挥发性有机物的监测技术融入大气环境在线监测系统，完整收集监测数据，由技术人员对监测数据展开分析，根据挥发性有机物的实际情况，制定相应的解决办法，以对症下药的方式切实解决挥发性有机物所带来的大气环境污染问题。

大气环境在线监测是生态环境管控领域的重点内容，为做好该项工作，要合理应用在线监测技术，适配具有高精度、高稳定性的仪器。环境监测部门需要从技术优化、制度运行、人才培养等方面开展工作，全面提高大气环境监测能力。只有经过持续的探索，才能够推陈出新，并在现有大气环境在线监测技术的基础上做出创新，更好地开展大气环境在线监测工作，进而根据监测结果采取相应的环境整治措施，恢复“绿水青山、蓝天白云”的人类生存及发展环境。

参考文献

[1] 朱孔来，安文，王如燕．资源节约型、环境友好型社会建设进程监测评价体系研究 [M]．济南：山东大学出版社，2013．

[2] 傅德黔．水污染源监测监管技术体系研究 [M]．北京：中国环境出版社，2013．

[3] 王立章．土壤与固体废物监测技术 [M]．北京：化学工业出版社，2014．

[4] 吴舜泽．水污染防治管理政策集成及综合示范研究 [M]．北京：中国环境科学出版社，2015．

[5] 侯晓虹，张聪璐．水资源利用与水环境保护工程 [M]．北京：中国建材工业出版社，2015．

[6] 覃朝科．矿业开发中的重金属污染防治 [M]．北京：冶金工业出版社，2015．

[7] 温宗国．工业污染防治技术管理与政策分析 [M]．北京：中国环境科学出版社，2016．

[8] 程水源，周颖，郎建垒．大气污染源优先控制分级技术研究 [M]．北京：中国环境科学出版社，2016．

[9] 岳涛等．工业锅炉大气污染控制技术与应用 [M]．北京：中国环境出版社，2016．

[10] 侯新，张军红．水资源涵养与水生态修复技术 [M]．天津：天津大学出版社，2016．

[11] 温俊明．传染性固体废物处理与处置 [M]．郑州：河南科学技术出版社，2016．

[12] 赵焱，王明昊，李皓冰，等．水资源复杂系统协同发展研究 [M]．郑州：黄河水利出版社，2017．

[13] 郑德凤，孙才志．水资源与水环境风险评价方法及其应用 [M]．北京：中国建材工业出版社，2017．

[14] 高志娟，刘昭，王飞. 水资源承载力与可持续发展研究 [M]. 西安：西安交通大学出版社，2017.

[15] 赵志瑞. 城市污水脱氮及尾水污染防治 [M]. 武汉：中国地质大学出版社，2017.

[16] 王海芹，高世楫. 生态文明治理体系现代化下的生态环境监测管理体制改革研究 [M]. 北京：中国发展出版社，2017.

[17] 叶维丽. 水污染物排污权有偿使用关键技术与示范研究 [M]. 北京：中国环境出版社，2018.

[18] 卢远. 区域生态环境遥感监测与评估实践研究 [M]. 长春：东北师范大学出版社，2018.

[19] 王建群，任黎，徐斌. 水资源系统分析理论与应用 [M]. 南京：河海大学出版社，2018.

[20] 隋鲁智，吴庆东，郝文. 环境监测技术与实践应用研究 [M]. 北京：北京工业大学出版社，2018.

[21] 潘奎生，丁长春. 水资源保护与管理 [M]. 长春：吉林科学技术出版社，2018.

[22] 张丽娜. 城市大气复合污染防治路线及应用实例 [M]. 北京：中国环境出版集团，2018.

[23] 宋立杰. 农用地污染土壤修复技术 [M]. 北京：冶金工业出版社，2019.

[24] 王罗春. 农村农药污染及防治 [M]. 北京：冶金工业出版社，2019.

[25] 李利军，李艳丽. 河北省大气污染防治经济对策研究 [M]. 北京：冶金工业出版社，2019.

[26] 许秋瑾. 水污染治理、水环境管理和饮用水安全保障技术评估与集成 [M]. 北京：中国环境出版集团，2019.

[27] 赖苹. 跨行政区流域水污染防治合作机制研究 [M]. 重庆：重庆大学出版社，2019.

[28] 李兆华，李循早，戴武秀. 区域农业面源污染防治研究：洪湖市案例 [M]. 长春：吉林大学出版社，2019.

[29] 刘景才，赵晓光，李璇. 水资源开发与水利工程建设 [M]. 长春：吉林科学技术出版社，2019.

[30] 刘兆香. 中国大气污染防治技术推广机制与模式 [M]. 上海：上海大学出版社，2020.

[31] 王夏晖，李志涛，何军．土壤污染防治方案编制技术方法及实践 [M]．北京：中国环境出版集团，2020．

[32] 耿雷华．水资源承载力动态预测与调控技术及其应用研究 [M]．南京：河海大学出版社，2020．

[33] 谢丽娜．大气污染问题的环境监测分析及对策 [J]．科技创新导报，2019，16（34）：132+134．

[34] 张恺．基于改善环境质量为核心的污染防治攻坚策略 [J]．绿色科技，2019（16）：74-75+78．

[35] 代为．水环境监测及水污染防治研究 [J]．科学技术创新，2020（21）：179-180．

[36] 刘璐．环境噪声监测问题及防治对策研究 [J]．节能与环保，2020（08）：86-87．

[37] 张艳．土壤环境监测技术的发展及应用 [J]．科技风，2020（16）：153．

[38] 崔杏云，谢一琳．我国水处理中环境监测技术及污染防治探析 [J]．资源节约与环保，2020（05）：47．

[39] 高晓燕．环境监测中环境污染与防治措施的研究 [J]．资源节约与环保，2020（03）：148．

[40] 衣枝梅．关于大气污染监测与防治措施研究 [J]．环境与发展，2020，32（02）：44-45．

[41] 余雷．浅谈雾霾成因及环境监测分析 [J]．智能城市，2020，6（03）：130-131．

[42] 蔡欢，徐珂迪，邱必云．环境监测对环境治理的促进作用 [J]．区域治理，2020（04）：90-92．

[43] 刘军．水处理中环境监测技术及污染防治探究 [J]．资源节约与环保，2020（08）：53．

[44] 金宏伟．环境监测在大气污染治理中的作用及措施研究 [J]．资源节约与环保，2020（06）：53．

[45] 刘巍，邱付．探讨环保大数据在环境污染防治管理中的应用 [J]．皮革制作与环保科技，2020，1（08）：4-6．

[46] 郭立达，李扉屏，焦振霞．环境监测治理技术在大气污染中的应用 [J]．南方农机，2020，51（03）：28+31．

[47] 张冠斌，周兵川，郭利军．环境监测在生态环境保护中的作用及发展措施探讨 [J]．农家参谋，2020（03）：160+166．